物联网与人工智能应用开发丛书

嵌入式微控制器固件开发与应用

工业和信息化部人才交流中心
恩智浦（中国）管理有限公司 编著

電子工業出版社
Publishing House of Electronics Industry
北京 · BEIJING

内 容 简 介

本书围绕 SDK 的开发展开，通过分析 MCU 内核与外设工作原理，结合 API 介绍各个外设的编程和应用。希望通过本书，使传统单片机工程师面向寄存器的开发思维得到一些改变，能够尝试运用成熟的软件框架高效地完成应用开发。本书可供具有一定 C 语言知识和硬件基础的嵌入式系统工程师使用，同时也可以作为高等院校电子信息工程相关专业的教学参考书。

图书在版编目 (CIP) 数据

嵌入式微控制器固件开发与应用/工业和信息化部人才交流中心，恩智浦（中国）管理有限公司编著．—北京：电子工业出版社，2018.5
（物联网与人工智能应用开发丛书）
ISBN 978-7-121-34049-9

I．①嵌… II．①工… ②恩… III．①微控制器－固件 IV．①TP332.3

中国版本图书馆 CIP 数据核字（2018）第 075722 号

策划编辑：徐蔷薇
责任编辑：赵 娜 特约编辑：顾慧芳
印 刷：三河市鑫金马印装有限公司
装 订：三河市鑫金马印装有限公司
出版发行：电子工业出版社
北京市海淀区万寿路 173 信箱 邮编：100036
开 本：720×1000 1/16 印张：27.5 字数：405 千字
版 次：2018 年 5 月第 1 版
印 次：2018 年 5 月第 1 次印刷
定 价：88.00 元

凡所购买电子工业出版社图书有缺损问题，请向购买书店调换。若书店售缺，请与本社发行部联系，联系及邮购电话：（010）88254888，88258888。

质量投诉请发邮件至zlts@phei.com.cn，盗版侵权举报请发邮件至dbqq@phei.com.cn。

本书咨询联系方式：xuqw@phei.com.cn。

物联网与人工智能应用开发丛书
指导委员会

物联网与人工智能应用开发丛书
专家委员会

《嵌入式微控制器固件开发与应用》

作　　者

熊　宇　　喻宁宁　　李　珂

宁　能　　尔　宾　　苏　勇

物联网与人工智能应用开发丛书

总　策　划： 任　霞

秘　书　组： 陈　劼　　刘庆瑜　　徐蔷薇

序　一

中国经济已经由高速增长阶段转向高质量发展阶段，正处在转变发展方式、优化经济结构、转换增长动力的攻关期。习近平总书记在党的十九大报告中明确指出，要坚持新发展理念，主动参与和推动经济全球化进程，发展更高层次的开放型经济，不断壮大我国的经济实力和综合国力。

对于我国的集成电路产业来说，当前正是一个实现产业跨越式发展的重要战略机遇期，前景十分光明，挑战也十分严峻。在政策层面，2014年《国家集成电路产业发展推进纲要》发布，提出到2030年产业链主要环节达到国际先进水平，实现跨越发展的发展目标；2015年，国务院提出“中国制造2025”，将集成电路产业列为重点领域突破发展首位；2016年，国务院颁布《“十三五”国家信息化规划》，提出构建现代信息技术和产业生态体系，推进核心技术超越工程，其中集成电路被放在了首位。在技术层面，目前全球集成电路产业已进入重大调整变革期，中国集成电路技术创新能力和中高端芯片供给水平正在提升，中国企业设计、封测水平正在加快迈向第一阵营。在应用层面，5G移动通信、物联网、人工智能等技术逐步成熟，各类智能终端、物联网、汽车电子及工业控制领域的需求将推动集成电路的稳步增长，因此集成电路产业将成为这些产品创新发展的战略制高点。

展望“十三五”，中国集成电路产业必将迎来重大发展，特别是党的十九大提出要加快建设制造强国，加快发展先进制造业，推动互联网、大数据、人工智能和实体经济深度融合等新的要求，给集成电路发展开拓了新的发展空间，使得集成电路产业由技术驱动模式转化为需求和效率优先模式。在这样的大背景下，通过高层次的全球合作来促进我国国内集成电路产业的崛起，将成为我们发展集成电路的一个重要抓手。

在推进集成电路产业发展的过程中，建立创新体系、构建产业竞争力，最终都要落实在人才上。人才培养是集成电路产业发展的一个核心组成部分，我们的政府、企业、科研和出版单位对此都承担着重要的责任和义务。所以我们非常支持工业和信息化部人才交流中心、恩智浦（中国）管理有限公司、电子工业出版社共同组织出版这套“物联网与人工智能应用开发丛书”。这套丛书集中了众多一线工程师和技术人员的集体智慧和经验，并且经过了行业专家学者的反复论证。我希望广大读者可以将这套丛书作为日常工作中的一套工具书，指导应用开发工作，还能够以这套丛书为基础，从应用角度对我们未来产业的发展进行探索，并与中国的发展特色紧密结合，服务中国集成电路产业的转型升级。

工业和信息化部电子信息司司长

2018年1月

序　二

随着摩尔定律逐步逼近极限，以及云计算、大数据、物联网、人工智能、5G等新兴应用领域的兴起，细分领域竞争格局加快重塑，围绕资金、技术、产品、人才等全方位的竞争加剧，当前全球集成电路产业进入了发展的重大转型期和变革期。

自2014年《国家集成电路产业发展推进纲要》发布以来，随着“中国制造2025”“互联网+”和大数据等国家战略的深入推进，国内集成电路市场需求规模进一步扩大，产业发展空间进一步增大，发展环境进一步优化。在市场需求拉动和国家相关政策的支持下，我国集成电路产业继续保持平稳快速、稳中有进的发展态势，产业规模稳步增长，技术水平持续提升，资本运作渐趋活跃，国际合作层次不断提升。

集成电路产业是一个高度全球化的产业，发展集成电路需要强调自主创新，也要强调开放与国际合作，中国不可能关起门来发展集成电路。

集成电路产业的发展需要知识的不断更新。这一点随着云计算、大数据、物联网、人工智能、5G 等新业务、新平台的不断出现，已经显得越来越重要、越来越迫切。由工业和信息化部人才交流中心、恩智浦（中国）管理有限公司与电子工业出版社共同组织编写的“物联网与人工智能应用开发丛书”，是我们产业开展国际知识交流与合作的一次有益尝试。我们希望看到更多国内外企业持续为我国集成电路产业的人才培养和知识更新提供有效的支撑，通过各方的共同努力，真正实现中国集成电路产业的跨越式发展。

丁文武

2018 年 1 月

序　三

尽管有些人认为全球集成电路产业已经迈入成熟期，但随着新兴产业的崛起，集成电路技术还将继续演进，并长期扮演核心关键角色。事实上，到现在为止还没有出现集成电路的替代技术。

中国已经成为全球最大的集成电路市场，产业布局基本合理，各领域进步明显。2016 年，中国集成电路产业出现了三个里程碑事件：第一，中国集成电路产业第一次出现制造、设计、封测三个领域销售规模均超过 1000 亿元，改变了多年来始终封测领头，设计和制造跟随的局面；第二，设计业超过封测业成为集成电路产业最大的组成部分，这是中国集成电路产业向好发展的重要信号；第三，中国集成电路制造业增速首次超过设计业和封测业，达到最快。随着中国经济的增长，中国集成电路产业的发展也将继续保持良好态势。未来中国将保持世界电子产品生产大国的地位，对集成电路的需求还会维持在高位。与此同时，我们也必须认识到，国内集成电路的自给率不高，在很长一段时间内对外依存度会停留在较高水平。

我们要充分利用当前物联网、人工智能、大数据、云计算加速发展的契机，实现我国集成电路产业的跨越式发展，一是要对自己的发展有清醒的认识；二是要保持足够的定力，不忘初心、下定决心；三是要紧紧围绕产品，以产品为中心，高端通用芯片必须面向主战场。

产业要发展，人才是决定性因素。目前我国集成电路产业的人才情况不容乐观，人才缺口很大，人才数量和质量均需大幅度提升。与市场、资本相比，人才的缺失是中国集成电路产业面临的最大变量。人才的成长来自知识的更新和经验的积累。我国一直强调产学研结合、全价值链推动产业发展，加强企业、研究机构、学校之间的交流合作，对于集成电路产业的人才培养和知识更新有非常正面的促进作用。由工业和信息化部人才交流中心、恩智浦（中国）管理有限公司与电子工业出版社共同组织编写的这套“物联网与人工智能应用开发丛书”，内容涉及安全应用与微控制器固件开发、电机控制与USB技术应用、车联网与电动汽车电池管理、汽车控制技术应用等物联网与人工智能应用开发的多个方面，对于专业技术人员的实际工作具有很强的指导价值。我对参与丛书编写的专家、学者和工程师们表示感谢，并衷心希望能够有越来越多的国际优秀企业参与到我国集成电路产业发展的大潮中来，实现全球技术与经验和中国市场需求的融合，支持我国产业的长期可持续发展。

魏少军　教授

清华大学微电子所所长

2018年1月

序　四

千里之行　始于足下

人工智能与物联网、大数据的完美结合，正在成为未来十年新一轮科技与产业革命的主旋律。随之而来的各个行业对计算、控制、连接、存储及安全功能的强劲需求，也再次把半导体集成电路产业推向了中国乃至全球经济的风口浪尖。

历次产业革命所带来的冲击往往是颠覆性的改变。当我们正为目不暇接的电子信息技术创新的风起云涌而喝彩，为庞大的产业资金在政府和金融机构的热推下，正以前所未有的规模和速度投入集成电路行业而惊叹的同时，不少业界有识之士已经敏锐地意识到，构成并驱动即将到来的智能化社会的每一个电子系统、功能模块、底层软件乃至检测技术都面临着巨大的量变与质变。毫无疑问，一个以集成电路和相应软件为核心的电子信息系统的深度而全面的更新换代浪潮正在向我们走来。

如此的产业巨变不仅引发了人工智能在不远的将来是否会取代人类工作的思考，更加现实而且紧迫的问题在于，我们每一个人的知识结构和理解能力能否跟得上这一轮技术革新的发展步伐？内容及架构更新相对缓慢的传统教材以及漫无边际的网络资料，是否足以为我们及时勾勒出物联网与人工智能应用的重点要素？在如今仅凭独到的商业模式和靠免费获取的流量，就可以瞬间增加企业市值的 IT 盛宴里，我们的工程师们需要静下心来思考在哪些方面练好基本功，才能在未来翻天覆地般的技术变革时代立于不败之地。

带着这些问题，我们在政府和国内众多知名院校的热心支持与合作下，精心选题，推敲琢磨，策划了这一套以物联网与人工智能的开发实践为主线，以集成电路核心器件及相应软件开发的最新应用为基础的科技系列丛书，以期对在人工智能新时代所面对的一些重要技术课题提出抛砖引玉式的线索和思路。

本套丛书的准备工作始终得到了工业和信息化部电子信息司刁石京司长，国家集成电路产业投资基金股份有限公司丁文武总裁，清华大学微电子所所长魏少军教授，工业和信息化部人才交流中心王希征主任、李宁副主任，电子工业出版社党委书记、社长王传臣的肯定与支持，恩智浦半导体的任霞女士、张伊雯女士、陈劼女士，以及恩智浦半导体各个产品技术部门的技术专家们为丛书的编写组织工作付出了大量的心血，电子工业出版社的董亚峰先生、徐蕾薇女士为丛书的编辑出版做了精心的规划。著书育人，功在后世，借此机会表示衷心的感谢。

未来已来，新一代产业革命的大趋势把我们推上了又一程充满精彩和想象空间的科技之旅。在憧憬人工智能和物联网即将给整个人类社会带来的无限机遇和美好前景的同时，打好基础，不忘初心，用知识充实脚下的每一步，又何尝不是一个主动迎接未来的良好途径？

郑力

写于2018年拉斯维加斯CES科技展会现场

前　言

在万物互联的时代，物联网和传感器网络产生的海量数据，可为人工智能的“大脑”做出准确的决策提供重要依据。在医疗、工业和教育等各行各业产生巨大变革的今天，人工智能和物联网两个领域的技术碰撞出的能量，将改变人类的生活方式。对于嵌入式开发者而言，要抓住变化带来的机遇，既要修炼好内功，熟练掌握微控制器、软件和算法，同时也要补充好网络、存储和云计算等相关知识，这样的挑战是前所未有的。采用新的方法学和有效的工具来提高学习和开发效率，是物联网时代嵌入式开发的必由之路。

长期以来，单片机工程师们为使用寄存器编程，还是调用库函数编程，哪一种方法更好而争论不休，各持己见。笔者于2005年开始接触嵌入式开发，十余年的学习和工作，经历了以上两种开发模式，对这个争论的分歧颇有体会。早期的单片机固件编程被认为是硬件工程师的“兼职”工作，通过阅读芯片数据手册，直接访问寄存器地址操作硬件，再结合应用的需要实现控制逻辑。这种方式简单、高效，对硬件资源要求最低。随着芯片集成度的提高，微控制器的数据手册多达上千页，加上产品迭代加快，方案和平台更换频繁，原型机开发周期只有 2～3 个月甚至更短的时间，寄存器编程开始跟不上节奏。在微控制器的空间和时间（执行速度）资源逐渐宽裕的背景下，使用半导体厂家提供的库函数可以很好地帮助工程师解决开发效率的问题，提高软件生产力，降低人力成本投入，改善产品可靠性，是一件十分有价值的事情。在物联网中，嵌入式系统在安全和连接两方面的任务更为繁重，挑选和应用第三方协议栈和中间件是一项重要工作。SDK 以单个软件包集成外设驱动库、操作系统和中间件，极大地简化了产品设计人员的工作量。基于 SDK 编程方式成为嵌入式固件开发的必然趋势。

本书以恩智浦 MCUXpresso SDK 和 LPC5411X 系列低功耗微控制器为例，以四个主要部分展开应用设计内容的阐述：前两章先介绍了微控制器与嵌入式固件开发的相关知识，随后深入介绍了 SDK 的组织结构和设计理念；第 3～12 章以 SDK 驱动 API 为线索，从最基础的上电启动和时钟管理开始，详细讲解微控制器各个外设的编程与应用，读者可以根据自己对不同外设的熟悉程度来选择阅读的先后顺序；第 13～15 章为进阶知识，分别对实时操作系统、双核和低功耗三个方面的应用进行了深入介绍；最后一章以一个可穿戴设备原型的综合实例将多个外设和实时操作系统的使用串联起来，从功能需求和模块划分出发，完整地描述了一个基于 SDK 的嵌入式固件框架的搭建过程。

本书共 16 章，第 1 和第 2 章由熊宇执笔，第 3～5 章由苏勇执笔，第 6、第 9 和第 10 章由喻宁宁执笔，第 7 章和第 11 章由宁能执笔，第 8、第 12 和

第 13 章由李珂执笔，第 14～15 章由尔宾执笔，第 16 章由尔宾与苏勇共同完成，全书由熊宇负责统稿。

如今终于成稿，在此特别感谢业界各位专家和公司领导的支持及宝贵意见，尤其是由衷感谢在本书的编写过程中给予指导和建议的各位丛书指导委员会和专家委员会的专家们，提出了许多修改意见，让本书重点得以突出、内容更为完整。

由于微控制器发展迅速，不断有新的产品和技术涌现，内容涉及面广，加上作者水平所限，编写时间仓促，疏漏和不足之处在所难免，望广大读者批评指正。

物联网与人工智能应用开发丛书

《嵌入式微控制器固件开发与应用》作者团队

2018 年 2 月

目　录

第 1 章
Chapter 1
微控制器开发基础

1.1 微控制器的发展与趋势

1971 年英特尔量产了第一颗微处理器芯片，到今天微处理器的发展已经走过了近半个世纪。微处理器从最早在工业、汽车、医疗等专业领域的应用，逐渐延伸到个人计算机、家电和消费电子产品，每年数以百亿计的处理器被应用在各种与我们生活息息相关的产品上，为社会生产力的提高和人类生活品质的改善作出了重要贡献。其中，单片机（又称微控制器）作为微处理器的一个重要分支，在单个硅片上集成了微处理器、存储器和外设控制器，以高集成度、小体积和低成本为主要特点，是各类电子产品和控制系统中最常用的微处理器类型。

单片机的发展从 8 位开始，20 世纪 80 年代英特尔 MCS-51 与摩托罗拉 6800 系列单片机在计算机外设、测试设备、POS 收银机和游戏机等电子产品中得到了广泛使用。早期的 8 位单片机资源非常有限，只能使用汇编语言进行编程，可使用的数据空间仅有几百个字节。

MCS-51 和 6800 同属于 CISC 复杂指令集架构，这类处理器内核拥有较多的汇编指令，设计理念是以较少的代码行数来完成工作任务，以简化编程人员的工作量，并节约程序所需的存储空间。进入 20 世纪 90 年代后，RISC 精简指令集架构兴起。RISC 的处理器内核仅实现了少量常用的指令，编程时需组合使用这些指令来完成某一项任务。这样一来，原来在 CISC 架构上一条指令能完成的工作到了 RISC 架构上可能需要 3～4 条甚至更多指令，但 RISC 的优势在于指令简单，大多数能在单个周期内完成，使得流水线的机制可以很好地被利用起来，同时简单的指令也利于提高系统时钟频率。综合下来，性能并不输于 CISC 架构的处理器。

单片机的另一个演变的方向是系统位宽的提升。虽然复杂的控制逻辑 8 位单片机能够胜任，但是在数学运算、图形、数据通信等应用场景中，使用仅有 8 位宽度的内部寄存器和总线的效率非常低，一个基础的 32 位操作需要多个指令才能完成，系统设计向更宽的 16 位和 32 位发展成为必然的趋势。目前 8 位单片机的出货量仍占有较大比重，但增长迅猛的 32 位微控制器在总销售额上已经赶上 8 位单片机，并将逐渐拉开差距。根据 iSuppli 的调研报告显示，到 2020 年，在中国市场的 32 位微控制器销售额将达到 28 亿美元，是 8 位单片机的 1.4 倍，如图 1-1 所示。

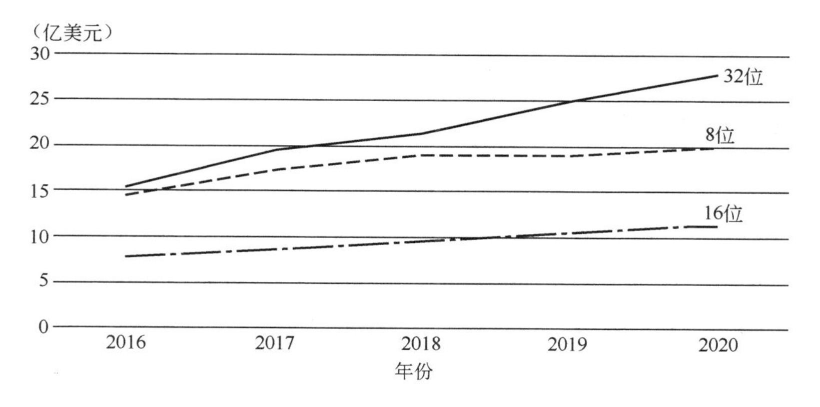

图 1-1　2016—2020 年中国微控制器市场发展趋势

数据来源：iSuppli。

从 8 位到 32 位，不仅仅是内核的变化，在软件开发流程、工具、环境、工程师知识结构和生态系统方面都有了很大的变化。甚至“单片机”的名字也开始转变为“微控制器”和“嵌入式系统”这样新的术语。

在 32 位 RISC 的领域，ARM、MIPS 和 Power PC 是最响亮的三个名字，但在微控制器的内核上，只有 ARM 一家独大。1990 年诞生于英国的 ARM 是一家微处理器内核 IP 设计公司，ARM 不生产微处理器芯片，只授权微处理器内核的设计给其他半导体公司，再按芯片被制造的数量收取费用。在 32

位微控制器发展的初期也有许多优秀的内核，如前飞思卡尔半导体的 Coldfire 和前爱特梅尔公司的 AVR32。与 ARM 不同，它们都属于私有内核，只用在自家的微控制器产品上，两家公司设计的内核完全不兼容。而 ARM 不仅致力于内核技术的创新，它助力合作伙伴的发展思路和 IP 授权的商业模式，获得了市场的一致认可。随着 ARM 生态系统的不断壮大，微控制器半导体公司纷纷不再开发自己私有的内核，转为从 ARM 授权的模式，只专注于功能差异化的微控制器产品开发。在下一小节中，我们将介绍 ARM 的 Cortex-M 系列微控制器内核的发展史和技术特点，让读者对 ARM 微控制器内核有全面的了解。

在整个微控制器产品的硅片上，内核只占了很一小部分的晶体管数量。硅片上还拥有时钟、电源、存储器、数字外设和模拟外设等多个子系统的电路，内核通过多层矩阵总线与各个外设、存储器进行互联，才共同构成一颗功能完整的微控制器。微控制器架构框图如图 1-2 所示。

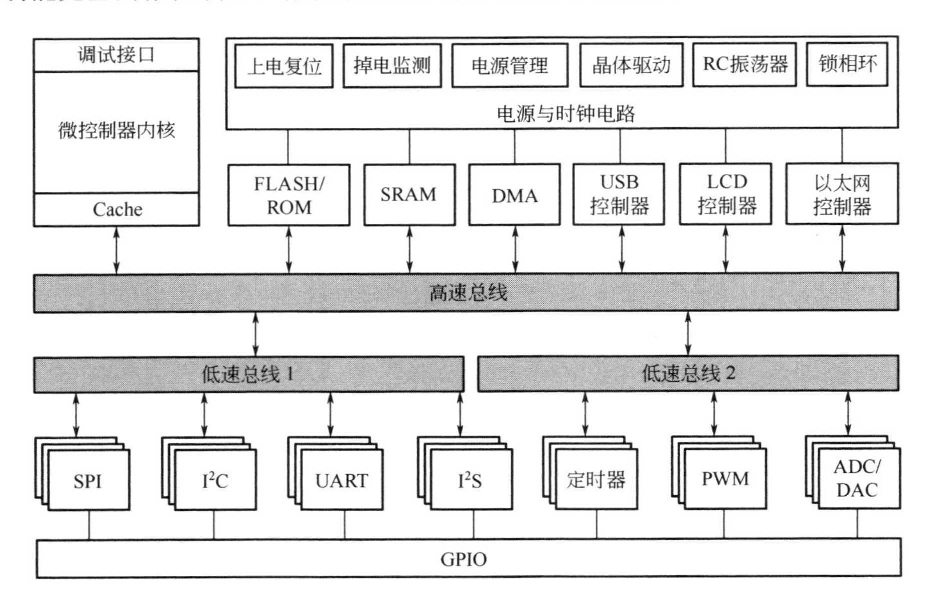

图 1-2　微控制器架构框图

在微控制器的发展过程中，所采用的工艺对于系统各项性能指标尤为关键。在 8 位单片机时期以 0.5～0.35μm 为主，早期的 32 位产品多采用 0.18～0.13μm 工艺，现在大多数的 32 位微控制器都使用 90nm 工艺，而更为先进的 55nm 和 40nm 节点已经开始商用，很快 28nm 的微控制器也将会在市场出现。工艺进步带来了成本和动态功耗的降低，同样面积晶圆可以集成更多的存储器和外设功能。在市场需求的推动下，微控制器的性能、内存、外设、功耗和安全性都在不断提高，现代微控制器发展趋势如表 1-1 所示。

表 1-1　现代微控制器发展趋势

属性	发 展 趋 势
性能	主频不断提高，通过 Cache 和 TCM 提高系统整体性能
架构	从单总线到多层矩阵总线，再到多核异构系统
存储器	Flash 和 RAM 容量不断增加，内置 ROM 存放 bootloader 和协议栈
连接性	无线连接与微控制器集成，BLE/ZigBee/Thread/WiFi
显示外设	从总线式点阵 LCD 到 TFT 控制器再到 MIPI-DSI
通信外设	数量增多，规格提升，灵活配置
低功耗	集成 DC-DC 与 PMU，动态功耗持续降低
可靠性	支持 5V 供电，提升抗干扰能力
安全性	不断提高，提供代码安全、数据安全和通信安全
封装	尺寸缩小、集成度提高

随着芯片功能与性能的逐渐增强，微控制器固件开发的方式也有很大改变。在 8 位单片机的设计中，一个人可以精通整个系统，掌握所有软件，用汇编或 C 语言直接操作底层硬件，代码量小，结构简单，效率高。在新一代的 32 位嵌入式软件开发中，开发者要完成的功能更为复杂，依赖供应商或第三方提供的软件开发库，包括外设驱动程序、中间件和协议栈，才能完成开发。固件开发呈现如下几个特点：

- 一般不再直接操作寄存器，而是通过软件 API 调用实现；
- 较少关心底层操作，更专注于上层应用开发；

- 软件结构化，可移植性，可继承性增强；
- 使用实时操作系统管理任务和资源；
- 内存使用大幅增加，程序效率相对降低，通过硬件性能提高补偿；
- 软件工作量在整个系统中的比重大幅增加。

用户在开发产品时，考虑更多算法和应用的实现，而不在微控制器外设驱动和中间件代码上花太多时间。有了足够资源后的微控制器给工程师更多自由发挥的空间，嵌入式系统开发不再局促。除了使用成熟的 C 语言，逐渐开始有了 Python、Lua 脚本语言和 JavaScript 等函数编程语言在微控制器上的移植，通过使用这些高生产力的语言、库和编程框架，微控制器的应用又将迈入一个新的领域。

未来嵌入式系统和微控制器的发展，汽车电子与物联网将会是增长的重要推动力量。微控制器产品会更关注安全、高扩展和高能效，与传感、无线连接等相融合，共同构建安全互联的终端节点。在物联网时代，智能家居、智慧城市、智慧农业、工业 4.0 和共享经济等新的场景层出不穷，将创造出大量新的微控制器应用机会。因此，要抓住万物互联带来的产业机遇，快速开发出符合市场需求的产品，掌握 32 位微控制器的相关知识是嵌入式系统开发者的必修课。

1.2 ARM Cortex-M 微控制器内核

1.2.1 ARM 与 Cortex 处理器的发展

早期的 32 位微控制器内核中，最成功的是 ARM 公司的经典处理器 ARM7TDMI。它是 ARMv4T 指令集架构下的微控制器内核实现，被广泛地应用在工业控制和消费电子产品中。之后 ARM 又基于 ARMv5 和 v6 架构推出了 ARM926EJ-S 和 ARM11 等多个应用处理器内核，在高端嵌入式处理和高端手机等市场也广受欢迎。不同规模的处理器在市场上获得的成功，让 ARM 深刻理解了各个细分领域中对处理器的要求。在规划新一代的 ARMv7 架构时，ARM 决定让一个指令集架构能够被裁剪和衍生出多种规格以适应不同的市场，这样既保持了架构发展的一致性，也能满足差异化的需求。Cortex 系列内核就是在这样的背景下诞生的，它拥有 A、R 和 M 三种不同类型的处理器内核，这三个字母分别是 Application 应用、Real-time 实时和 Microcontroller 微控制器的首字母缩写。

Cortex-A 类型内核适用于需要运行复杂操作系统（如 Linux、iOS 和 Windows）的应用处理器。这种系统不但需要强大的计算性能还必须支持内存管理单元 MMU，以实现虚拟地址空间。基于 Cortex-A 内核的处理器主要应用在智能手机、平板电脑和服务器领域。

Cortex-R 类型内核用于高端硬实时控制器市场，如硬盘控制器、通信基带处理器以及汽车系统，需要提供非常高的可靠性、强大的性能和低延迟。

Cortex-M 类型则是面向微控制器和单片机市场的内核，它注重低成本、低功耗和高能效比等。在物联网中，它是最适合用于传感器节点的内核，完成对物理世界的感知和数据的采集。本书所讨论的嵌入式固件开发就是基于 Cortex-M 内核的微控制器内核而展开的。

1.2.2　Cortex-M 家族成员

经过数十年的发展，ARM Cortex-M 系列已经取代了它的前辈 ARM7TDMI 成为了最成功的 32 位微控制器内核，已经有超过 350 家半导体公司从 ARM 授权，它的流行甚至对微控制器向 32 位架构发展起到了重要的推动作用。Cortex-M 家族成员发展线路如图 1-3 所示。

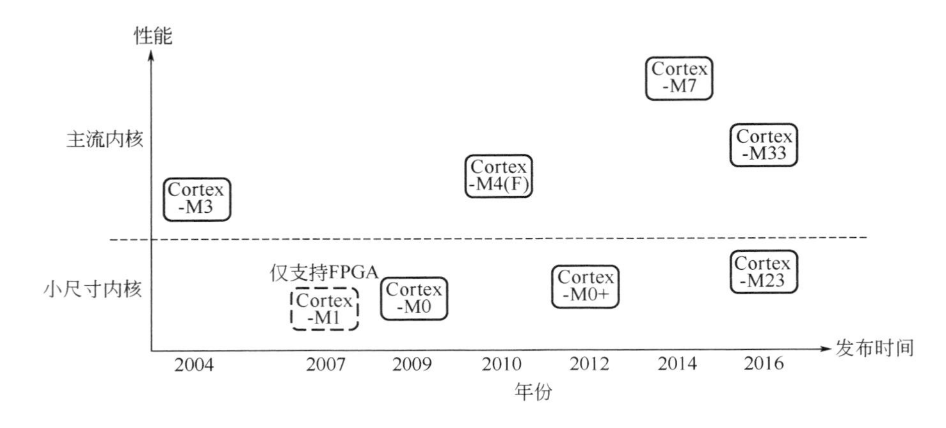

图 1-3　Cortex-M 家族成员发展线路

2004 年，ARM 发布了它的第一个 Cortex-M 微控制器内核 Cortex-M3。M3 属于 32 位的哈佛架构内核，其中寄存器、数据通路以及总线接口都是 32 位的。它使用支持 16 位和 32 位混合指令的 Thumb-2 指令集，拥有三级流水线，内置 NVIC 中断控制器和 systick 系统定时器，拥有多个低功耗模式。这些特性带来了低功耗、高性能、实时性保障、C 语言友好和方便系统移植等许多优点，加上 Cortex-M3 本身的定位就是像单片机一样易用，通过微控制器半导体厂商的紧密合作，很快便取代了上一代 ARM7TDMI 的市场。ST 与恩智浦等微控制器半导体公司纷纷开始设计基于 Cortex-M3 内核的微控制器新产品。直到今天，最早推出的 Cortex-M3 的微控制器 STM32F103 系列和 LPC1700 系列等经典产品依然畅销，这足以证明 Cortex-M3 内核的成功。

2007 年，ARM 设计的 Cortex-M1 专门用于在 FPGA 上使用的可编程控制器单元，并利用 FPGA 上的存储逻辑实现支持可配置的 TCM 紧耦合内存。随后 Altera、Xlinx 等多家 FPGA 半导体公司在自家的产品中集成了这个内核。

有了 Cortex-M1 的技术铺垫，ARM 在 2009 年推出了 Cortex-M0 微控制器内核。Cortex-M0 在功能上可以看作 Cortex-M3 的简化版本，它使用了与前者相同的寄存器和异常编程模型，实现了 56 条精简的 Thumb-2 指令。Cortex-M0 内部微架构上有了不小的调整，它基于 ARMv6-M 的架构，使用冯·诺依曼的架构总线，以最小的门数实现一颗入门级 32 位微控制器。Cortex-M0 足够简单，又保留了 Cortex-M3 中的大多数特性，ARM 和微控制器半导体厂家把它定位在替代 8 位单片机的市场。

随后在 2010 年 ARM 推出的 Cortex-M4(F)内核，与 Cortex-M3 同属于 ARMv7-M 架构。Cortex-M4 支持后者具备的所有特点，并带来了数字信号处理所需要的 SIMD，饱和云运算和 MAC 乘加运算等额外 DSP 指令。相比 Cortex-M3，运行 FFT 运算、FIR 滤波等算法可以提高 1～2 倍的性能。同时可选的 Cortex-M4(F)还支持单精度浮点运算单元，这一增强使得浮点运算性能比 Cortex-M3 提高了接近 10 倍。

2012 年，ARM 又发布了 Cortex-M0+内核，完全兼容 Cortex-M0 的编程模型和指令集。Cortex-M0+使用精简的两级流水线，进一步降低了系统功耗和执行效率。Cortex-M0+的另一个重要特性是具备单周期 I/O 口总线。相同频率下，在 Cortex-M0+上操作 I/O 的速度比其他 Cortex-M 处理器能提高 2 倍以上，在 I/O 操作密集的应用中，使用单周期的总线访问方式可以在很大程度上改善系统的响应时间。

2014 年 ARM 发布的 Cortex-M7 是目前性能最高的 Cortex-M 内核，它使用了 6 级带分支预测的超标量流水线，支持可选的单/双精度浮点协处理单元，提供 5.0 Coremark / MHz 的性能，这几乎是 Cortex-M0+的两倍处理能力。运行在高频率下的 Cortex-M7 提供的计算性能甚至超越了一些 Cortex-A 系列应用处理器。在微控制器系统设计层面 Cortex-M7 提供了高带宽、低延迟的接口和架构，它使用 64 位的 AXI 系统总线，并首次在 Cortex-M 内核上支持了 Cache 缓存控制器和 TCM 紧耦合内存，使得基于 Cortex-M7 内核的微控制器产品性能得到最大限度的发挥。

最近 ARM 发布了最新一代 ARMv8-M 架构的微控制器内核 Cortex-M23 和 Cortex-M33。面对万物互联的安全挑战，ARM 在 Cortex-M 内核上采用了 TrustZone for ARMv8-M 技术，实现了安全与非安全域在微控制器上的硬件隔离。授信的代码和数据通过 TrustZone 技术的保护，结合系统级的防护措施，如加密总线、算法加速引擎、安全启动和防篡改单元，让物联网节点的运行环境和敏感数据得到最大限度的保护。在处理器特性上，Cortex-M23 和 Cortex-M33 分别接近于 Cortex-M0+和 Cortex-M4(F)两款经典内核，同时增加了如堆栈检查、增强调试和协处理器接口等一些新的特性，对于 M23 内核，ARMv8-M Baseline 提供了硬件除法、互斥访问等原来 ARMv6-M 上不具备的指令增强，让入门级内核在维持低功耗和低成本的同时也能享受到主流内核的特性。

1.2.3 Cortex-M 内核技术特点与优势

Cortex-M 系列微控制器内核如此受欢迎与它优秀的内核特性有关。本节我们将总结 Cortex-M 系列中的特点与优势，让微控制器固件开发人员对 Cortex-M 微控制器内核技术有所认识，进一步的学习可以阅读由 ARM 技术专家出版的《ARM Cortex-M0 权威指南》和《ARM Cortex-M3 与 Cortex-M4 权威指南》两本“圣经”。

1. 高性能

归功于 Thumb 指令集的效率和 32 位的处理器架构，Cortex-M 系列的性能在相同面积的处理器实现上有着显著的优势。其中 Cortex-M0、Cortex-M0+和 Cortex-M23 并非定位为高性能内核。在先进的工艺节点下，运行在 100MHz 的 Cortex-M0+也满足大多数控制应用需求，这对于替代传统 8 位和 16 位单片机产品绰绰有余。在 Cortex-M3/M4/M7/M33 上，因为微架构和指令集的改善，性能提高明显。借助于 Cache 和 TCM 等与内核紧耦合的单元，一个运行在 300MHz 的微控制器能代替许多传统 DSP 数字信号控制器的应用。

2. 低功耗

ARM 以低功耗处理器技术闻名，其中面向终端节点应用的 Cortex-M 系列内核更是 ARM 低功耗技术的精髓。内核设计师在架构定义上就已经考虑了如何将功耗降到最低，这些特性在所有 Cortex-M 内核上都具备。

- 支持 Sleep 和 Deep Sleep 两种内核低功耗模式。
- Sleep on Exit 功能允许中断推出后直接进入低功耗模式，对于事件驱动的低功耗系统能以最快的速度进入休眠。
- 可选的 WIC 模块能使用微控制器进入 Deep Sleep 和状态保持的超低功耗模式下，仍具有通过一小部分电路进行唤醒的功能。
- 支持系统级的时钟门控技术来降低系统各个模块的功耗。

Cortex-M0+和 Cortex-M23 因为实现门电路数量少，它们比其他 Cortex-M 成员拥有更低的绝对功耗。Cortex-M4 和 Cortex-M33 性能更高，在同样的时间内能更快地完成任务处理并进入低功耗，因此它们在能效比（Coremark/mA）评估下并不输给前者。在一项业界广泛认可的超低功耗测评 ULPbench 中，排名靠前的微控制器都是基于 Cortex-M4 内核的。

3. OS 支持友好

在设计 Cortex-M 系列内核时已经充分考虑到如何高效和安全地运行 RTOS 实时多任务操作系统，并简化系统底层移植的工作。

- SVC 和 PendSV 软件异常机制，提供应用软件调用 OS API 以及任务切换的操作统一接口。集成在内核中的 24 位 SysTick 定时器，作为 RTOS 系统心跳，内核源码在不同微控制器厂家 Cortex-M 芯片上移植时几乎不需要修改。
- 双堆栈设计，RTOS 内核和异常使用 MSP 指针，任务代码使用 PSP 指针，当任务遇到堆栈溢出等问题产生 Fault 时，内核堆栈不会受到影响。
- 特权和非特权访问级别和 MPU 特性限制用户任务在代码执行时的处理器资源和内存访问权限，可以确保 OS 内核和其他任务数据在发生异常时不被破坏。

4. 快速中断处理

所有 Cortex-M 内核成员都包含一个 NVIC 嵌套向量中断控制器，这个单元包含了许多先进的特性，让使用中断和异常处理在 Cortex-M 内核的微控制器编程上变得前所未有的简单，同时获得最快的响应时间。

- 使用向量表的方式存储中断和异常入口，发生中断和异常后，硬件会自动保存 R0-R3，R12，LR 和 PSR 寄存器到堆栈，因此向量可以是一个指向普通的 C 函数的指针。而传统单片机在发生中断后先进入汇编程序做现场保存，然后查询向量号，再转向 C 中断服务入口。这样一些复杂底层操作不但延长了中断响应时间，也让不熟悉微控制器内部工作原理的 C 应用工程师一头雾水。
- 支持多达 32（Cortex-M0/M0+）、240（Cortex-M3/M4/M7/M23）和 480（Cortex-M33）个中断和多个系统异常入口。每个异常都能单独的使能和禁止，每个异常具备多个可编程的优先级。
- NVIC 会自动按照优先级进行嵌套处理，并通过末尾连锁、延迟到达、出栈抢占和惰性压栈等技术特性，最大化地降低中断在并发和嵌套时产生的额外延迟。
- 除了 Cortex-M0 和 Cortex-M1，其他 Cortex-M 内核都可以通过 VTOR 寄存器实现中断向量表的重定位。通过这种方法，系统能在运行时改变向量表的基地址，实现动态中断和异常入口修改，也方便实现多个应用程序向量表的分离。

5. Fault 错误异常处理

在微控制器系统上时不时地总会遇到一些由软件 Bug 或者因为硬件不稳定引起程序执行失败的情况。通常微控制器会通过看门狗单元或者其他硬件监测功能来复位芯片，达到重新运行的目的，这种简单粗暴的方式并非是最优的处理方式。

在 Cortex-M 内核上所有的错误会触发 Fault 错误异常，进入对应的错误异常入口。对于安全关键的系统，错误异常的处理程序可以用最短的时间做保护动作。对于正在开发的软件，设计人员可以通过 Cortex-M 提供的错误状态寄存器来定位发生错误的原因，找到 Bug。在实际的产品中，如果发生了 Fault 错误异常，为了保证程序继续运行也可以尝试修复异常（如浮点单元关闭时执行浮点指令产生的错误可以通过打开浮点单元来解决），或者直接复位系统重新运行。

Fault 错误异常类型有许多种，其中 Hardfault 是最基础的错误异常处理入口，在所有的 Cortex-M 内核上都有实现。在 Cortex-M3/M4/M7/M33 内核上，Fault 错误异常被细分为存储器管理错误、总线错误、用法错误、安全错误等几大类，设计人员能够更有针对性地来应对错误的发生。

6．易于调试

为了让软件开发更加简单，Cortex-M 系列内核具备了多个片上调试功能。通过标准的 JTAG 和 SWD 串行调试协议，可以控制内核断点暂停、单步调试和观察数据。在 Cortex-M3/M4/M7 和 M33 处理器实现上可以选择配备的 ETM 嵌入式跟踪宏单元，ETM 通过 Trace 端口配合片外的存储器实现处理器历史指令的跟踪，以分析复杂的代码问题。在低成本的 Cortex-M0+ 和 M23 内核中虽然没有 ETM，仍可以使用 MTB 微型跟踪缓冲调试组件，利用一小部分片上 SRAM 作为循环缓冲区存储少量指令，实现最低成本的跟踪。

7．易用性和代码可重用性

由于具备了简单的线性存储器地址映射和自动硬件保存中断上下文寄存器等特性，在 Cortex-M 内核的固件开发没有一些其他微控制器上的限制，如内存分段、不可重入等，故几乎所有的代码都可以使用标准的 C 进行编程，包括中断处理服务程序。任何使用 C 编写的软件都可以很快地移植到

Cortex-M 平台，大大提高了代码可重用性。

1.3 CMSIS 微控制器外设库

随着 ARM Cortex-M 内核微控制器的流行，不同的实时操作系统、协议栈中间件、开发环境和硬件都开始支持这个平台。为了确保这些设计资源能在不同的厂家提供的微控制器上兼容，ARM 提出了 CMSIS - Cortex 微控制器软件接口标准。通过与合作伙伴的紧密合作和大力推广，目前 CMSIS 已经成为 Cortex-M 开发者生态中的重要组成部分，在每一个厂家提供的 SDK 中都有集成。集成 CMSIS 的嵌入式固件系统如图 1-4 所示。

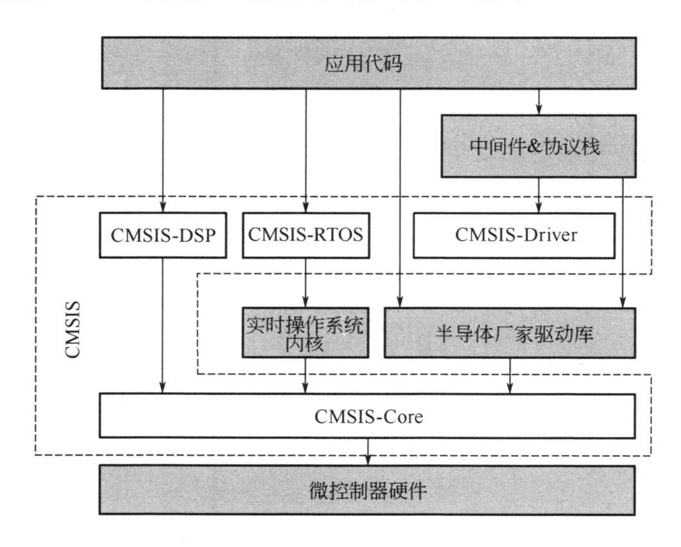

图 1-4 集成 CMSIS 的嵌入式固件系统

CMSIS 的发展不断演变，最早的时候只包含 CMSIS-Core，规范了对内核寄存器资源的统一访问接口，逐步增加了经过指令优化的 CMSIS-DSP 函数库，低成本调试适配器协议与参考设计 CMSIS-DAP、实时操作系统访问封装层 CMSIS-RTOS、基于 XML 的统一外设描述文件格式 CMSIS-SVD 和对外设驱动的抽象层 CMSIS-Driver，形成了一整套完善的软件框架。下面对其中四个主要的源码模块作进一步的介绍。

1. CMSIS-Core

CMSIS-Core 描述了微控制器固件开发中最基础的寄存器描述文件和启动文件模板、定义了对内核特殊功能寄存器、汇编指令和调试寄存器的统一访问接口。CMSIS-Core 的 API 大部分都是以内联函数的形式存在于头文件中，支持多种编译器、汇编器语法。通过 CMSIS-Core 访问 Cortex-M 内核资源，如中断优先级设置，向量表重定位，获取 fault 信息等，都是使用标准 API，与各家微控制器半导体公司的产品实现无关。开发者在项目开发时通常只需要#include <device>.h 头文件，便会自动引用所有 CMSIS-Core 的相关文件。

集成 CMSIS-Core 项目文件架构示意图如图 1-5 所示。

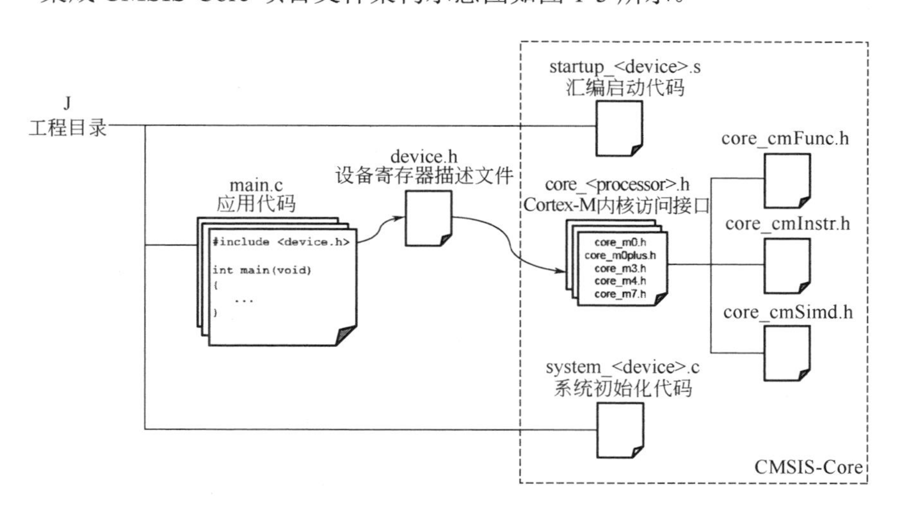

图 1-5　集成 CMSIS-Core 项目文件架构示意图

2. CMSIS-DSP

在 Cortex-M4 上增加的 DSP 扩展指令可以让 Cortex-M 进入到传统数字信号控制器的应用领域。在实际开发过程中，如何合理地使用这些 DSP 指令并集合 ARM 指令集的特性进行性能优化，对大多数开发者来说是一个难题。CMSIS-DSP 提供的一整套算法实现和参考例程，对 Cortex-M 在数字信号处理的工程实践方面带来了非常大的帮助。CMSIS-DSP 提供了数学运算、矩阵运算、统计函数、电机控制、频谱变换、滤波函数等八大类算法的定点和浮点实现。通过调用相关接口函数，算法工程师就可很方便地利用这些高效率的基础算法来解决实际的应用问题。同时，CMSIS-DAP 对于 Cortex-M0，M0+和 M3 等不带 DSP 扩展指令的处理器内核，也提供了一套性能优化的实现。

3. CMSIS-RTOS

CMSIS-RTOS 提供了一组通用的实时操作系统服务接口，它本身不是实现，而作为一个适配层让应用在 Cortex-M 微控制器上进行多任务开发时，减少在不同 RTOS 平台间的移植的工作。基于 CMSIS-RTOS 的固件框架如图 1-6 所示，无论是底层使用 ARM 的 RTX 实时内核，还是业界广泛使用的 FreeRTOS 实时内核或其他实时操作系统，开发者编程都可以不直接与原生的 RTOS API 打交道，而统一访问 CMSIS-RTOS 层的接口与数据结构。CMSIS-RTOS 在不断演变，最新的 CMSIS-RTOS2 支持 ARMv8-M 架构安全特性和多核微控制器内部通信等新的功能。在 ARM 的实时操作系统内核 RTX5 中直接以 CMSIS-RTOS2 作为系统原生的 API。

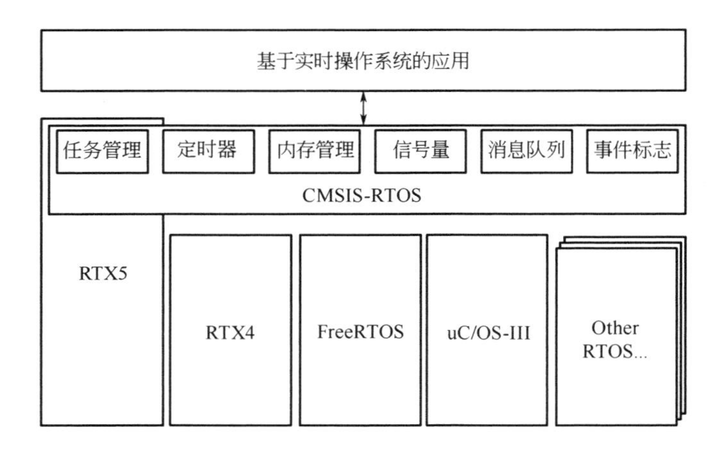

图 1-6 基于 CMSIS-RTOS 的固件框架

4. CMSIS-Driver

CMSIS-Driver 通过一组头文件接口和数据结构来适配各个微控制器中通用的外设驱动程序。每家半导体公司的微控制器在外设实现上采用的 IP 不一样，因此寄存器访问地址和操作方式是大不相同的。在大多数情况下，用户对于某个模块功能的需求基本是不变的，因此通过 CMSIS-Driver 这层封装，能让应用层更容易在不同的微控制器厂家之间迁移。当然，如同 Linux 设备驱动一样，底层的多样性无法提供万能的接口，CMSIS-Driver 专注于抽象通用的操作，当固件开发需要用到某一家微控制器中所独有的功能时，还需要绕过这一层来直接使用原厂的 SDK 开发。

基于 CMSIS-Driver 的固件框架如图 1-7 所示。

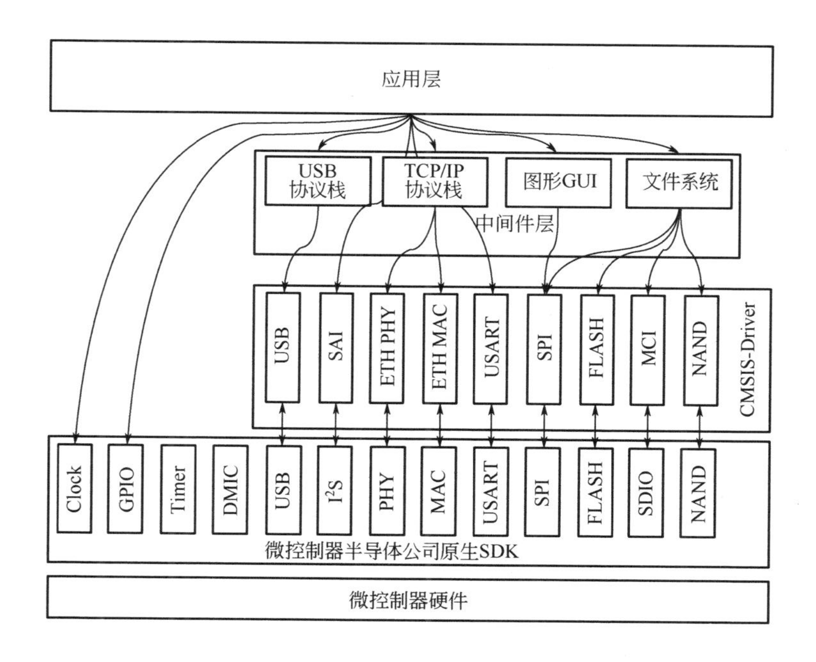

图 1-7　基于 CMSIS-Driver 的固件框架

1.4 Cortex-M 集成开发环境和调试工具

1.4.1 集成开发环境

使用 C/C++高级语言编写的代码要最终成功运行在目标上，需要使用编译器、汇编器、链接器、下载和调试器等一系列工具。传统单片机开发中使用的 IDE 集成开发环境是在单个应用程序中集成源代码编辑器、图形化项目配置和编译工具链，开发者可以专注于应用开发，无须为工具本身而操心。ARM Cortex-M 非常接地气，它继承了传统单片机上使用集成开发环境的习俗，使单片机开发者能平滑地过渡到 ARM 的平台。对于开发上层应用的工程师，甚至完全感觉不到在 ARM Cortex-M 和单片机上固件开发的差异。

当前比较流行的 Cortex-M 集成开发环境是 ARM 公司的 Keil MDK、IAR 公司的 EWARM 和各家微控制器半导体公司提供的专用 IDE。

1. ARM Keil MDK

Keil 是德国一家著名编译器与嵌入式工具提供商，率先为 8051 单片机提供了 C 编译器。Keil 公司的 uVision 集成开发环境是 8051 单片机固件开发的业界标准。在被 ARM 公司收购后，推出的 ARM Keil MDK 集成了 ARM 编译器，并继承了 uVision IDE 快速、简洁的操作界面，是目前使用最广泛的 Cortex-M 集成开发环境。在提供工具链的同时，MDK 还嵌入了一套完整的嵌入式中间件服务，包括 RTX 实时操作系统内核、网络协议栈、USB 协议栈、文件系统和图形界面等组件。

访问 www.keil.com 可以下载最新的 ARM Keil MDK-Lite 版本的评估软件。

2. IAR EWARM

IAR Embedded Workbench for ARM 是 IAR EWARM 的全称，它是由瑞典

的嵌入式编译器提供商 IAR 公司开发的。IAR 的特点是使用简单且编译效率极高，代码编译的大小能比 GCC 提高 20%，并且一直保持与各个微控制器和工具厂家的紧密合作，做到对最新器件和工具的即时支持。除了 ARM 架构，IAR Embedded Workbench 同时还有支持 8051、AVR、MSP430 等其他微控制器内核的版本，也都是嵌入式开发的常用工具。

访问 www.iar.com 可以下载最新的 IAR EWARM 的评估版软件。

3. 微控制器半导体公司专用 IDE

ARM Keil MDK 和 IAR EWARM 二者都是商业软件，需付费购买版权才能无限制地使用，这笔资金对于初创型的团队和高校教育组织来说是一笔难以承受的开支，使用各个微控制器半导体公司提供的专用集成开发环境可以解决这个问题。这些 IDE 大多是内嵌开源的 ARM GCC 编译工具链，整合了 Eclipse IDE 或 Visual Studio 的集成开发环境框架。比较常见的有恩智浦公司的 MCUXpresso IDE，德州仪器公司的 CCS 和 Silicon Labs 的 Simplicty Studio。

随着开源社区对工具的逐步优化，GCC 与商用编译器的性能差距在缩小。对于开发者而言，掌握一种新的编译器语言扩展、链接脚本和调试器的使用技巧要耗费不少时间，而一旦熟悉了 ARM GCC 的相关知识，无论在开发基于 ARM Cortex-M 微控制器的应用还是 ARM Linux 嵌入式应用时都是相似的概念，降低了学习难度，故目前使用开源 ARM GCC 逐渐成了主流。

1.4.2 调试工具

在微控制器上的固件调试与 PC 应用程序不同。代码在微控制器的程序空间执行，开发者需要在集成开发环境中对微控制器的执行状态进行调试控制：暂停执行、单步调试、内存观察和执行跟踪。这一过程需要由 IDE、硬件调试适配器和微控制器内部调试组件协同完成。其中硬件调试器适配器是一个单独的硬件模块，通过 USB 或以太网接口与 PC 连接，将 PC 产生的调试信息转换成为微控制器的 SWD/JTAG 协议，访问微控制器内部的调试组件。在开发基于 Cortex-M 微控制器的应用时，常用的硬件调试器有 Segger 公司的 J-Link，ARM 公司 ULINK 和开源的 CMSIS-DAP 参考设计。

1. J-Link

J-Link 是目前最为流行的 ARM Cortex-M 硬件调试适配器，由德国专业嵌入式软硬件提供商 Segger 制造。J-Link 的下载速度非常快，自带 Flash 烧写算法，还支持无限 Flash 程序断点、脚本操作和专业的图形编程界面等高级功能。在目前 Keil、IAR 和各家微控制器半导体公司专用 IDE 中都有非常好的支持。高级功能版的 J-trace 硬件调试适配器还支持指令追踪功能，在不停止内核代码执行的情况下捕捉指令流，可更加真实地还原问题现场。

2. ULINK

ULINK 是 ARM Keil MDK 的专用调试适配器，也是常见的 ARM Cortex-M 微控制器调试工具。Pro 版本支持 ETM Trace、SWV Trace 等功能，同时增加了 streaming trace 的高级功能可以结合 MDK 中自带的软件做复杂的代码覆盖和执行性能分析用途，对嵌入式固件的优化非常有帮助。

3. CMSIS-DAP

CMSIS-DAP 是 ARM 公司推出的低成本硬件调试适配器参考设计，它包括 DAPLink 固件和 HIC 硬件接口电路两个部分。目前，微控制器半导体公司在新的评估板上通常会集成 CMSIS-DAP 的 HIC 硬件接口电路，无须再购买独立硬件调试适配器来做调试工作。如恩智浦公司的 OpenSDA 接口和 Link2 接口，在一个 Kinetis K20 或 LPC 4322 微控制器上运行 DAPLink 固件，除了实现 CMSIS-DAP 调试协议，同时支持通过 U 盘枚举的方式直接下载固件，以及 CDC 串口的调试通道。用户只需要将 USB 接口连接到评估板，就可以完成下载、在线调试和 printf 打印信息的查看三项功能。目前 IAR 和 Keil MDK

都已经对 CMSIS-DAP 有完善的支持。

1.5 恩智浦 LPC5411X 系列低功耗通用微控制器

在众多通用微控制器产品之中，我们选择了恩智浦半导体的 LPC5411X 系列作为本书主角。作为一个单片低功耗通用微控制器，麻雀虽小却五脏俱全，后续章节将以它为线索来展开对嵌入式微控制器固件开发和 SDK 的探索与学习。

1.5.1 家族成员与功能概要

LPC5411X 系列是恩智浦 LPC54XXX 系列通用微控制器家族中的一员。作为 2016 年推出的全新系列，它继承了前辈 LPC5410X 系列的超低功耗、异构双核等优秀基因，同时引入 USB 2.0 控制器、灵活的 Flexcomm、数字麦克风与音频子系统等功能，非常适合在物联网、可穿戴和传感器节点等领域应用。

1. 低功耗

LPC5411X 是基于 ARM Cortex-M4 的高性能、低功耗微控制器，它运行在 100MHz 的主频下仅消耗不到 10mA 电流。LPC5411X 家族包含 LPC54113 和 LPC54114 两个子系列，其中 LPC54114 还包含一个功耗更低的 ARM Cortex-M0+的从处理器，开发人员可以利用 Cortex-M0+内核执行数据收集和简单控制任务，通过 Cortex-M4 内核快速地执行传感器融合等处理器密集型算法，从而进一步优化系统的功耗。

2. 大容量

单片系统集成了 256KB 的片上 FLASH 和多达 192KB 的片上 SRAM，为复杂的控制应用和算法实现提供了充足的程序和变量存储空间。芯片还包括一个 ROM，内置了 FLASH 在应用中的编程算法、USB 驱动程序和 bootloader 启动代码，进一步减少了用户对于 FLASH 存储空间的需求。

3. 高集成度

LPC5411X 系列配备了丰富的硬件外设资源。

- 8 个 Flexcomm 通用串行通信控制器可以被灵活地配置为 USART，SPI，I^2C 和 I^2S 功能。其中每一个 Flexcomm 均支持 FIFO 与 DMA 操作并拥有独立时钟源，所有 Flexcomm 还共同分享一个小数分频器来支持 I^2S 和 UART 模块所需的特殊频率。
- 多达 20 路的 DMA 通道和 20 个触发源，可以同时支持片上所有外设对于 DMA 资源的需求。
- 丰富的定时器资源，拥有五个 32 位通用定时器 CT32B0-4 用于定时、简单的波形输出和捕获应用。一个 SCTimer/PWM 关联 8 路输入/输出，支持内部 10 个事件和状态，能输出非常复杂的波形和支持灵活的应用。同时，它还支持一个 32 位 RTC、多个 24 位定时器和 WWDT 窗看门狗定时器等多个资源。
- 无须片外时钟，芯片内部集成了一个高精度的 FRO 晶体，可配置频率为 12MHz，48MHz 或者 96MHz 输出，直接供给内核和外设使用。FRO 的精度在全温度和电压范围都能保持 1%的精度，这样的精度能支持稳定的异步串行通信。
- 一个 12 通道 12 位高达 5M/s 采样率的 ADC 模数转换器，通用灵活的触发源，可以通过软件、外部 I/O、SCTimer/PWM 来启动转换，拥有 2 个独立转换序列。
- 无须外部晶振的 USB 2.0 全速控制器，使用内部 FRO 并利用 SOF 信号进行校准，能使芯片在不使用外部晶体时仍能满足 USB 规范对于全速设备的时钟要求。

- DMIC 子系统包括一个双通道 PDM 麦克风接口、灵活的 decimators、16 级深度 FIFO、硬件语音激活检测 HVAD 模块，支持音频数据直接通过 I^2S 输出。

4．小体积

LPC5411X 系列支持 64 个引脚通用 LQFP 封装和 49 个引脚的小体积 WLCSP 封装，两种封装分别拥有 48 个和 37 个 GPIO 端口，用户可以自由地在功能、制造成本和产品尺寸上做出权衡。其中 WLCSP49 封装仅有 3.436mm×3.436mm 的大小，适合在空间狭小的可穿戴设备和传感器节点上使用。

表 1-2 中列举了 LPC5411X 家族的各个成员以及它们之间的资源差异。

表 1-2　LPC5411X 家族成员与资源差异

型　　号	FLASH（KB）	SRAM（KB）	M0+	GPIO	封装
LPC54113J256UK49	256	192	无	37	WLCSP49
LPC54114J256UK49	256	192	有	37	WLCSP49
LPC54113J128BD64	128	96	无	48	LQFP64
LPC54113J256BD64	256	192	无	48	LQFP64
LPC54114J256BD64	256	192	有	48	LQFP64

1.5.2　系统框图与内存映射

在 LPC5411X 微控制器的内部，ARM 内核、DMA 控制器、USB 控制器等主设备通过 AHB 多层矩阵总线连接到各个高速 AHB 外设，并通过 APB 外设桥连接到低速的 APB 外设。这样的架构设计，不同端口的从设备被多个主机的访问可以并发进行，很大程度上提高了系统的综合性能。图 1-8 为 LPC5411X 微控制器系统架构。

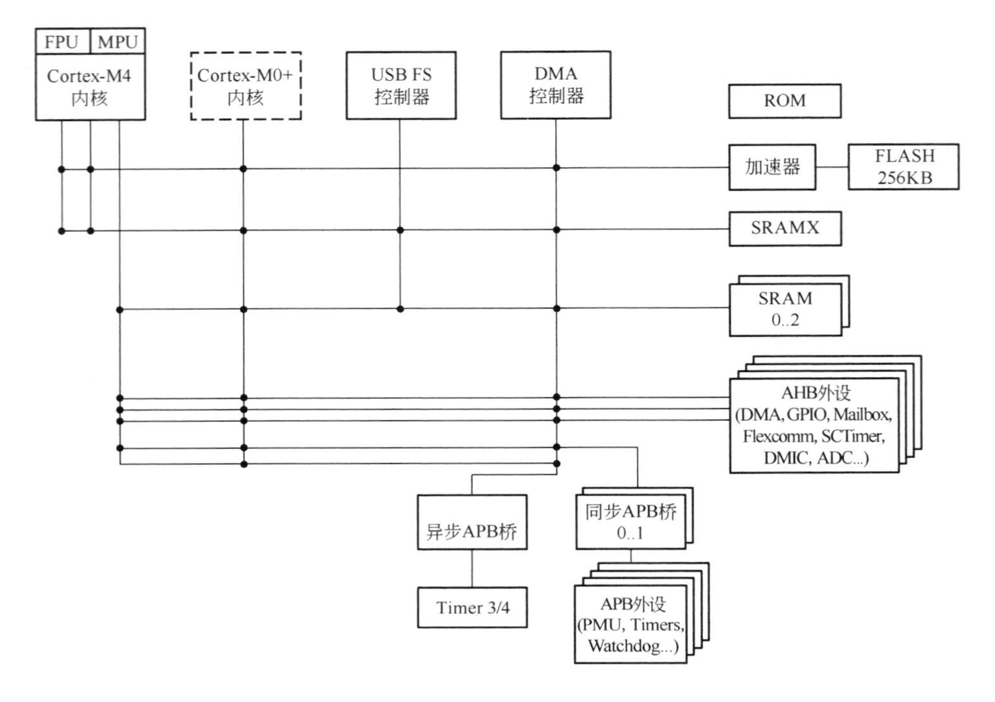

图 1-8　LPC5411X 微控制器系统架构

1.5.3　评估板与扩展板介绍

LPC5411X 使用恩智浦 LPCXpresso™ 系列评估板，板上集成了丰富的硬件资源、调试接口和扩展接口，通过结合音频显示扩展板和传感器扩展板，利用 MCUXpresso SDK 所提供的示例代码，用户可以轻松上手基于 LPC5411X 的嵌入式软件开发。LPCXpresso54114 评估板如图 1-9 所示。

LPCXpresso54114 评估板的资源包括：

- 集成的高速 USB Link2 调试器，支持 CMSIS-DAP 和 J-Link 两种固件；
- 复位、ISP 和支持的唤醒的按键；
- 三色 LED；
- 可选的 1.8V 与 3.6V 供电系统；

- 板载的测试功耗电路；
- 8M 比特 SPI FLASH；
- 全速 USB 设备端口；
- 兼容 Arduino UNO 和 PMod™ 的扩展接口。

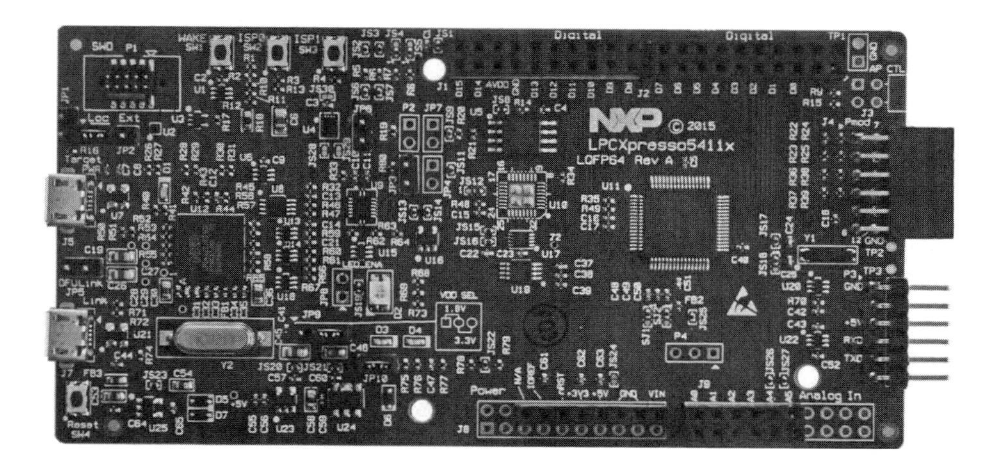

图 1-9　LPCXpresso54114 评估板

通过板载的 Arduino 接口，在 LPCXpresso54114 评估板上可以增加 MAO 扩展板和 SENSOR 扩展板，组成为一个完整的音频和传感器开发套件。在最后的综合实例章节中会利用这两块板的组合来完成一个可穿戴原型的示例开发。

1.6　小结

本章回顾了微控制器的发展过程，分析了目前的现状与未来发展趋势，并对 ARM Cortex-M 内核的家族成员、相关技术特点和生态系统作了一一讲解，为后续微控制器固件开发作铺垫。古云“工欲善其事，欲必先利其器”，熟练掌握开发工具对提高开发人员效率有着重要帮助，随后的内容中介绍了常用的 ARM 软件开发环境与硬件调试工具，并概览了本书所使用的硬件平台，LPC5411X 的硬件资源和评估板。由于篇幅限制，难以面面俱到，希望通过本章能让读者对微控制器和 ARM Cortex-M 内核有初步认识，了解相关概念后再去查阅资料和书籍，更有针对性地学习嵌入式固件开发。

第 2 章
Chapter 2
MCUXpresso 软件与工具开发套件

为了提高微控制器固件的开发效率，各家半导体公司纷纷推出 SDK 的模式，不但帮用户实现可靠的底层驱动，同时预先集成了操作系统和众多中间件层模块。用户在开发应用时，无须再对照编程手册一一实现外设模块的配置和使用，也不用自己来移植常用的第三方组件，大大降低了开发成本。恩智浦公司推出的 MCUXpresso 软件与工具开发套件，全面覆盖在微控制器上开发嵌入式固件所需的外设驱动、协议栈、操作系统、集成开发环境和相关工具，提供一站式的平台与服务。

MCUXpresso 软件与工具开发套件包含三大部分：

- MCUXpresso IDE 集成开发环境；
- MCUXpresso Config Tools 配置工具；
- MCUXpresso SDK 软件开发套件。

本章节将详细介绍 MCUXpresso 各个部分的功能，包括如何下载、安装和使用 IDE 集成开发环境，Config Tools 配置工具和 SDK 软件开发套件，最后将详细分析 MCUXpresso SDK 文件目录结构与设计架构，帮助读者理解 SDK 各个层次功能并为后续章节介绍基于 SDK 的嵌入式固件开发打下基础。

2.1 MCUXpresso IDE 集成开发环境

MCUXpresso IDE 为开发人员提供一个易于使用的集成开发环境。它基于业界标准的 Eclipse IDE 框架和 GNU ARM GCC 编译器，适用基于 ARM

Cortex-M 内核的恩智浦通用微控制器，包括 LPC、Kinetis 和 i.MX 三大家族。MCUXpresso IDE 提供了嵌入式软件开发所需的代码编辑、编译和调试下载等功能，同时增加了视图、代码跟踪和分析、多核调试等高级功能。

2.1.1　MCUXpresso IDE 的主要特性

MCUXpresso IDE 的主要特性如下：

- 提供代码大小无限制的免费版供开发人员使用；
- 提供优化的 C 库或标准的 GNU Newlib/Nano 库；
- 兼容 LPCXpresso IDE v8.2 的内置支持器件与 Kinetis Design Studio v3.2 的 SDK 包格式；
- 通过与 MCUXpresso SDK 数据包整合来支持新的 LPC 和 Kinetis 微控制器；
- 支持业界标准的 CMSIS-DAP 硬件调试工具和 P&E、Segger 等第三方硬件调试器；
- 支持 FreeRTOS 调试插件；
- 可以通过许多 Eclipse 插件实现功能扩展；
- 支持主流操作系统包括 Microsoft® Windows® 7/8/10、Ubuntu Linux®（64 位）和 Mac OS X 10.11 及更高版本；
- 用户可以升级 Pro 高级版本，以便从 NXP 获取提供额外的功能和支持特权。

2.1.2　安装 MCUXpresso IDE

用户可以在 www.nxp.com/mcuxpresso/ide 的【下载】页面下载 MCUXpresso

IDE 的最新版本安装包和相关文档。安装 MCUXpresso 过程如下（本书撰写时 MCUXpresso IDE 的最新版本为 10.0.2）：

（1）在向导界面单击【Next】按钮开始安装，如图 2-1 所示。

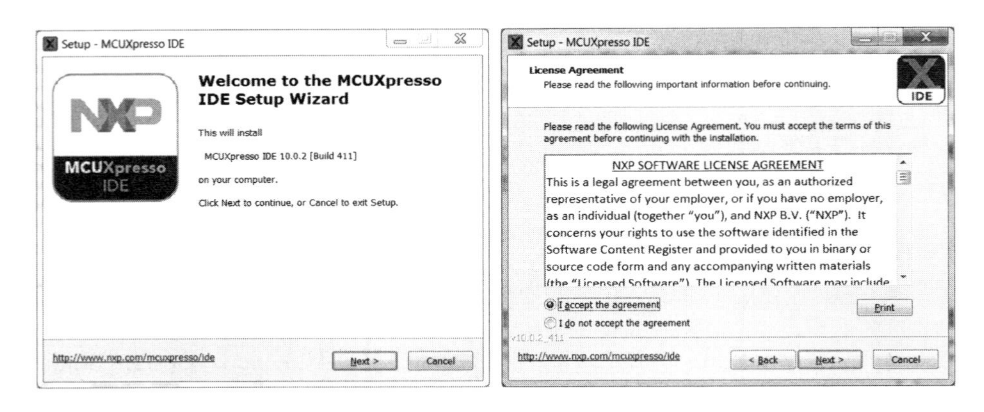

图 2-1　安装向导与 License 确认界面

（2）勾选“I accept the agreement”，单击【Next】按钮进行下一步。

（3）如图 2-2 所示，用户可以指定安装目录或者使用默认路径，单击【Next】按钮后选择【Yes】创建目录。

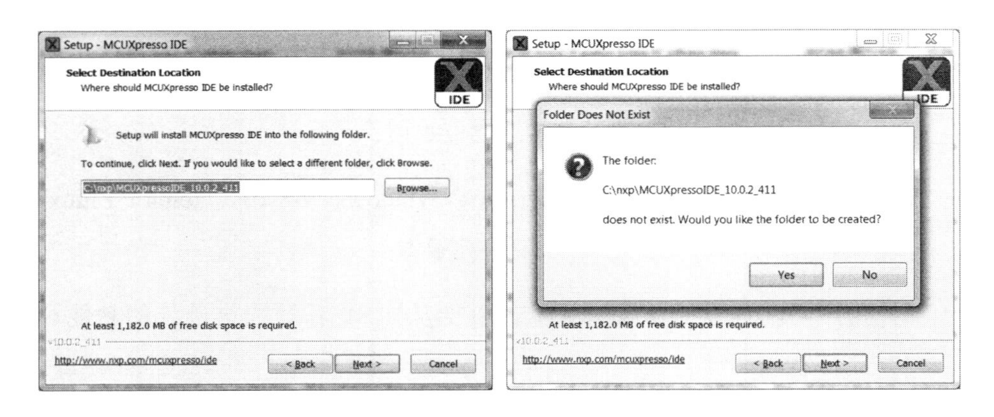

图 2-2　安装路径设置界面

（4）如图 2-3 所示，在可选调试窗口中选择所需的调试硬件驱动后，选择【Next】即可完成安装。

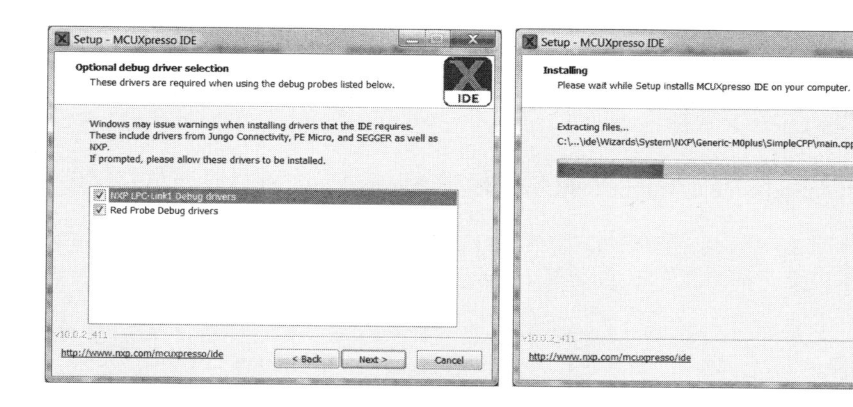

图 2-3　调试器驱动选择和安装进度界面

（5）成功完成安装后，可以在桌面和快捷启动栏中找到 MCUXpresso IDE 的图标。

2.1.3　初识 MCUXpresso IDE

第一次启动 MCUXpresso 时会提示用户指定一个目录作为 Workspace 工作空间，如图 2-4 所示，用来保存之后创建的所有项目的工程和源文件。单击【OK】按钮后进入 IDE 主界面。

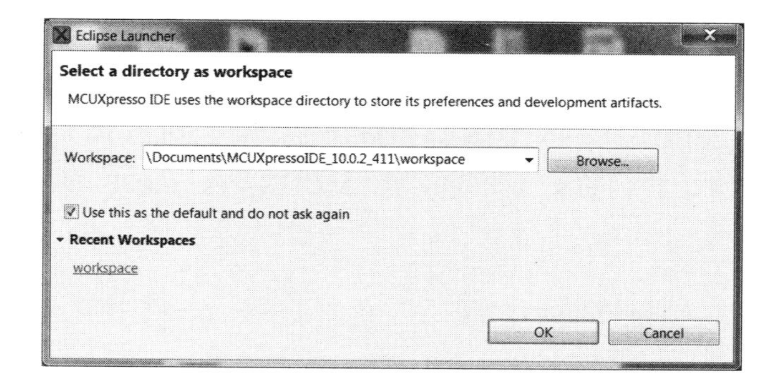

图 2-4　工作空间设置窗口

MCUXpresso IDE 主界面如图 2-5 所示，整个界面分为 4 个区：

- 【Project Explorer/Peripheral/Registers】项目工程与调试信息区域；

- 【Welcome/Editor】编辑区域；
- 【Start here】快捷区域；
- 【Installed SDKs/Properties/Console/Problems/Memory/】综合信息区域。

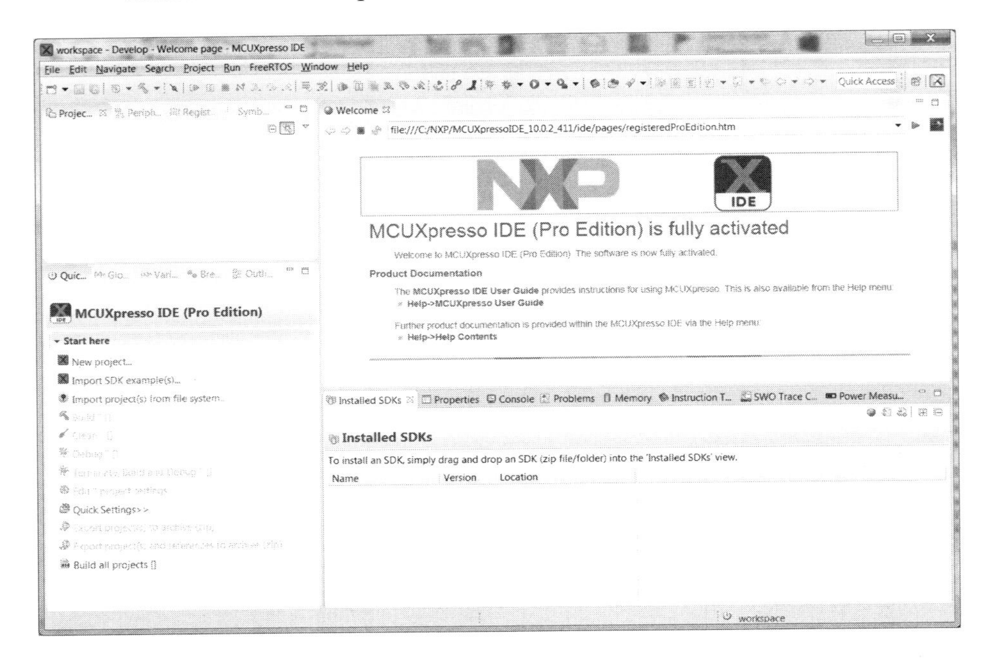

图 2-5 MCUXpresso IDE 主界面

由于还未导入任何项目工程和 SDK，在各个窗口都没有内容，在本章 2.2.3 节将介绍如何导入 SDK 包和新建一个基于 SDK 的 hello world 工程，通过该例子我们将会进一步熟悉 MCUXpresso IDE 的界面与基本操作。

在这里特别值得一提的是界面左下角的【Start here】快捷区域。通过这个区域用户能方便地访问软件开发中最常用的一些功能，优化了传统 Eclipse IDE 界面上功能过于分散、路径太深的问题。在后续章节的实验中将大量使用这个区域来完成工程导入、编译、下载和调试。

2.2　MCUXpresso Config Tools 配置工具

MCUXpresso Config Tools 是一套集成的配置工具。用户在使用基于 ARM Cortex-M 内核的恩智浦微控制器进行设计时，这套工具有助于指导用户进行评估控制器的各方面硬件资源和功能，简化上手一个新平台所需的工作量。MCUXpresso Config Tools 主要包括以下几个工具：

- SDK 生成器工具；
- Pins Tool 引脚分配工具；
- Clocks Tool 时钟配置工具。

2.2.1　SDK 生成器工具

SDK 生成器让用户根据自己的需求，针对芯片或者开发板以及所需的软件组件来构建 SDK 下载包。下面将一步步介绍如何通过 SDK 生成器工具来构建一个 LPC54114 的 SDK 包。

（1）打开浏览器访问 mcuxpresso.nxp.com，单击主界面上的【指定开发板】按钮，使用自己 nxp.com 的账号和密码完成登录。登录完成后将自动进入【指定开发板】界面。

（2）在界面中的搜索框输入需要使用的芯片或者板卡名称，这里我们输入 LPC54114 可以快速找到对应的器件。选择器件后，在后侧出现的操作框中单击【Build MCUXpresso SDK】到下一界面进行 SDK 包的定制化，如图 2-6 所示。

（3）在主界面中，用户可以灵活选择 SDK 包所支持的主机操作系统、工具链和中间件，默认选择为 Windows 主机操作系统和包括所有工具链，在单击【添加软件组件】按钮后弹出的【指定软件组件】对话框中，打开下拉菜单可以自行选择软件开发所需的中间件和操作系统，如图 2-7 所示，勾选了所有可以在该平台上选择的组件，单击【保存修改】按钮。

图 2-6　指定开发板界面

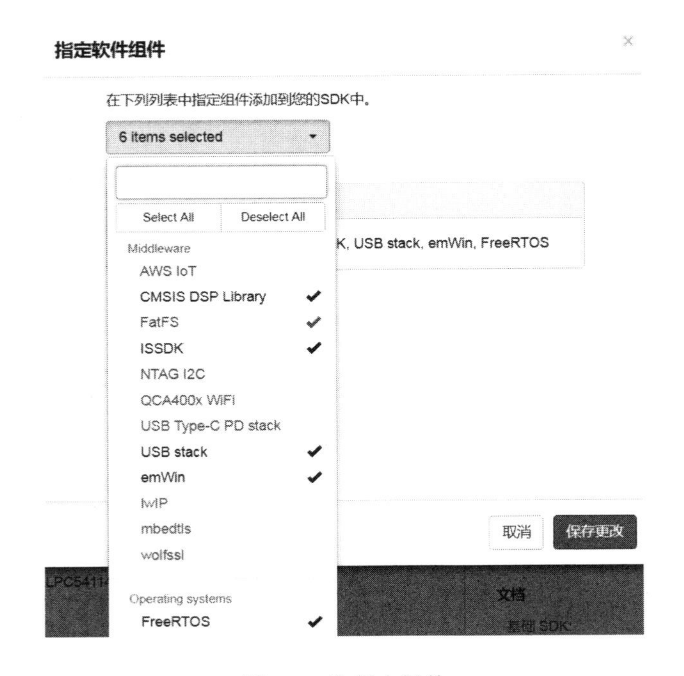

图 2-7　选择中间件

（4）如图 2-8 所示，回到主界面，右侧将显示当前配置的详细信息。若用户定制的包在服务器上已经有缓存，单击【下载 SDK】后按照提示同意软件使用条款后自动开始下载。如果没有缓存，按钮会显示为【请求生成】，单击后自动进入【控制面板】界面，如图 2-9 所示。此时服务器会在后台开始包的构建，等待一小段时间后界面将自动更新，单击下载图标即可下载.zip 格式的 SDK 包。

SDK生成器
生成可下载的SDK存档以与桌面MCUXpresso工具搭配使用。
开发者环境设置
此处的指定将影响SDK和生成工程中包含的文件和示例工程
主机 OS
Windows
工具链/IDE
所有工具链
指定可选中间件
在您的SDK中添加中间件，操作系统，和软件库。
添加软件组件
此MCUXpresso SDK配置可直接下载
下载 SDK
档案名称
LPC54114J256
硬件细节
包含的器件编号　LPC54114J256BD64, LPC54114J256UK49
电路板　LPCXpresso54114
芯片　LPC54114
内核类型/最大频率　Cortex-M4F / 100MHz
Cortex-M0P / 100MHz
内存大小　256 KB Flash
192 KB RAM
SDK细节
SDK版本:　KSDK 2.3.0 (released 2017-11-16)
SDK 标签:　REL_SDK_REL7_2.3.0_RFP_RC4_5_PRE
主机 OS:　Windows
工具链:　所有工具链
中间件:　CMSIS DSP Library, FatFS, ISSDK, USB stack, emWin, FreeRTOS

图 2-8　主界面

图 2-9　SDK 控制面板

2.2.2 Pins Tool 引脚分配工具

工程师在设计硬件电路时往往先要考虑如何合理地分配 MCU 微控制器的引脚资源。在拿到一款新的微控制器数据手册后，往往需要花大量时间阅读复杂的引脚功能复用表，稍不留意就可能导致部分功能在初版硬件上无法工作，导致项目延期。

使用 Pins Tool 让这个过程变得非常简单和直接。用户在图形界面上选择所需的外设实例或者某一个 I/O 管脚进行功能的分配，软件将自动检测分配冲突，并实时生成 SDK 工程所需的 pin_mux.c 和 pin_mux.h 引脚初始化文件。

用户在登录 mcuxpresso.nxp.com 页面后，单击下方中间的【软件与工具】选项卡，单击 MCUXpresso 配置工具位置的【了解更多】可以进入到 NXP 官网的 MCUXpresso Config Tools 页面，在【下载】选项卡中可以下载最新的桌面版本安装包，如图 2-10 所示。

图 2-10 进入 MCUXpresso 配置工具下载界面

桌面版引脚配置工具主界面如图 2-11 所示。首先用户可以在左侧【外设窗口】中选择需要使用的外设或者 Pin 进行功能分配，已被分配的管脚会显示在中间的【已路由窗口】中，用户可根据对这些 I/O 的要求进一步定义其端口属性，如上下拉、开漏、滤波器等功能。在用户分配管脚和定义属性的同时，右侧的【代码窗口】将实时更新初始化代码。如果遇到冲突和错误，在下方的【问题窗口】中会提示并且在界面各处高亮。

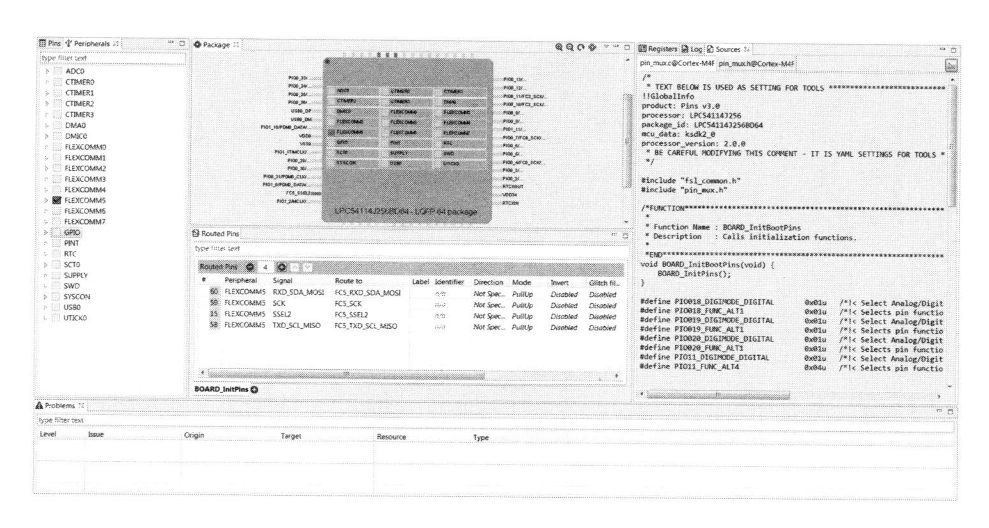

图 2-11　桌面版引脚配置工具主界面

2.2.3　Clocks Tool 时钟配置工具

正确地配置内核、系统和外设的时钟源对于微控制器系统的正常运转尤为关键，哪怕是最简单的一个 Hello World 工程，若时钟配置有误，在串口调试终端上也是看不到打印信息的。通常产品设计会根据需求使用不同的时钟源输入、选择不同的外设工作频率，虽然 SDK 提供 Clock API 封装了对各个时钟的配置、选择和开关，但由于这部分不同硬件上可重用性较低以及时钟系统本身比较复杂，用户可能仍不清楚该如何正确地组合各个 Clock API 来达到所需的目的。时钟配置工具的目的就是解决这些问题，通过可视化的配置界面让用户能直观地理解系统时钟树的结构，了解各个模块的时钟路径，从而正确地配置出所需的时钟初始化代码。

使用与 2.2.2 节中引脚工具相同的方法可以启动时钟工具。用户通过在左侧【时钟框图】中手动选择各个模块的时钟源、复用器、分频器和倍频参数等信息，右侧窗口会实时更新 clock_config.c 和 clock_config.h 源代码。桌面版时钟配置工具的主界面如图 2-12 所示。

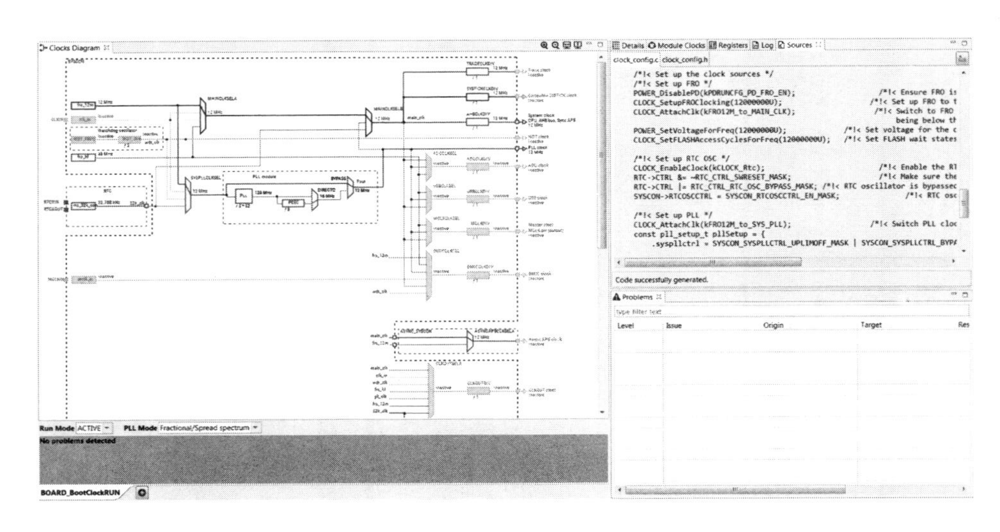

图 2-12　桌面版时钟配置工具主界面

2.3　MCUXpresso SDK 软件开发套件

MCUXpresso SDK 是恩智浦推出的软件开发套件包，旨在支持 ARM Cortex-M 内核的 Kinetis、LPC 和 i.MX 微控制器系列，简化和加速应用的开发。MCUXpresso SDK 包括软件驱动库以及可选的实时操作系统、协议栈和中间件组件，在 IAR，KEIL，MCUXpresso 多个 IDE 下提供了大量的参考例程供开发者学习和复用。与简单外设驱动库不同，SDK 符合 MISRA 标准，并通过 Coverity®静态分析工具进行检查，提供了达到量产水准的代码质量。

2.3.1　架构分析

SDK 架构如图 2-13 所示，在微控制器硬件之上，SDK 划分为四个主要的层次。

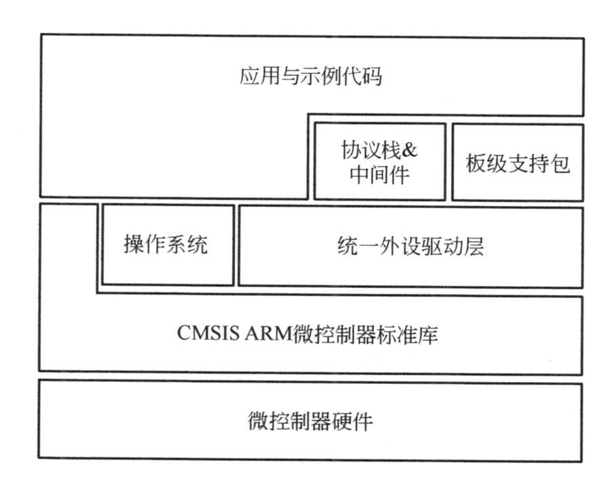

图 2-13 SDK 架构

1. CMSIS ARM 微控制器标准库层

CMSIS Core 提供了对 ARM Cortex-M 内核功能的统一访问，包括异常向量入口定义、系统初始化模板、NVIC 控制器和 Systick 等部分的 API 封装。CMSIS-DSP 库提供了一组优化的通用信号处理函数。

2. 外设驱动与操作系统层

外设驱动是 SDK 的核心，对微控制器所有外设资源访问都将通过这一层进行。根据外设的复杂程度不同，SDK 提供了基础 API、针对通信外设的数据传输 API、与 DMA 结合使用的 DMA 传输 API 以及与操作系统同步原语结合的 RTOS API。操作系统在 SDK 中支持业界广泛使用的 FreeRTOS 移植。

3. 协议栈与中间件层

协议栈和中间件移植了丰富的组件以加速复杂嵌入式应用开发，它包括恩智浦 USB 协议栈、SD/MMC 协议栈、轻量级 Fatfs 文件系统、多核编程框架、Lwip 网络协议栈和 emwin 图形库等多个可选组件，在 SDK 生成器中构建包的阶段用户可以根据自己需求在平台所支持列表中勾选。

4. 应用与示例层

为了帮助用户更快上手基于 SDK API 的软件开发，SDK 中提供了上百个应用与驱动的例程，全面演示了如何使用 SDK。根据功能不同，这些示例分为驱动例程、操作系统 API 例程、USB 例程、多核例程与 DEMO 等几大类。

2.3.2 文件目录

在上一节中我们了解如何通过 SDK 生成器下载对应平台的 SDK 包，现在将 LPC54114 的 SDK 压缩包展开，看看里面的文件结构是如何组织的。将所下载的 SDK_2.2.1_LPC54114J256.zip 解压缩到自己习惯的文件系统位置，可以看到 SDK 根目录如图 2-14 所示。

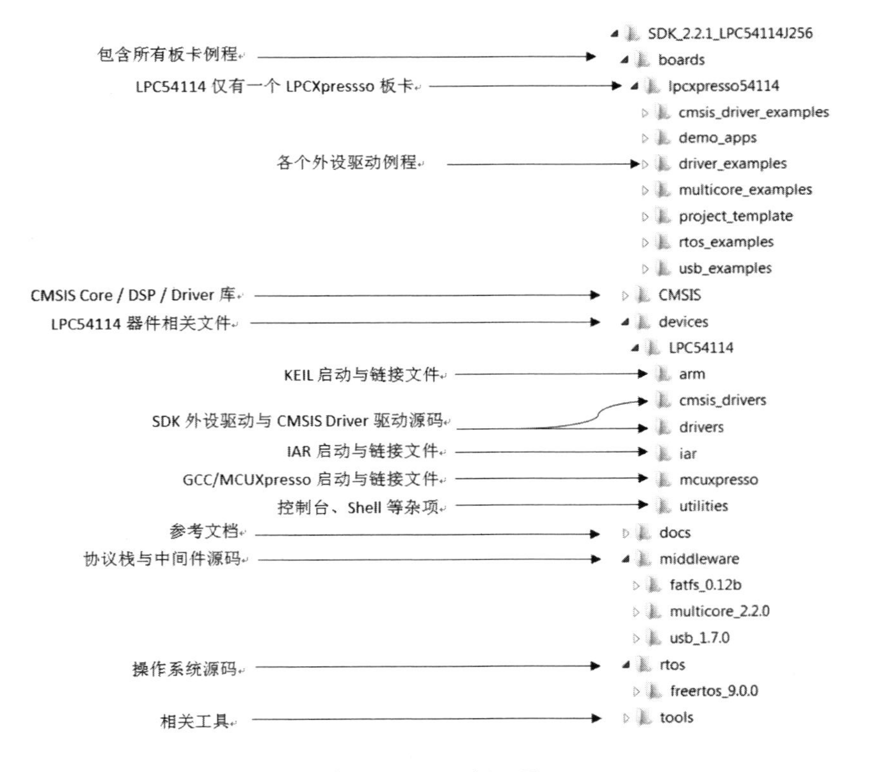

图 2-14 SDK 根目录

在【Device】→【LPC54114】目录存放着 SDK 最核心的寄存器描述、启动和驱动实现文件，LPC54114 目录如图 2-15 所示。

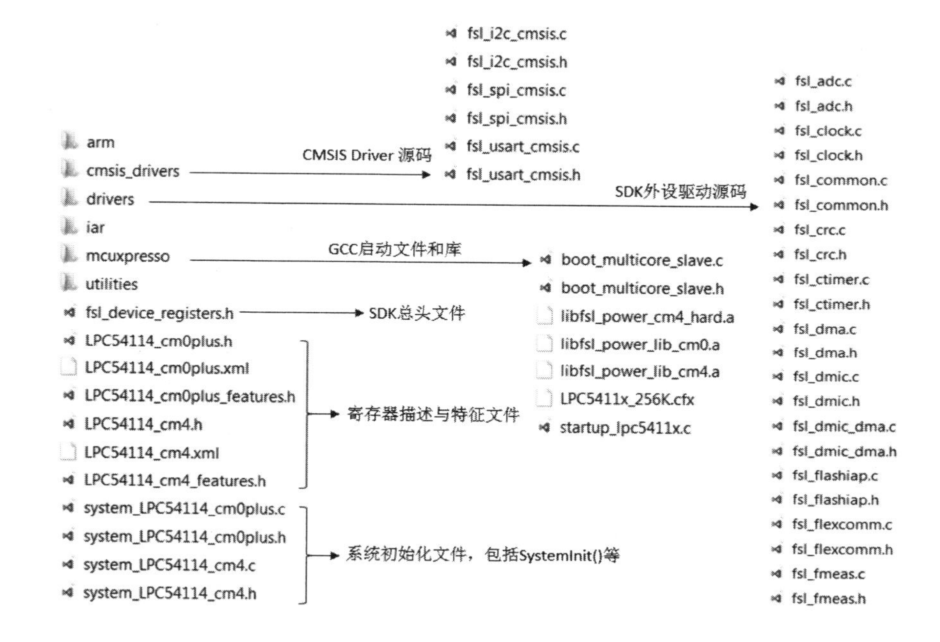

图 2-15　LPC54114 目录

在【driver_examples】目录下是所有外设的驱动示例代码，每个外设至少有一个例程、多则数个以演示不同的功能和 API 的用法。图 2-16 所示的 usart_interrupt 例程目录中分析了一个 usart_interrupt 例程序的文件组织结构，其他 demo，driver_examples，rtos_examples 等的结构都是相似的。

2.3.3　外设驱动命名与依赖

外设驱动涵盖了对于外设的所有操作的封装，用户在编写基于 SDK 的应用程序时不需要再进行寄存器层面的编码，使用驱动层提供的 API 可以大大提高工作效率，并降低错误使用的概率。

在 devices/drivers 目录下存放的是外设驱动源码和头文件。如图 2-17 所示，文件名都以 fsl_为开始，后面紧跟 ip 名称。以 i2c 模块为例，文件名为 fsl_i2c.c（实现文件）和 fsl_i2c.h（头文件）。若硬件 ip 支持 DMA 数据传输操作或者在 RTOS 环境下的同步操作，则还会有额外的两对驱动文件 fsl_ip_dma.c/fsl_ip_dma.h 和 fsl_ip_freertos.c/fsl_ip_freertos.h。

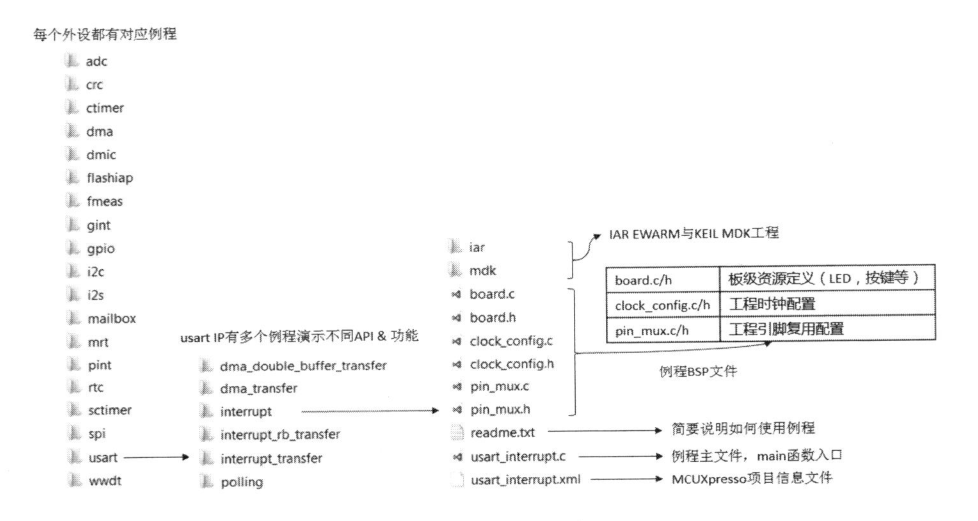

图 2-16　usart_interrupt 例程目录

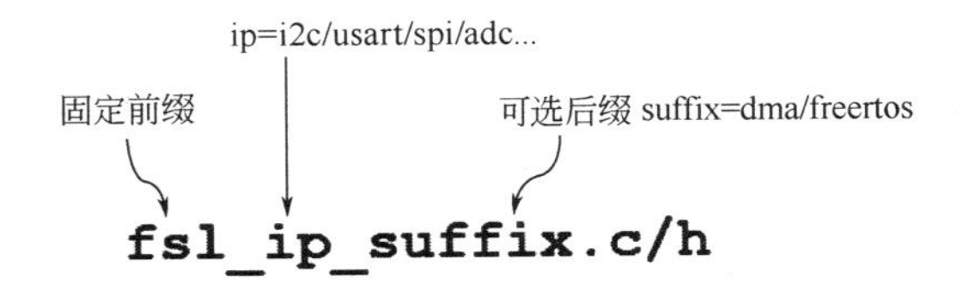

图 2-17　外设驱动文件命名规则

为了方便用户将 SDK 的驱动移植到非 SDK 的项目中，驱动在设计的时候考虑了最少的依赖关系，每个外设的驱动只需包括 fsl_common.h 头文件，而 fsl_common.h 则只依赖于标准库文件、CMSIS 头文件、寄存器头文件、特征头文件和 fsl_clock.h 等少数几个文件。在移植的过程中只需要将这几个文件一起复制到相应的目录即可使用。外设驱动文件的依赖关系如图 2-18 所示。

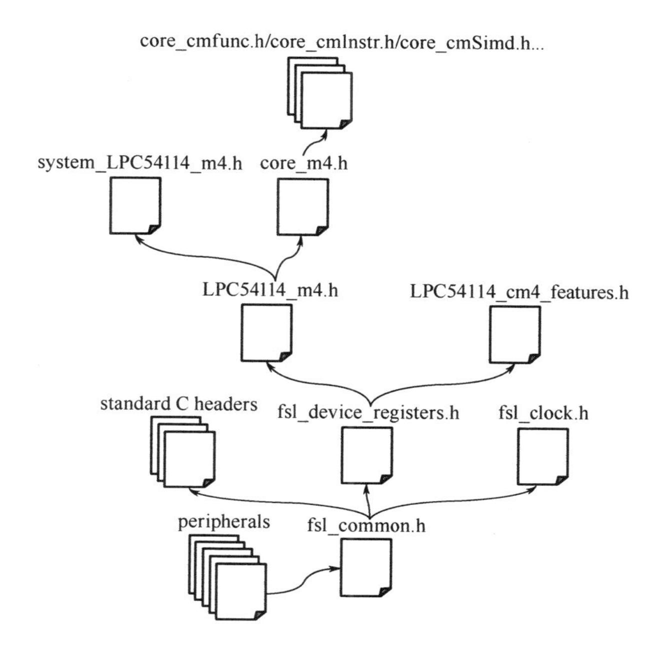

图 2-18　外设驱动文件依赖关系

2.3.4 外设驱动 API

在 SDK 中外设驱动 API（应用程序调用接口）可以分为基础功能 API、数据传输 API、DMA 数据传输 API 和 RTOS 数据传输 API 四大类。

1. 基础功能 API

所有外设驱动的基础功能实现都由基础功能 API 完成。用户通过组合调用这些 API 来完成具体的功能需求。基础功能 API 的主要任务是抽象出对硬件寄存器的烦琐操作，以简单、易用的函数调用方式提供给用户。接口的设计满足单一职责原则，且都是无状态的操作，大多数函数的实现只有短短的几行，以 inline 内联函数的形式写在驱动头文件中。为了完成某个功能，基础功能 API 也会调用其他基础功能 API，但这种嵌套关系一般不会超过三层。代码清单 2-1 是一个典型的基础功能 API 的实现。

代码清单 2-1

```
static inline void GPIO_ClearPinsOutput(GPIO_Type *base,uint32_t port,uint32_t mask)
{
    base->CLR[port] = mask;
}
```

大多数外设在使用之前都必须进行配置才能正常工作，SDK 为这些外设定义了 config 配置结构体，让用户在 Init 初始化函数中传入。因每个用户对于模块使用的需求存在差异化，调用者需要自己提供这些信息给 SDK 以配置出符合自己需求外设功能。代码清单 2-2 为 WWDT 的配置结构体。

代码清单 2-2

```
typedef struct _wwdt_config
{
    bool enableWwdt;                /* 使能&禁止 WWDT */
    bool enableWatchdogReset;       /* 溢出后是否产生复位 */
    bool enableWatchdogProtect;     /* 是否使能保护 */
    bool enableLockOscillator;      /* 是否锁住振荡器 */
    uint32_t windowValue;           /* 窗口值 */
    uint32_t timeoutValue;          /* 超时阈值 */
    uint32_t warningValue;          /* 警告阈值*/
} wwdt_config_t;
```

很多时候用户并不需要对 config 结构体中的所有成员进行初始化，可以通过 GetDefaultConfig API 来获取一个默认值，再对所关心的部分成员变量进行赋值。代码清单 2-3 演示了如何调用 SDK API 初始化一个 WWDT 模块。

代码清单 2-3

```
    /* 定义 config 变量 */
    wwdt_config_t config;

    /* 获取默认配置 */
    WWDT_GetDefaultConfig(&config);
    config.timeoutValue = CLOCK_GetFreq(kClock_WdtOsc)/ 4 * 2;    /* 设置喂狗间隔
为 2 秒 */
    config.warningValue = 512;                                    /* 设置警告阈值
为喂狗后 512 时钟 */
    config.windowValue = CLOCK_GetFreq(kClock_WdtOsc)/ 4;         /* 设置窗口阈值
为 1 秒 */
    config.enableWatchdogReset = true;                            /* 配置 WWDT 超
时后复位 */

    /* 初始化 WWDT */
    WWDT_Init(WWDT,&config);
```

2. 数据传输 API

针对 I^2C、USART、SPI、CAN 等通信外设，SDK 提供了数据传输 API。这一类 API 提供了一种快速评估和使用外设传输功能的方法，用户无须对传输协议或微控制器外设的使用有深入的了解，只需理解协议暴露在应用层的属性和操作方法，如格式、地址、数据指针和传输长度，正确地将这些属性传递给数据传输 API 即可实现数据传输。在底层，SDK 会自己管理复杂的内部状态机和维护正确的时序。

每个数据传输 API 的名称上都包括 transfer 的字符（通过这个特征，用户可以很好地区分哪些属于数据传输 API），同时实现数据传输的 API 需要接收一个 ip_transfer_t 的参数，将应用层的信息传递给 SDK 驱动，根据所支持的协议不同这个结构体的成员变量会有所不同，但都会包括数据地址和长度两个信息，代码清单 2-4 是 I^2C 主机模式的 transfer 结构体的定义，可以看到 flag，slaveAddress，direction，subaddress，subaddressSize 等几个成员都是与 I^2C 协议息息相关的。

代码清单 2-4

```
struct _i2c_master_transfer
{
    uint32_t flags;             /* 标志位,决定本次通信是否略过 START,STOP 阶段等 */
    uint16_t slaveAddress;          /* 7 位从机器件地址 */
    i2c_direction_t direction;      /* kI2C_Read 或者 kI2C_Write */
    uint32_t subaddress;            /* 寄存器子地址 */
    size_t subaddressSize;          /* 子地址的宽度 1~4 字节*/
    void *data;                     /* 指向数据缓冲区的指针 */
    size_t dataSize;                /* 需要传输的字节数 */
};

typedef struct _i2c_master_transfer i2c_master_transfer_t;
```

数据传输 API 分为阻塞（Blocking）和非阻塞（Nonblocking）两类。阻塞式 API 通过轮询寄存器查询标志位的方式实现，调用函数返回后，实际的数据交互已经完成，属于一种同步操作。这种方式易于应用编程，但内核一直处于等待标志位的循环，无法腾出时间来处理其他任务（除中断服务程序以外），执行效率非常低。图 2-19 描述了一个典型的阻塞式数据传输 API 的工作流程。

非阻塞式 API 结合外设中断和软件状态机，在 SDK 的驱动中实现了标准中断服务函数来完成数据的收发，并通过注册的 callback 回调函数来通知用户事件。非阻塞式 API 是完全异步的编程方式，大大提高了 CPU 的利用率。

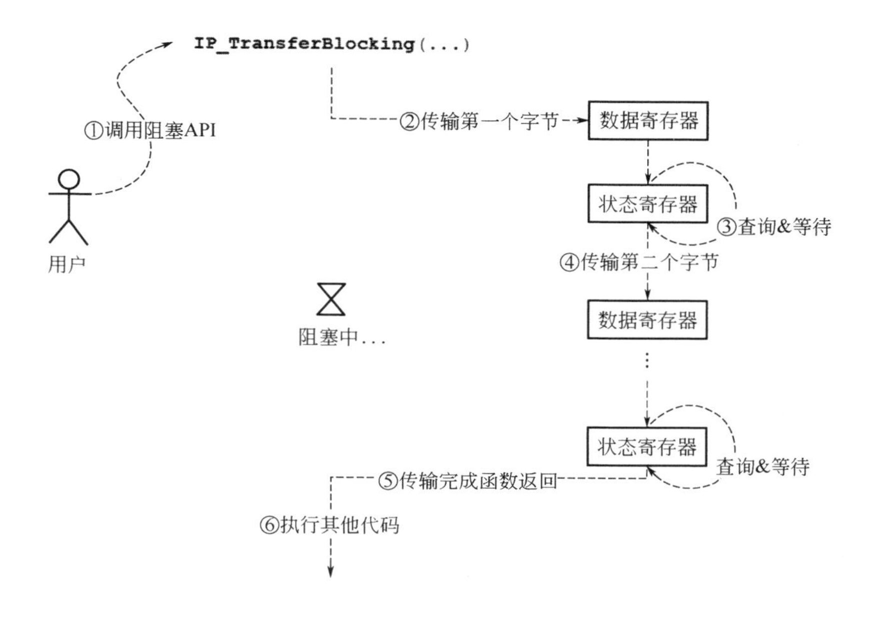

图 2-19　阻塞式数据传输 API 的工作流程

使用非阻塞式 API 时需要用到一些变量来记录传输的状态、已传输和未传输数据长度等信息，这些变量组合在一起在 SDK 中用一个 handle 句柄结构体来表示。SDK 内部不会自己分配空间来存储 handle，需要用户在调用 API 之前通过指针传递一个全局周期的结构体（如全局变量或函数内部的 static 静态变量)，并提供了一个专用的 CreateHandle API 来供用户初始化 handle 结构体的值。

需要特别注意的一点是，在使用非阻塞式 API 时所提供的 buffer 数据缓冲区也必须是全局生命周期属性的。由于 SDK 内部不作 buffer 的复制，仅是通过指针引用缓冲区；所以如果为局部变量，非阻塞函数返回后（此时数据传输还未完成）退出当前调用函数，变量即被销毁，数据传输便无法正确完成。

代码清单 2-5 是一段使用 I^2C 主模式下非阻塞数据传输 API 的示例代码。

代码清单 2-5

```
uint8_t g_master_buff[32];                    /* buffer 需要为全局变量 */
i2c_master_handle_t g_m_handle;               /* handle 需要为全局变量 */
volatile bool g_masterCompleted = false;

static void i2c_master_callback(I2C_Type *base,i2c_master_handle_t *handle,status_t completionStatus,void *userData)
{
    if(completionStatus == kStatus_Success){
      g_masterCompleted = true;
}
}

/* 下面代码为 main 函数片段*/

i2c_master_config_t masterConfig;
I2C_MasterGetDefaultConfig(&masterConfig);

/* Initialize the I2C master peripheral */
I2C_MasterInit(I2C0,&masterConfig,I2C_MASTER_CLOCK_FREQUENCY);

/* 初始化 handle */
I2C_MasterTransferCreateHandle(I2C0,&g_m_handle,i2c_master_callback,NULL);

/* 配置 xfer 结构体 */
masterXfer.slaveAddress = 0x50;
masterXfer.direction = kI2C_Write;
masterXfer.data = &g_master_buff[0];
masterXfer.dataSize = 32;
masterXfer.flags = kI2C_TransferDefaultFlag;

/* 开始非阻塞传输,调用时须传入指向 g_m_handle 的指针 */
```

```
I2C_MasterTransferNonBlocking(I2C0,&g_m_handle,&masterXfer);

/* 等待传输完成 */
while(!g_masterCompleted){
    ;
}
```

非阻塞式数据传输 API 的工作流程如图 2-20 所示。

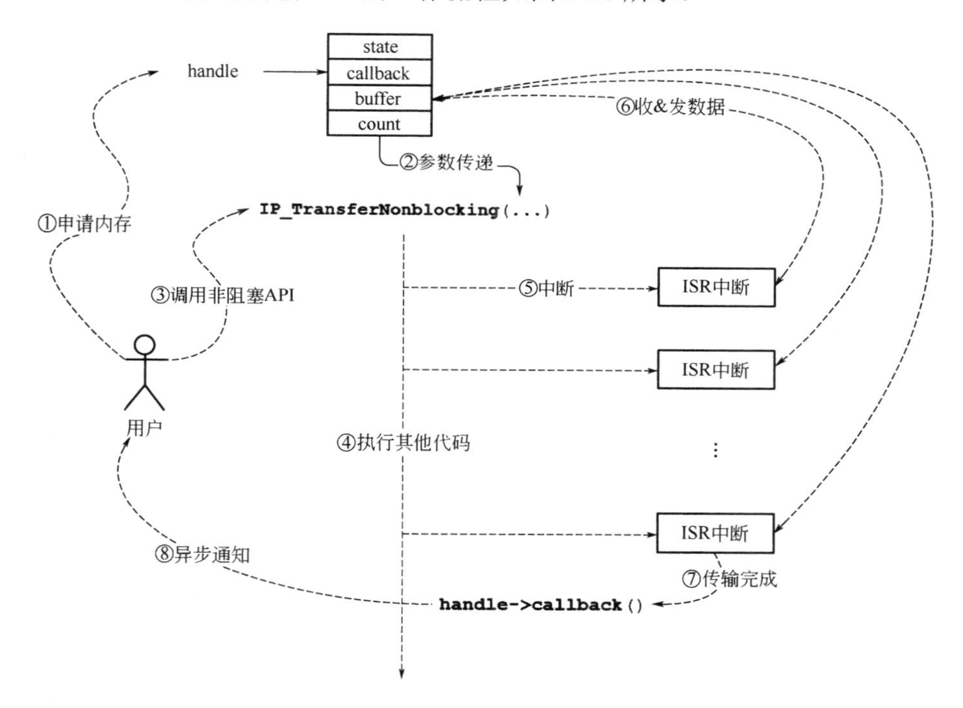

图 2-20　非阻塞式数据传输 API 的工作流程

在实际的开发过程中，并不是所有的时候非阻塞都优于阻塞。当外设工作频率较高（如高达 1/2 或者 1/4 的内核频率），可能中断上下文处理都已经接近或者超过轮询标志位的开销，这时使用阻塞方式反而效率更高、编程处理上也更简单。因此，用户应当根据自己实际使用场景来选择最合适的 API。在后续的外设章节中，本书会用到更多的例程来进行讲授基础功能 API 和数据传输 API，用户也可以自行浏览 driver_examples 下的例程，所有名字带_transfer 的即为演示数据传输 API 的例程，否则为演示基础功能 API 的例程。

3. DMA 数据传输 API

谈到非阻塞异步编程，最高效的方式还是结合 DMA 单元来实现批量处理。使用 DMA 后 CPU 内核无须频繁处理中断服务，相比 SDK 中的非阻塞数据传输 API 可以有更多的时间处理后台的任务，仅在指定的传输数量完成后所产生的 DMA 中断中才需要进行干预。DMA 的实现结合了 fsl_dma.c/h 中 DMA 驱动和 fsl_ip.c/h，在新的 fsl_ip_dma.c/h 文件中实现了一套新的驱动。

在使用 DMA 数据传输 API 之前，用户必须先调用 DMA 驱动 API 完成对 DMA 外设和通道的配置，之后的流程同使用非阻塞数据传输 API 的流程十分类似，对于用户来说区别非常少，最主要是将常规的 handle 替换为 dma_handle。

DMA 数据传输 API 的工作流程如图 2-21 所示。

4. RTOS 数据传输 API

RTOS 数据传输 API 是专门为实时操作系统下对通信外设驱动使用提供的一套方法，在目前的 SDK 版本中支持的内核是 freertos。在 RTOS 下的外设驱动编程要比前后台（裸跑）模式下多了一些顾虑，同时也多了一些便利。由于可能存在不止一个线程会竞争访问同一个外设，故 RTOS 下的驱动编程需要对 API 作好多线程互斥的保护。利用 RTOS 提供的线程阻塞的方法则较为便利，不但能有效地进行并行处理（宏观上），而且对于单个线程的顺序处理编程也比在前后台下使用状态机的方式要容易许多。

RTOS 数据传输 API 就是根据以上两点出发来设计的，它基于数据传输

API，提供了多线程锁保护和信号同步控制。用户在使用 ip_RTOS_Init API 之后，已经自动创建了互斥信号量（Mutex）和二值信号量（Binary Semaphore）。实际传输函数在进入后会获取互斥信号，以保护 API 以及外设硬件访问的唯一性；在调用非阻塞数据传输 API 后，RTOS 传输 API 会等待二值信号量。由于二值信号量初始为 0，任务马上会被调度器挂起。当产生全部传输完成的 callback 后，内部会将二值信号量置 1，中断返回后将重新激活被挂起的任务。如果任务优先级高于当前被中断任务，可以立刻获得 CPU 运行权。通过这样的同步操作方式，在任务里调用 RTOS 数据传输 API 对传输的操作，函数一返回 buffer 里数据就已经完成发送&接收。RTOS 数据传输 API 的工作流程如图 2-22 所示。

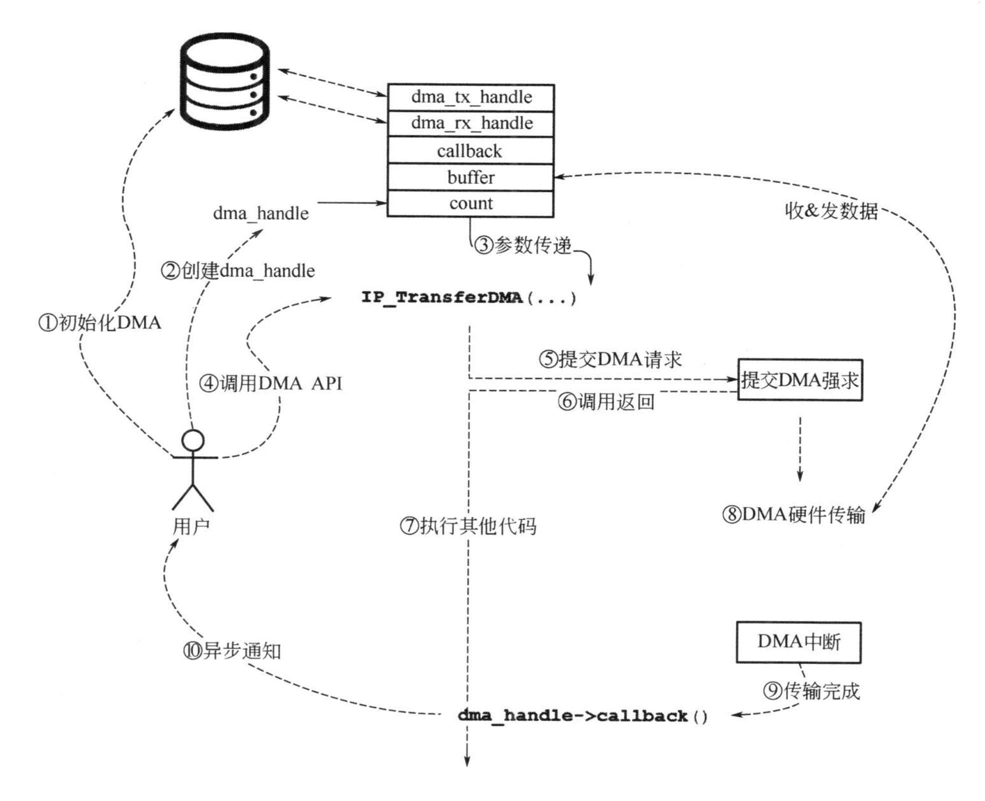

图 2-21　DMA 数据传输 API 的工作流程

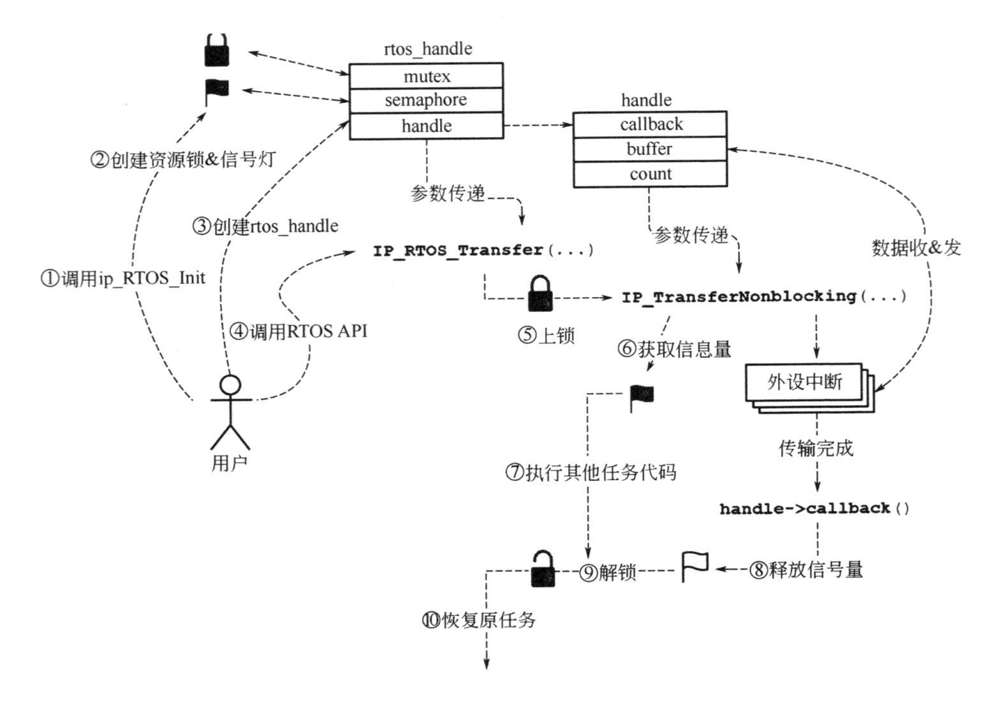

图 2-22　RTOS 数据传输 API 的工作流程

2.4　实例：Hello world

前面几小节介绍了 MCUXpresso IDE 的安装和基本界面，也分析了 SDK 的架构与文件目录，本节我们通过导入和运行一个软件世界中最常见的 hello world 项目来了解完整 SDK 环境下的一个开发实际操作流程。

（1）启动 MCUXpresso IDE 来到主界面，将已经下载好的 SDK_2.2.1_LPC54114.zip 拖动到界面右下方的【Installed SDK】窗口，在弹出的提示框中单击【ok】按钮后即可完成 SDK 包的导入。如图 2-23 所示，下面窗口将显示 SDK_2.x_LPC54114J256 的 SDK 包已经成功安装。

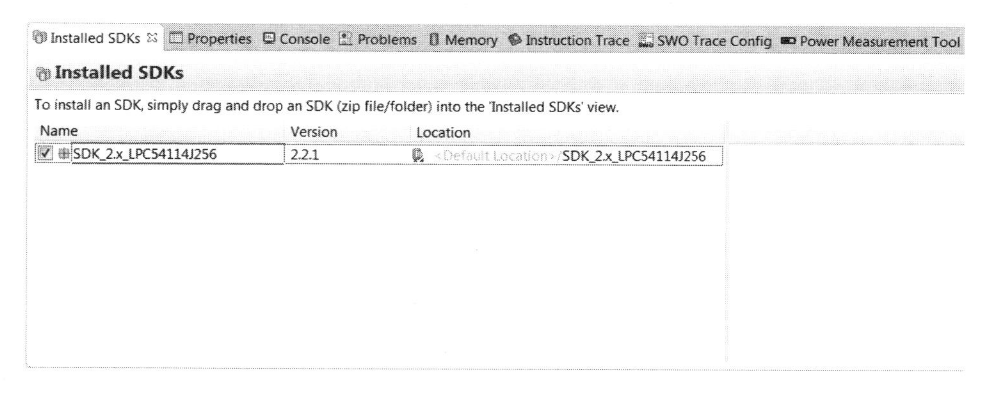

图 2-23　导入 SDK 包

（2）基于 SDK 的软件开发可以从一个全新的项目开始，也可以从已有的丰富例程中找一个与自己所需要完成功能的项目最为接近的例子导入。第二种方法更为便捷，也是我们本书常用的方法，如图 2-24 所示，从快捷区域导入基于 SDK 的工程：单击【Start here】快捷区域里的“import SDK example (s)”开始导入 SDK 例程。

图 2-24　从快捷区域导入基于 SDK 的工程

（3）因为之前仅导入了 LPC54114 的 SDK，在下一界面中【SDK MCUs】里只有 LPC54114J256 可选，右侧【Available boards】中显示了该 MCU 所支持的硬件平台，单击选中 lpcxpresso54114 后，单击【Next】按钮进入下一页面，向导界面如图 2-25 所示。

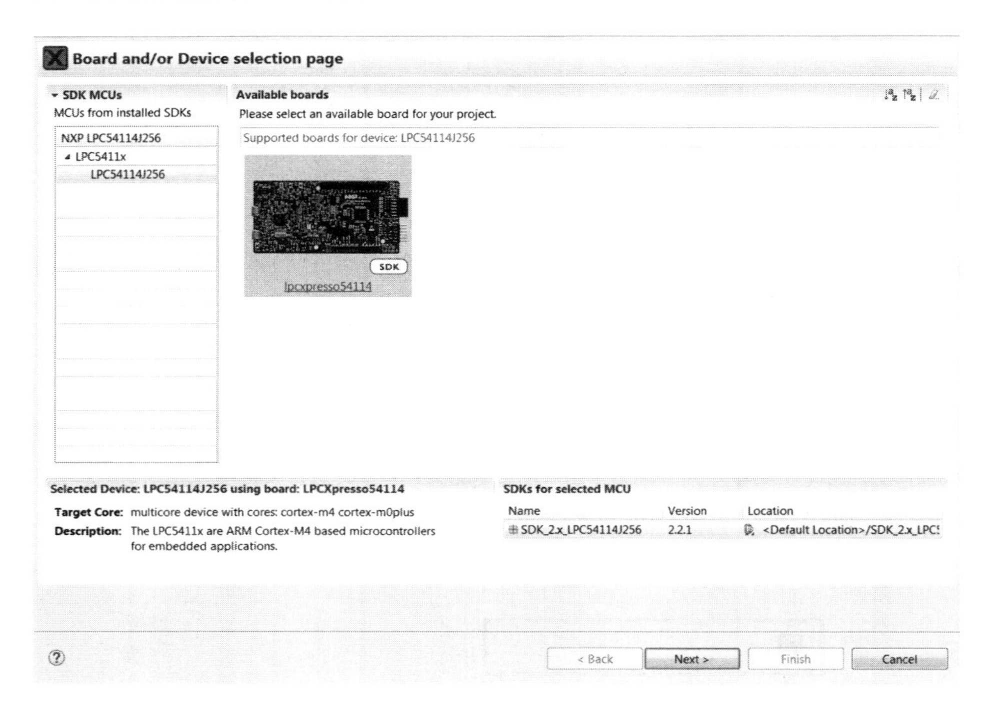

图 2-25　向导界面

（4）导入工程模板界面如图 2-26 所示，界面中将看到当前 SDK 中所支持的所有例程，选中后即可将例程导入。这里勾选【demo_apps】下的【hello_world】，单击【Next】按钮进入高级设置。

（5）工程高级设置界面如图 2-27 所示，在【高级设置】界面中，可以修改工程的 C 库、PRINTF 打印宏、内存映射、浮点单元以及双核工程等内容，用户可以根据自己的需要来调整这些设置。这里我们取消选中【Redirect SDK "PRINTF" to C library "printf"】选项，转而使用 SDK 内部提供的控制台打印函数 DbgConsole_Printf，单击【Finish】按钮，完成工程的导入。

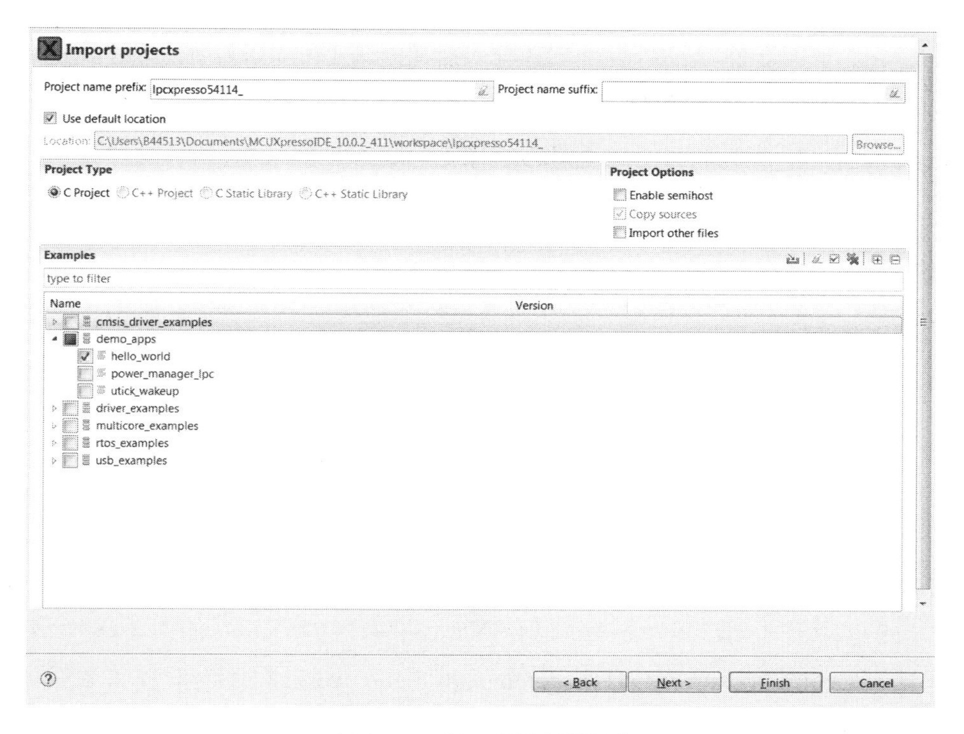

图 2-26　导入工程模板界面

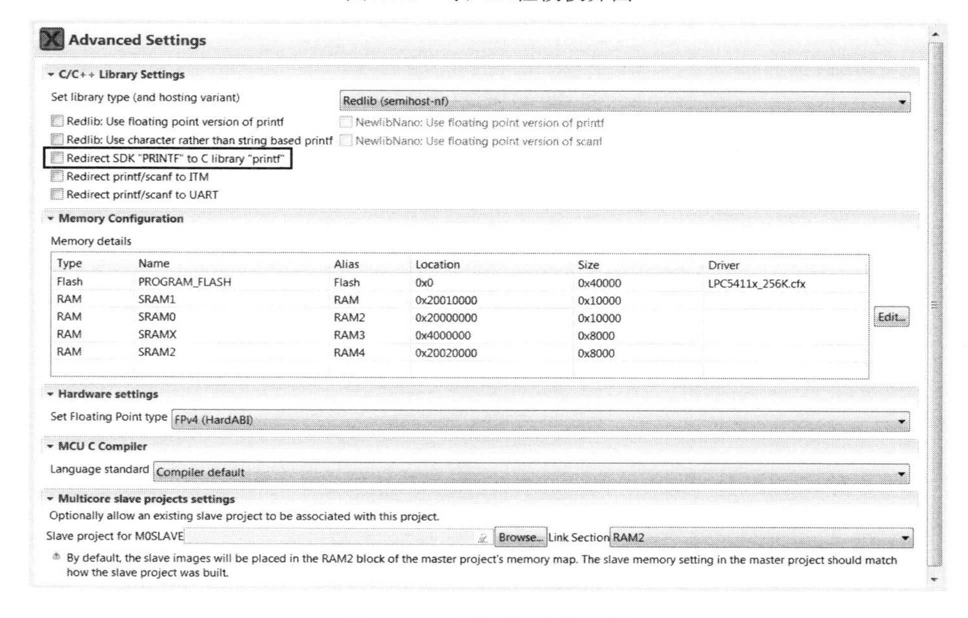

图 2-27　工程高级设置界面

（6）如图 2-28 所示，完成工程导入后在左侧【Project】中便能看到整个项目的文件，此时单击快捷区域中的【Build lpcxpresso54114_demo_apps_hello_world】，即可将整个工程进行编译并生成.axf 格式的可执行文件。

图 2-28　工程文件浏览窗口与编译&调试下载窗口

（7）连接 USB Micro 线缆到 LPCXpresso54114 J7 端口，如图 2-28 所示，单击【Debug lpcxpresso54114_demo_apps_hello_world】开始下载和调试，MCUXpresso 可以自动识别调试固件，无论板载的 LPC4322 调试芯片中加载的是 CMSIS-DAP 固件还是 J-Link 固件，第一次使用时，均可以自动识别并启动正确的调试器。

（8）成功启动调试后界面会进入 Debug View，通过界面上方的快捷按键可以控制程序执行的流程，单步执行或者全速执行。MCUXpresso IDE 常用调试快捷按键如图 2-29 所示。

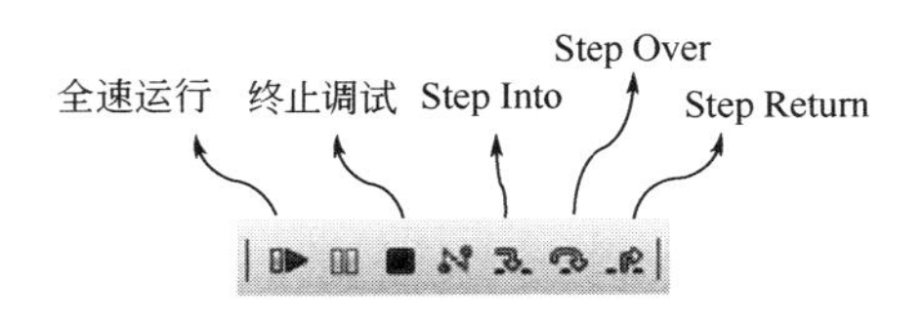

图 2-29　MCUXpresso IDE 常用调试快捷按键

（9）hello_world.c 中 main 函数源码如代码清单 2-6 所示，这是一个最经典的 SDK 代码，通过 BSP 提供的引脚、时钟和控制台初始化函数，利用 utility 提供的 PRINTF 来打印、获取和回显字符。

代码清单 2-6

```
int main(void)
{
    char ch;

    CLOCK_AttachClk(BOARD_DEBUG_UART_CLK_ATTACH);/* 分配正确时钟
源给 USART0 */

    BOARD_InitPins();                    /* 初始化引脚复用 */
    BOARD_BootClockFROHF48M();           /* 配置内核使用内部 FRO 48MHz 模式 */
    BOARD_InitDebugConsole();            /* 初始化 USART0 为调试口 */

    PRINTF("hello world.\r\n");          /* 打印 hello world 到终端 */

    while(1)                             /* 等待终端输入并回显 */
    {
        ch = GETCHAR();
        PUTCHAR(ch);
    }
}
```

（10）启动调试后，程序断点自动停在第一条可执行的 C 语句上，单击【全速运行】按钮开始执行例程，打开 PC 上识别的调试串口，设置串口为 N-8-1、波特率为 115200，即可看到调试信息 hello world，通过键盘输入字符可以看到字符回显到终端上，实验结果如图 2-30 所示。

图 2-30　实验结果

2.5 小结

本章介绍了 MCUXpresso 软件与工具开发套件的方方面面，并着重分析了 MCUXpresso SDK 的架构、组织和 API 特点等内容，最后通过运行一个 hello world 的例程把 MCUXpresso 的主要功能串起来，让读者对 MCUXpresso 的功能与特点有了一个全面认识。在后续的章节中，我们将深入 LPC54114 各个外设的工作原理，以及每个外设在 SDK 下驱动 API 的使用技巧，并通过多个实验例程来进一步加深认识。

第 3 章
Chapter 3
微控制器的启动过程

对于大多数微控制器应用软件开发者来说，主要的编程工作都是在main()函数及中断服务程序中进行的，但是，微控制器应用开发作为一个系统工程，在必要的时候，仍需要对系统进行深度定制，这就要求了解微控制器运行过程中可配置的每个部分细节。在芯片上电之后，硬件会自动完成一些“例行”任务，但在进入 main()函数之前，仍要执行一些软件代码对整个系统进行初始化配置。只要是软件管辖的范畴，就意味着微控制器应用软件开发者可以根据需要对它们进行定制，以实现特定的应用功能。另外，由于启动过程中的软件可以被修改，也就意味着在软件开发过程中可能会意外地引入错误，那么，就需要开发者能够在其中发现错误并修复。总而言之，了解芯片启动过程到 main()函数中间的环节，对深入了解微控制器工作机制，充分发挥软硬件系统的效能有着重要的意义。

虽然从微控制器软件开发者的角度来看，芯片上电是整个应用程序的开始，但实际上，微控制器内部硬件仅仅把上电启动作为复位的一个典型用例。也就是说，对微控制器来说，上电启动也好，通过按下复位按键复位程序也罢，都将会重新开启一个新的生命周期。因此，无论是因为哪种原因导致芯片进入复位过程，都将会进行同样的复位操作序列，从此间到彼岸，最终重新进入 main 函数的怀抱。

LPC54114 微控制器中，能够引发复位的事件包括：

- 通过 RESET 引脚复位（热复位）；
- 看门狗超时复位；
- 上电启动复位（POR）；
- 欠压检测复位（BOR）；

- ARM 内核触发复位；
- ISP-AP 调试系统触发复位。

其中，上电启动复位（POR）将被作为本章剖析的重点。

3.1　上电启动后硬件自动执行的操作序列

对于使用微控制器开发产品的开发者来说，LPC54114 微控制器的上电启动过程是相对比较简单的。一切都要从给微控制器供电开始。

当芯片供电引脚上的电压达到有效供电电压的阈值时，芯片进入复位状态，复位引脚 RESET 的输出信号被芯片内部的电路逻辑拉低，芯片内部的 FRO 12MHz 时钟振荡器在其后开始启动。FRO 12MHz 时钟振荡器的启动时间大约为 6μs，并在复位过程中为整个系统提供稳定的时钟信号，这个时钟在后续的运行过程中将作为微控制器系统默认的工作时钟。

当 FRO 12MHz 时钟准备完毕时，芯片退出复位状态，芯片内部的电路逻辑释放 RESET 引脚，此时 RESET 引脚对外呈现为输入引脚。之后 FRO 12MHz 时钟振荡器开始持续稳定地输出时钟信号，FLASH 控制器在 FRO 12MHz 提供的时钟驱动下也完成了初始化，可以为后续 CPU 从 FLASH 存储器读取程序指令，或是通过 BootLoader 写入可执行程序做好准备。

简言之，任何事件引起芯片的复位过程，都需要经历如下操作：

- 启用 FRO 时钟振荡器；
- 唤醒 FLASH，大约需要 250μs 或更短的时间；
- 进入 BootLoader 引导程序，通常 BootLoader 会引导启动过程开始执行存储在 FLASH 存储器上的程序指令。

当引导执行 FLASH 存储器上的程序执行时，首先从 0 地址处开始取指令（数据），在 ARM 的存储映射中，0 地址也是中断向量表的起始地址，存放着首个中断向量——复位中断函数（Reset_Handler）。当开始进入复位中断函数时，微控制器中的 CPU 及各个功能寄存器已经初始化完毕并被赋予了预设的初值。

3.2 从复位中断向量进入 C 程序的世界

经过了上电启动的硬件操作序列之后，CPU 最终开始从 FLASH 存储区的首地址读取程序指令并运行。在绝大多数情况下，FLASH 存储器的代码都是从 C 语言的程序代码编译得来的，也就是说，从这里开始，开发者可以通过编写 C 程序代码控制 CPU 的工作了。总而言之，欢迎来到 C 程序的世界，即软件开发者的世界。

3.2.1 复位中断函数概述

在通常情况下，ARM Cortex-M 内核的微控制器在跳出硬件复位流程之后，会直接从位于存储空间 0 地址位开始的中断向量表中取前两个表项，分别作为初始的栈地址和复位向量函数地址，然后从复位向量函数开始执行程序。在复位向量函数中对整个微控制器硬件系统进行一系列基本的初始化操作，例如配置时钟等，最后调用 main 函数进入用户应用程序。

但是，LPC54114 本身是一款双核的微控制器，虽然在大多数情况下，用户程序主要是在主核（ARM Cortex-M4）上运行，但仍需要对从核（ARM Cortex-M0+）进行基本的配置。同时，在官方提供的固件库开发包 MCUXpresso SDK 中，两个处理器核心的应用程序共享同一份启动代码（分别编译到不同的二进制文件），因此这部分代码在执行过程中需要执行一系列的判断，至少要识别出正在哪个核上运行本程序，从而有针对性地执行初始配置序列。另外，相对于 Keil、IAR 等闭源的编译工具链，官方免费提供的 MCUXpresso IDE 使用了开源的 ARMGCC 编译器，它要求在进入 main 函数之前，开发者需要显式地在代码中实现对内存中各存储段的初始化操作（商用性质的闭源编译工具链通常会把这些操作封装到自己的库中，对开发者隐藏起来）。只要完成了这一系列操作，才能放心地将对处理器的控制权转交给应用程序。

LPC54114 双核启动流程如图 3-1 所示。

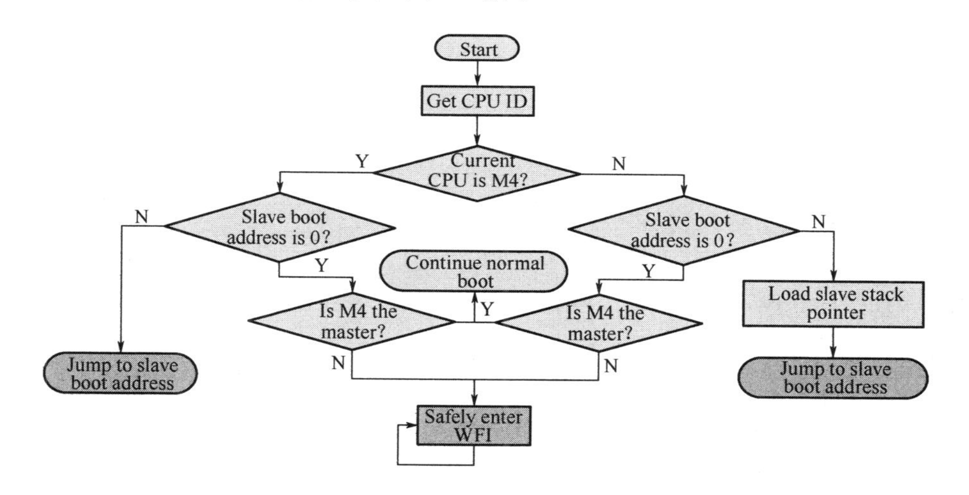

图 3-1　LPC54114 双核启动流程

- 当芯片从复位状态恢复之后，两个处理器内核同时启动。
- 两个处理器内核都是从 FLASH 的 0x0 地址获取复位向量，这也就意味着两个内核公用同一份启动代码（但是被分别编译成两段操作指令序列）。
- 在第一次执行启动序列（Boot 固件软件）之后，主处理器内核（M4）将最终跳转到 main 函数执行，而从内核（M0+）将最终进入休眠（此时从核的启动地址和栈起始地址是无效的）。只有当主处理器内核为从核配置好启动函数地址和栈起始地址之后，复位从内核，从内核在第二次执行启动序列时才能真正启动。从内核在第二次执行启动序列时，将找到有效的启动地址和栈起始地址，跳转到从内核自己专属的、真正的复位函数，最终跳转到从核程序的 main 函数。

- 在启动过程中，主处理器内核（M4）在双核系统中承担了更多的职责，包括在进入 main 函数之后，配置从核心（M0+）的启动地址和栈起始地址，配置硬件通信组件 MailBox（Chip_MBOX_Init()），启动从核心（Chip_ CPU_CM0Boot()）以及发起通信等。

具体来看，本文基于 MCUXpresso SDK 中提供的“HelloWorld”样例工程，对从复位中断函数开始到 main 函数之前的具体代码进行详解。

3.2.2 详解 LPC54114 的启动代码

在“HelloWorld”样例工程中，启动代码主要位于“<mcux_workspace>/lpcxpresso54114_demo_apps_hello_world\startup”目录下的“startup_lpc5411x.c”文件中。本节将对启动流程中的各个代码片段进行解析。

1. 判断正在启动的处理器是哪个

在 LPC54114 双核 CPU 设计的样例代码中，MCUXpresso SDK 是两个处理器内核公用的同一份启动代码，因此，芯片的每个处理器内核在启动过程中，先要判断自己在双核系统中的角色，从而选择合适的启动流程进行初始化，如代码清单 3-1 所示。

代码清单 3-1

```
#if defined(__MULTICORE_MASTER)

__attribute__((naked,section(".after_vectors.reset")))
void ResetISR(void){
```

```
asm volatile(
        ".set    cpu_ctrl,          0x40000800\t\n"
        ".set    coproc_boot,       0x40000804\t\n"
        ".set    coproc_stack,      0x40000808\t\n"
        "MOVS    R5,#1\t\n"
        "LDR     R0,=0xE000ED00\t\n"        // 0xE000ED00 是 CPUID 寄存器的
地址
        "LDR     R1,[R0]\t\n"               // READ CPUID register
        "LDR     R2,=0x410CC601\t\n"        // CM0 R0p1 identifier
        "EORS    R1,R1,R2\t\n"              // XOR to see if we are CM0+ core
        "LDR     R3,=cpu_ctrl\t\n"          // get address of CPU_CTRL
        "LDR     R1,[R3]\t\n"               // read cpu_ctrl reg into R1
        "BEQ.N   cm0_boot\t\n"
    "cm4_boot:\t\n"
        "LDR     R0,=coproc_boot\t\n"       // coproc boot address
        "LDR     R0,[R0]\t\n"               // get address to branch to
        "MOVS    R0,R0\t\n"                 // Check if 0
        "BEQ.N   check_master_m4\t\n"       // if zero in boot reg,we just branch to
real reset
        "BX      R0\t\n"                    // otherwise,we branch to boot address
    "commonboot:\t\n"
        "LDR     R0,=ResetISR2\t\n"         // Jump to 'real' reset handler
        "BX      R0\t\n"
    "cm0_boot:\t\n"
        "LDR     R0,=coproc_boot\t\n"       // coproc boot address
        "LDR     R0,[R0]\t\n"               // get address to branch to
        "MOVS    R0,R0\t\n"                 // Check if 0
        "BEQ.N   check_master_m0\t\n"       // if zero in boot reg,we just branch to
real reset
        "LDR     R1,=coproc_stack\t\n"      // pickup coprocesor stackpointer(from
syscon CPSTACK)
        "LDR     R1,[R1]\t\n"
        "MOV     SP,R1\t\n"
        "BX      R0\t\n"                    // goto boot address
    "check_master_m0:\t\n"
        "ANDS    R1,R1,R5\t\n"              // bit test bit0
```

```
                "BEQ.N    commonboot\t\n"                  // if we get 0,that means we are
masters
                "B.N      goto_sleep_pending_reset\t\n"    // Otherwise,there is no startup
vector for slave,so we go to sleep
            "check_master_m4:\t\n"
                "ANDS     R1,R1,R5\t\n"                    // bit test bit0
                "BNE.N    commonboot\t\n"                  // if we get 1,that means we are
masters
            "goto_sleep_pending_reset:\t\n"
                "MOV      SP,R5\t\n"              // load 0x1 into SP so that any stacking(eg
on NMI)will not cause us to wakeup
                    // and write to uninitialised Stack area(instead it will LOCK us up before
we cause damage)
                    // this code should only be reached if debugger bypassed ROM or we
changed master without giving
                    // correct start address,the only way out of this is through a debugger
change of SP and PC
            "sleepo:\t\n"
                "WFI\t\n"                               // go to sleep
                "B.N      sleepo\t\n"
            );
    }
```

对这段程序的要点进行解析：首先通过查看本处理器存储映射空间的CPU ID寄存器，确定正在运行程序的CPU是哪个内核。

在ARM Cortex-M系列的处理器中，SCB模块中包含一个标识处理器类型和版本信息的CPU ID寄存器，这个寄存器是只读的，其地址为0xE000ED00。表3-1中列出了现有ARM Cortex-M处理器的版本信息。

表3-1　CPU ID基本寄存器（SCB->CPUID，0xE0000ED00）

处理器版本	设计者 Bit[31：24]	变量 Bit[23：20]	常量 Bit[19：16]	产品编号 Bit [15：4]	版本 Bit [3：0]
Cortex-M0 r0p0	0x41	0x0	0xC	0xC20	0x0
Cortex-M0+ r0pr	0x41	0x0	0xC	0xC60	0x0

续表

处理器版本	设计者 Bit[31：24]	变量 Bit[23：20]	常量 Bit[19：16]	产品编号 Bit [15：4]	版本 Bit [3：0]
Cortex-M1 rpp1	0x41	0x0	0xC	0xC21	0x0
Cortex-M1 r0p1	0x41	0x0	0xC	0xC21	0x1
Cortex-M1 r1p0	0x41	0x1	0xC	0xC21	0x0
Cortex-M3 r0p0	0x41	0x0	0xF	0xC23	0x0
Cortex-M3 r1p0	0x41	0x0	0xF	0xC23	0x1
Cortex-M3 r1p1	0x41	0x1	0xF	0xC23	0x1
Cortex-M3 r2p0	0x41	0x2	0xF	0xC23	0x0
Cortex-M3 r2p1	0x41	0x2	0xF	0xC23	0x1
Cortex-M4 r0p0	0x41	0x0	0xF	0xC24	0x0
Cortex-M4 r0p1	0x41	0x0	0xF	0xC24	0x1

LPC54114 微控制器包含两个处理器内核，其中当 ARM Cortex-M0+内核（Cortex-M0+ r0p1）为从核时，对应的 CPUID 值为 0x410CC601。

位于地址 0x40000800，0x40000804，0x40000808 的是配置与控制多核系统相关的寄存器：CPUCTRL（CPU Control register，CPU 控制寄存器）、CPBOOT（Coprocessor Boot register ，协从处理器启动寄存器）和 CPSTACK（Coprocessor Stack register，协从处理器栈寄存器）。CPUCTRL 用于操控两个 CPU 核心，包括标识当前芯片的主核心是哪个，可以控制多个内核的复位、停转、掉电等操作。CPBOOT 和 CPSTACK 寄存器分别设定从核心的启动函数地址和栈首地址，主核心使用在内存空间开始位置存放的中断向量表中的相关表项作为启动函数地址和栈首地址。在 LPC54114 双核微控制器中，其中的 CM4 内核在出厂时默认设定为主核心。

LPC54114 在启动过程中识别主核的操作流程如图 3-2 所示。

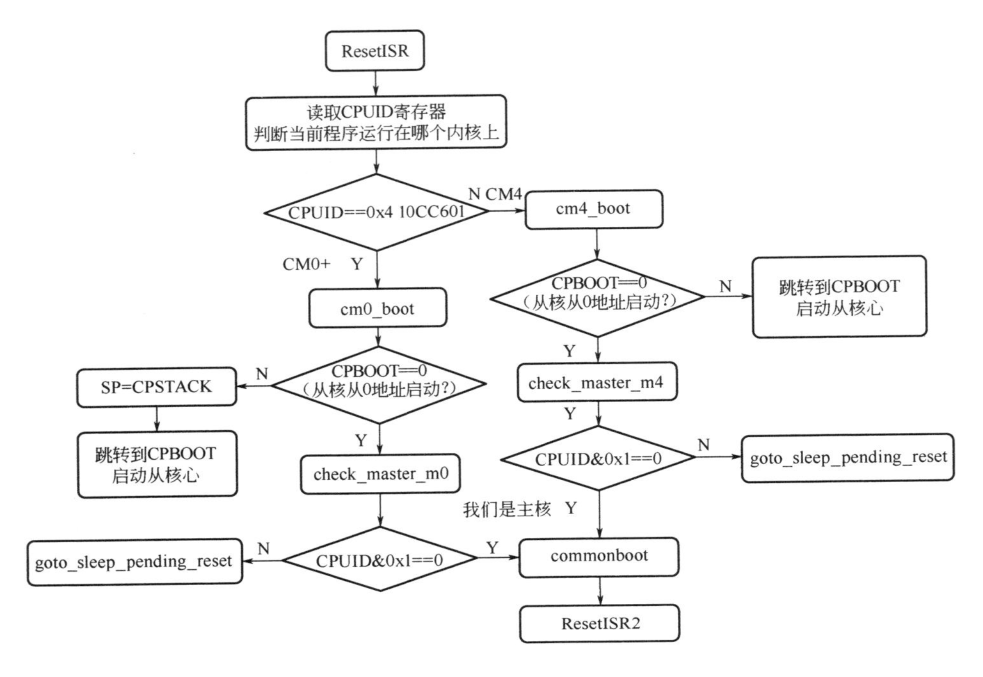

图 3-2　LPC54114 在启动过程中识别主核的操作流程

2．特殊的初始化 RAM 操作

对于主核的启动过程，在识别本处理器核心为主核之后，就直接进入 ResetISR2()函数。实际上，ResetISR2()函数也是主核真正的复位函数。对于从核心的复位入口来说就比较简单了，在第一次复位之后，真正的 ResetISR()函数的指针被设定到启动寄存器中，在第二次启动之后复位直接进入 ResetISR()函数。

无论是主核的 ResetISR2()，还是从核的 ResetISR()，它们才是真正的复位函数的入口。通常在常规的单核系统中，只要进入这个函数，就意味着进入了 C 语言编程环境中的启动序列了。进入“真正的”复位函数之后，首先就要关闭总中断，以确保在初始化过程不会被意外地打断，每个操作能够按照顺序执行，见代码清单 3-2。

代码清单 3-2

```
    void ResetISR2(void){

    #else
    __attribute__((section(".after_vectors.reset")))
    void ResetISR(void){
    #endif

        // Disable interrupts
        __asm volatile("cpsid i");

        // If this is not the CM0+ core...
    #if !defined(CORE_M0PLUS)
        // If this is not a slave project...
    #if !defined(__MULTICORE_M0SLAVE)
        // Optionally enable RAM banks that may be off by default at reset
    #if !defined(DONT_ENABLE_DISABLED_RAMBANKS)
        volatile    unsigned    int    *SYSCON_AHBCLKCTRLSET0    =(unsigned    int
*)0x40000220;
        // Ensure that SRAM2(4)in SYSAHBCLKCTRL0 set
        *SYSCON_AHBCLKCTRLSET0 =(1 << 4);
    #endif
    #endif
    #endif
```

LPC54114 微控制器中的一部分片上内存 RAM2 在默认情况下是不启用的，这是针对低功耗的特别设计。然而，通常情况下，微控制器在启动后 RAM 都是可用的。因此，为了将 LPC54114 微控制器的特殊设计还原成通用的应用环境，这里特别为 RAM2 上电，启用它的功能。当然，这里仍有一些宏选项，对是否调用这段配置代码进行管理：“CORE_M0PLUS”和“__MULTICORE_M0SLAVE”宏的判断指定 Cortex-M0+核和从核运行的程序不会操作 RAM2，“DONT_ENABLE_DISABLED_RAMBANKS”宏是允许用户选择是否对 RAM2 的功能进行定制。

对 RAM2 的操作并不属于通用微控制器常规的初始化操作，是针对具体器件功能的具体定制，用户需要在具体应用中根据实际情况进行配置。

3．CMSIS 标准的 SystemInit()函数

在 CMSIS 的框架下，SystemInit()函数才是真正开始初始化整个芯片系统的函数。通常情况下，SystemInit()会为进入 main 函数做好准备，包括初始化时钟及配置好相关的引脚、电源选项、准备中断向量表，等等。不过，在熟悉这个流程的前提下，这些过程是可定制的，比如对于很多低功耗等对时钟和电源比较敏感的应用程序来说，对电源和时钟的配置也可能放在 main 函数中显式地进行，如代码清单 3-3 和代码清单 3-4 所示。

代码清单 3-3

```
#if defined(__USE_CMSIS)
// If __USE_CMSIS defined,then call CMSIS SystemInit code
    SystemInit();
#endif //(__USE_CMSIS)
```

代码清单 3-4

```
void SystemInit(void)
{
#if((__FPU_PRESENT == 1)&&(__FPU_USED == 1))||(defined(__VFP_FP__)&& !
defined(__SOFTFP__))
    SCB->CPACR |=((3UL << 10 * 2)|(3UL << 11 * 2));/* set CP10,CP11 Full Access
*/
#endif
/*((__FPU_ PRESENT == 1)&&(__FPU_USED == 1))*/
    SCB->VTOR =(uint32_t)&__Vectors;
/* Optionally enable RAM banks that may be off by default at reset */
#if !defined(DONT_ENABLE_DISABLED_RAMBANKS)
    SYSCON->AHBCLKCTRLSET[0]    =    SYSCON_AHBCLKCTRL_SRAM2_
MASK;
#endif
}
```

在 MCUXpresso SDK 代码库中为 LPC54114 设计的启动代码对 SystemInit()函数进行了定制，在其中仅仅实现了配置浮点运算单元、指定向量表地址和配置 SRAM2 部分内存是否启用等功能，而关于时钟及电源相关的配置，则交给 MCUXpresso SDK 中专门管理时钟和电源的组件进行管理（Clocks Tool 和 powerlib）。

4．向内存中的数据段搬运数据

与 Keil 或是 IAR 等商业集成开发环境将在初始化过程中的内存搬运操作封装在库文件中的做法不同，基于 ARMGCC 的 MCUXpresso IDE 需要在代码中显式地实现内存搬运操作，具体地说，就是要把各数据段从 FLASH 中搬运到 RAM 中各变量对应的地址上，对 RAM 中的变量进行初始化，如代码清单 3-5 所示。

代码清单 3-5

```
//
// Copy the data sections from flash to SRAM.
//
unsigned int LoadAddr,ExeAddr,SectionLen;
unsigned int *SectionTableAddr;

// Load base address of Global Section Table
    SectionTableAddr = &__data_section_table;

// Copy the data sections from flash to SRAM.
while(SectionTableAddr < &__data_section_table_end){
     LoadAddr = *SectionTableAddr++;
     ExeAddr = *SectionTableAddr++;
     SectionLen = *SectionTableAddr++;
     data_init(LoadAddr,ExeAddr,SectionLen);
  }
```

```
    // At this point,SectionTableAddr = &__bss_section_table;
    // Zero fill the bss segment
    while(SectionTableAddr < &__bss_section_table_end){
        ExeAddr = *SectionTableAddr++;
        SectionLen = *SectionTableAddr++;
        bss_init(ExeAddr,SectionLen);
    }
```

在代码中可以看到，具体搬运的两个数据段是 DATA 段和 BSS 段，分别存放有指定初值的全局变量和初始为 0 的全局变量。其中指定数据段位置的变量 __data_section_table，__data_section_table_end，__bss_section_table，__bss_section_table_end 都是在链接过程中生成的，是引用自链接命令文件的符号，如代码清单 3-6 所示。

代码清单 3-6

```
//*****************************************************************************
// The following symbols are constructs generated by the linker,indicating
// the location of various points in the "Global Section Table". This table is
// created by the linker via the Code Red managed linker script mechanism. It
// contains the load address,execution address and length of each RW data
// section and the execution and length of each BSS(zero initialized)section.
//*****************************************************************************
extern unsigned int __data_section_table;
extern unsigned int __data_section_table_end;
extern unsigned int __bss_section_table;
extern unsigned int __bss_section_table_end;
```

代码中的 data_init()和 bss_init()函数在 startup_lpc5411x.c 文件中也有显式的定义，分别是读取 FLASH 中的数据为 RAM 中的变量赋初值和直接将 RAM 内存区清零，如代码清单 3-7 所示。

代码清单 3-7

```
//***********************************************************************
// Functions to carry out the initialization of RW and BSS data sections. These
// are written as separate functions rather than being inlined within the
// ResetISR()function in order to cope with MCUs with multiple banks of
// memory.
//***********************************************************************
__attribute__((section(".after_vectors.init_data")))
void data_init(unsigned int romstart,unsigned int start,unsigned int len){
unsigned int *pulDest =(unsigned int*)start;
unsigned int *pulSrc =(unsigned int*)romstart;
unsigned int loop;
for(loop = 0;loop < len;loop = loop + 4)
      *pulDest++ = *pulSrc++;
}

__attribute__((section(".after_vectors.init_bss")))
void bss_init(unsigned int start,unsigned int len){
unsigned int *pulDest =(unsigned int*)start;
unsigned int loop;
for(loop = 0;loop < len;loop = loop + 4)
      *pulDest++ = 0;
}
```

5. 准备进入 main 函数

之前对多核系统、内存系统、向量表引用等配置过程均是需要顺序执行不能被打断的，因此都是在关闭总中断的情况下操作的。在完成了这些工作后，系统上电初始化的工作即将接近尾声，此时需要重新放开系统总中断，让应用程序在一个开放的环境中（可以触发中断）运行，如代码清单 3-8 所示。

代码清单 3-8

```
// Reenable interrupts
__asm volatile("cpsie i");
```

放开总中断之后，终于进入 main 函数了。但就是这临门一脚还是冒出了一点“问题”，说好都要进入 main 函数了，这里跳出来的“__main()”是什么呢？如代码清单 3-9 所示。

代码清单 3-9

```
#if defined(__REDLIB__)
// Call the Redlib library,which in turn calls main()
        __main();
#else
        main();
#endif


//
// main()shouldn't return,but if it does,we'll just enter an infinite loop
//
while(1){
                ;
        }
```

原来这里有历史原因，MCUXpresso IDE 脱胎于 NXP 经典版的 LPCXpresso IDE，其中使用了为嵌入式应用定制的 C 标准库 RedLib，而最新的 MCUXpresso IDE 使用编译工具链是 armgcc 自带的 NewLib。在引用 RedLib 的复位引导过程中，进入用户真正的 main 函数前还需要额外对 RedLib 进行初始化，因此就有了__main。当然，对于应用级别的开发者来说，这里对绝大多数的应用程序都没有影响，只是了解__main()函数内部对 RedLib 做了一些与硬件无关的初始化之后跳转到了由用户指定的真正的 main()函数就可以了。而对于直接使用原装 armgcc 工具链的场景来说，是直接跳转到用户 main()函数中的。

3.3 LPC54114 的 BootLoader

3.3.1 BootLoader 概述

当需要向微控制器上下载程序时，通常需要使用调试器，通过 SWD/JTAG 接口将可执行文件传入到微控制器芯片中，微控制器上专门的模块将文件内容写入到芯片内部的 FLASH 存储器中，从而完成程序的下载过程。电脑与微控制器之间的 SWD/JTAG 通信相对比较复杂，需要专门的调试器实现通信方式的转换（电脑的 USB 通信转为微控制器能够识别的 SWD/JTAG 通信），但是，调试器的使用需要许多比较高级的调试技巧，而且调试器设备本身价值不菲，采购和维护调试器也会增加微控制器产品的生产成本。而微控制器在硬件设计上，如果已经固化了一段程序，通过常用的串口（例如 UART）取代较为复杂的 SWD 通信协议，可以接收来自电脑上的程序文件，然后调用写入片内 FLASH 存储器的函数，将可执行程序写入到微控制器内部，同样也可以实现下载过程。那么，实现使用常规通信方式接收程序文件并写入到微控制器内部存储设备中的一段小程序就是所谓的“BootLoader”。BootLoader 能够取代调试专用的 SWD/JTAG 接口实现下载/更新单片内部固件程序。BootLoader 本身也是一段小程序，可以在设计微控制器时固化到 ROM 中使芯片“先天”具备“BootLoader”的功能，也可以在没有 BootLoader 的微控制器中，通过 SWD/JTAG 预先写入一个能够实现 BootLoader 功能的固件程序，之后使得微控制器“后天”具备 BootLoader 功能。

前文提到，通常情况下，BootLoader 会将复位过程引导到执行 FLASH 存储器中的程序指令，但同样也可以操作外设通信接口获取外部数据写入 FLASH 存储器。实际上，BootLoader 也是一段小程序，只不过实现了特定的、引导微控制器启动的功能。

3.3.2 BootLoader 在 LPC54114 上的应用

LPC54114 微控制器在芯片内部的 ROM 中已经集成了一个比较实用的 BootLoader，能够实现从 SPI/I2C、UART，甚至是 USB 接口接收可执行文件更新芯片内部的程序。这段 BootLoader 能够调用的函数主要来自 ROM 中固化的外设驱动 API，这些 API 在用户程序中也可以被使用，从而减小用户程序的代码大小。

那么 BootLoader 是如何选择进入不同的启动模式呢？在前文描述的芯片上电启动过程中，当从 RESET 状态恢复过来，RESET 引脚被释放大约 3ms 后，BootLoader 对启动模式配置引脚（ISP0、IPS1、VBUS）的输入信号进行采样，根据采样信号电平的组合决定引导流程。BootLoader 确保启动模式配置引脚的采样电平组合可识别，开始在对应的通信接口上监听外部传来的 ISP 命令，如果监听到有效的 ISP 命令，就执行命令，否则就继续监听等待。当默认开启的看门狗超时，其超时标志位（WDTOF）置位之后，停止等待，开始从芯片内部的 FLASH 存储器中读取程序指令开始执行。如果要通过外设通信接口引导程序，就必须在 BootLoader 检测到启动模式配置引脚之后的一个看门狗超时周期内尽快送出 ISP 命令，激活 BootLoader 的从外设通信接口引导的过程。

FlashMagic 软件是一款由“Embedded Systems Academy”提供的专用于为 LPC 系列微控制器基于 BootLoader 提供下载程序功能的上位机软件，可以帮助用户方便地实现上位机与 BootLoader 程序的通信。目前 FlashMagic 仅提供 Windows 和 MaC PC 机系统平台的安装包，其产品主页为：

http://www.flashmagictool.com/

以 UART 为例，使用 FlashMagic 下载 LPC54114 应用程序的操作要点如下。

1．预先准备好微控制器可执行固件程序文件

FlashMagic 仅支持 hex 文件格式的目标可执行程序文件，因此需要预先配置编译工具链生成 hex 文件。Keil 配置生成 hex 可执行程序文件的界面如图 3-3 所示。

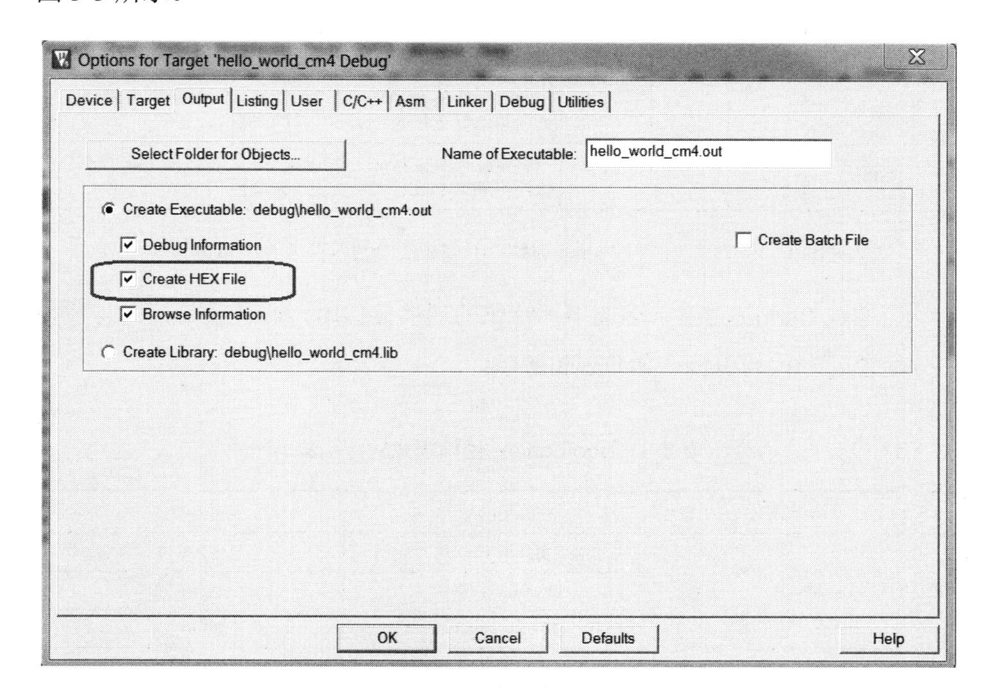

图 3-3　Keil 配置生成 hex 可执行程序文件的界面

2．选择微控制器启动方式

LPC54114 微控制器的三个引脚（ISP0、ISP1、VBUS）在上电或是冷复位过程中的电平状态决定了微控制器启动的程序来源，如表 3-2 所示。

> 补充说明：通常情况下，ISP0 和 IPP1 引脚会在开发板上预留插针，便于用户可以灵活选择，若是在产品的板子上没有预留方便引线的插针，开发人员就得要自己动手“飞线”了。因此建议即使应用在产品上，最好也为 ISP0 和 IPS1 预留选择电平状态的插针或者便于“飞线”的焊接位置。

表 3-2 启动模式选项

启动模式	ISP0	ISP1	VBUS	说 明
从 FLASH 启动（默认）	1	X	X	不启用 BootLoader 功能，微控制器从已经保存了用户程序的 FLASH 存储器中启动
I2C/SPI	0	0	X	先查看工作在 I2C 模式下的 FlexComm1 是否有数据通信，若是没有，再查看工作在 SPI 模式下的 FlexComm3 是否有数据通信。基于有效的数据通信过程引导 BootLoader
USART	0	1	0	通过工作在 USART 模式下的 FlexComm0 建立通信，以此为基础引导 BootLoader
USB	0	1	1	将微控制器实现成一个 USB 大容量存储设备类（MSC），像给 U 盘转存文件一样实现下载固件

注：ISP0、ISP1、VBUS 在 LPC54114 微控制器上对应的引脚分别为 PIO0_31、PIO0_4 和 PIO1_6。

当通过 BootLoader 启动选用了特定的通信接口时，这些通信接口与被预先分配使用专门的引脚，如表 3-3 所示。

表 3-3 BootLoader 通信模式对应引脚

启动模式	功能信号	绑定引脚
I2C	I2C_Slave_IRQ/ISP1	PIO0_4
	I2C_Slave_SCL	PIO0_23
	I2C_Slave_SDA	PIO0_24
SPI	SPI_Slave_IRQ/ISP1	PIO0_4
	SPI_Slave_CLK	PIO0_11
	SPI_Slave_RX	PIO0_12
	SPI_Slave_TX	PIO0_13
	SPI_Slave_SS	PIO0_14
USART	USART_RX	PIO0_0
	USART_TX	PIO0_1
USB	VBUS	PIO1_6
	USB_D+	USB0_DP
	USB_D−	USB0_DM

在 LPCXpresso54114 开发板上，根据开发板用户手册（UM10973，Rev1.1，P16）的说明，按键 SW2 和按键 SW3 分别对应 ISP0 和 ISP1 的输入信号，如图 3-4 所示。

<table>
<tr><td>SW2, SW3</td><td>These switches can be used to force the LPC54114 in to ISP boot modes:
<table>
<tr><th>Boot mode</th><th>ISP0</th><th>ISP1</th><th>Vbus (from J5)</th></tr>
<tr><td>I2C/SPI boot</td><td>Pressed</td><td>Pressed</td><td>X</td></tr>
<tr><td>UART boot</td><td>Pressed</td><td></td><td>0</td></tr>
<tr><td>USB Mass storage</td><td>Pressed</td><td></td><td>1</td></tr>
<tr><td>Boot from internal flash</td><td></td><td></td><td></td></tr>
</table>
After reset these pins may also be used to generate interrupts.</td></tr>
</table>

图 3-4　LPCXpresso54114 开发板 Boot 选项

在保持 PC 同 LPCXpresso54114 开发板通过 LPC-Link 调试器连接的情况下，按下 SW2 按键和 Reset（SW4）按键，在 SW2 按键保持按下的同时松开 Reset 按键，此时目标芯片 LPC54114 就进入 UART 启动的 ISP 模式了。

> 提示：对 ISP 模式感兴趣的读者还可以尝试“USB Mass Storage”的启动模式。将 PC 通过 LPC54114 芯片本身的 USB 口连接，在保持 SW2 按键（ISP0）被按下的同时按下 Reset 按键再松开，LPC54114 将进入 USB Mass Storage 的启动模式，此时将在 PC 上识别出一个类似 U 盘的设备。将预先编译好的 bin 文件拖到虚拟的 U 盘设备中，正常复位后即可完成下载。这种下载方式甚至不需要在 PC 上运行 FlashMagic 等专门用于通信的软件工具，在量产产品上更新可靠的应用程序时比较实用。

3．启用上位机软件

下载并安装 FlashMagic 软件包后，启动软件，根据软件界面上的提示对下载任务进行配置，如图 3-5 所示。

首先选择下载程序的目标芯片，在“Step 1 Communication”框中单击“Select...”按钮，弹出目标芯片选择窗口，如图 3-6 所示。

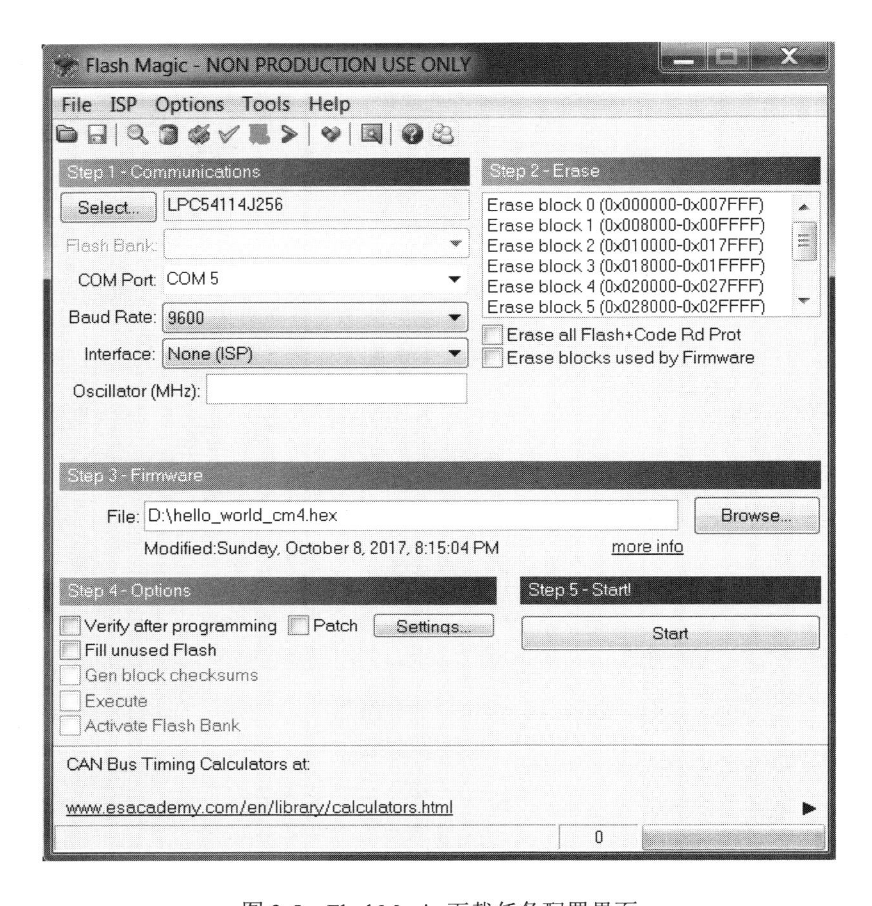

图 3-5　FlashMagic 下载任务配置界面

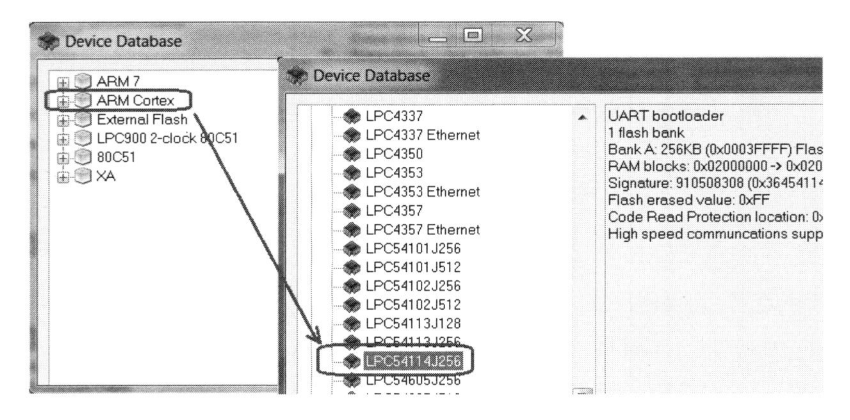

图 3-6　FlashMagic 选择目标芯片

然后选择开发板在上位机识别出来的串口，选择生成的"hex"程序文件，最终单击"Start"按钮，开始下载。当下载完成后，在任务配置界面最下方的状态栏中会显示绿色的"Finish"，表示下载任务完成，如图 3-7 所示。

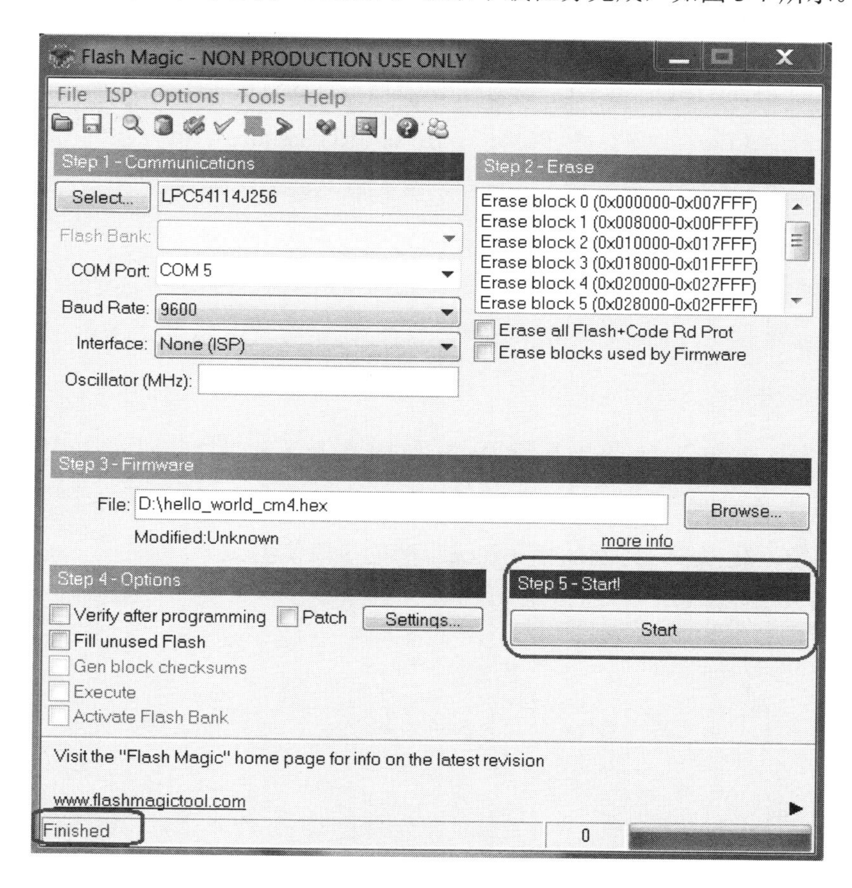

图 3-7　FlashMagic 下载任务完成

3.4　小结

本章介绍了 LPC54114 微控制器从上电启动直到运行 main()函数的具体

过程。LPC54114 微控制器在上电后首先运行保存在片内 ROM 存储区中的 BootLoader 程序，根据 ISPx（x=0，1，2）引脚的电平配置选项选择启动介质。在默认情况下，微控制器会选择从片内的 FLASH 存储器启动，执行 FLASH 中的程序，进入软件可编程的阶段。软件上的程序入口是位于中断向量表中的 Reset_IRQHandler，官方在 MCUXpresso SDK 提供代码库中的启动代码是针对 LPC4114 的双核架构，在 Reset_IRQHandler 中执行了一小段判断当前运行的程序是否为主核心，之后主核心最终会运行到 main 函数，而从核心将进入休眠状态，等待主核心执行的应用程序唤醒从核心开始工作。主核心还将在初始化系统的环节中配置系统实际使用的中断向量表地址、对 RAM 中的全局变量进行初始化（从 FLASH 中搬运初值到 DATA 段和 BSS 段），最终跳转到用户定义的 main()函数，开始运行用户程序。

另外，还介绍了一款可以同 BootLoader 配合下载微控制器固件程序的上位机软件——MagicFlash，通过这款软件，可以在没有调试器的情况下向微控制器中下载程序，特别适合在产品量产的阶段使用。

第 4 章

Chapter 4

时钟子系统与管理

时钟系统是微控制器基础架构中最为重要的两大系统之一（另一个是电源管理系统）。刚接触微控制器开发的工程师通常会将大部分注意力集中在外设功能模块上，以期能够尽快地结合外围电路完成设计任务。但随着开发过程的推进，需要精细化控制的时候，就会发现，对时钟系统的了解和配置是一个绕不开的工作。经验丰富的工程师会更关注时钟系统，关注系统中的时钟来源和流向，控制合适的时钟频率给不同的外设模块使用。因此，清晰的时钟树和方便的操作接口无疑会为微控制器系统的开发者带来非常巨大的便利。在本章中，将有针对性地介绍 LPC54114 微控制器硬件的时钟机构，借助于 NXP MCUXpresso 生态系统，用户将极为方便地管理其片上的时钟系统。

4.1 LPC54114 的片上时钟系统

微控制器的片上时钟系统包括时钟源和时钟树，时钟信号从时钟源产生，经过时钟树分流，最终流向各个功能模块，驱动它们运行。

在 LPC54114 微控制器上，时钟系统框图如图 4-1 所示。

LPC54114 微控制器时钟系统通过时钟源和 PLL 等倍频/分频机构衍生出来的时钟源提供不同的时钟信号，它们可以分别在特定的条件下提供不同的频率，片上的外设模块可以通过各自的时钟选择器选择某一个时钟作为本模块的工作时钟。

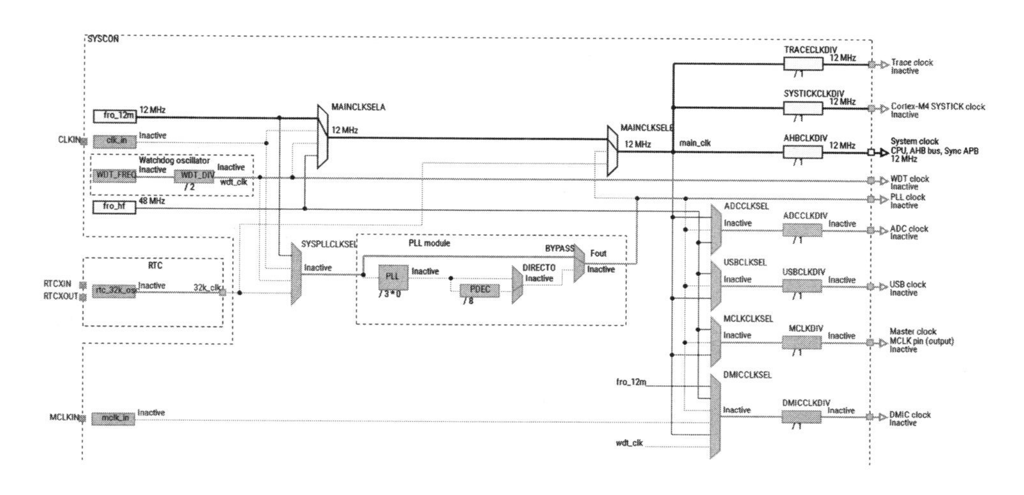

图 4-1　时钟系统框图

LPC54114 微控制器的时钟系统是通过 SYSCON 模块进行配置的，包括配置片上的时钟源和时钟树，以及各个模块到系统总线的访问接口时钟开关，也就是说，配置时钟功能的寄存器主要被安排在 SYSCON 模块中。但要注意，SYSCON 不仅仅能配置时钟系统，还包括例如复位行为、模块供电管理等功能。

4.1.1　时钟源

1. FRO 12M 时钟源

FRO 12M 是芯片上电后默认启用的唯一片上时钟源。通过阻容振荡机构产生时钟信号，实现相对简单，功耗较小，在全范围的温度和电压条件下，频率的变化幅度在 1%以内。相比常用的 IRC 振荡器，FRO 振荡器具有低功耗、启动快、输出频点多的优点，但是精度相对于 IRC 稍差。

2. FRO HF 时钟源

片上预设的高速内部时钟源，经过预先的调校，典型的输出时钟频率为48MHz，也可以配置成输出 98MHz 时钟信号。主要是为有特殊频率要求，区别于主时钟的其他外设使用，例如 USB 等。可在 SYSCON_FROCTRL 寄存器中配置。

3. 32K 时钟源

32K 时钟源是从片上 RTC 模块输出的时钟源，需要在 SYSCON_RTCOSCCTRL 寄存器中使能并配置。

4. CLK_IN 时钟源

从芯片的 CLKIN 引脚输入的外部时钟源，最高可输入 25MHz 的外部时钟。

5. 低功耗看门狗时钟源

低功耗看门狗时钟源可以提供 6kHz～1.5MHz 频率的时钟，这个时钟根据外部环境的变化（温度、电压以及生产工艺等），会有 40%上下的变化幅度。不过对于某一片具体的芯片在确定的状态下，看门狗时钟源的输出是稳定的，其实际值可通过芯片内部的频率测量模块测定。看门狗时钟源的输出频率可以在 SYSCON_WDTOSCCTRL 寄存器中设定。

看门狗时钟源的功耗相对较低，在应用系统中启用看门狗功能对系统功耗影响不大。在芯片上电后，默认关闭看门狗时钟源的供电（SYSCON_PDRUNCFG0[PDEN_WDT_OSC]=1）；若需使用，需要在程序中打开。

4.1.2 上电后默认情况下的时钟系统

芯片复位之后，默认使用 FRO 12MHz 振荡器作为原始时钟源，主时钟（Main clock）选为 FRO 12MHz 振荡器（SYSCON_MAINCLKSELA[SEL]和

SYSCON_MAINCLKSELB[SEL]默认值为 0），AHB 总线时钟（AHB 外设、CPU、内存）的分频值为 1（SYSCON_AHBCLKDIV[DIV] = 0），即内核时钟和系统时钟均为 12MHz。AHB 总线上对 ROM、SRAM1、FLASH/FMC 的访问接口是开放的，对 SRAM2 及其他片上外设的访问接口是关闭的，见 SYSCON_AHBCLKCTRL0 和 SYSCON_AHBCLKCTRL1 寄存器的上电默认值。

这里特别要注意的是，SRAM2 是一块扩充的 SRAM，在极端的低功耗需求中，关闭更多的内存可以减少待机功耗。在上电复位后，SRAM2 的供电默认是打开的，但是访问接口对用户是关闭的，因此，通常在启动代码中，都会对 SRAM2 的时钟或者供电进行配置，以使得供电和面向用户的访问权限达到一致。

4.1.3　使用 PLL 获取更高频率的时钟信号

PLL 通常用于产生一个高于芯片系统中原始时钟源的时钟频率，从而提高 CPU 及片上外设模块的工作效率。但同时，由于 PLL 具有可配置的倍频/分频因子，还可以用于产生一个原始时钟源无法直接提供的时钟频率。例如，典型的原始时钟源能够提供的时钟为 12MHz，当系统需要一个特定的 13MHz 时钟时，无法直接通过市面上常用的晶振元件得到，就可以通过 PLL 对原始时钟源进行计算得到。

PLL 的工作流程是，输入的 32kHz～25MHz 时钟信号先经过一个预分频因子 N 的分频，得到一个基础频率；之后进入倍频器，通过流控振荡器（Current Controlled Oscillator，CCO）倍频 M 倍，此时经过 CCO 输出的时钟频率应处于 75MHz 到 150MHz 的区间。之后若有必要，还可通过一个后分频因子 P 的分频得到最终输出时钟。

> 补充说明：倍频的具体做法是通过基本的分频实现的，CCO 将输出时

钟信号经过 M 分频后反馈给 CCO 的输入端的相频检测器（Phase-Frequency Detector）同 CCO 的原始输入进行比较，其差分值被滤出来（很小的周期）作为 CCO 的输出，从而得到成倍增加输入频率的高频输出信号。

PLL 系统框图如图 4-2 所示。

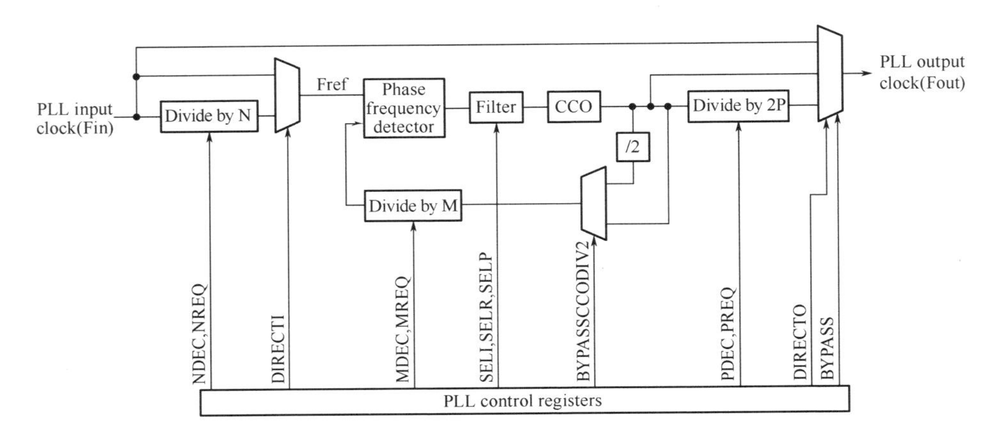

图 4-2　PLL 系统框图

在使用 PLL 的时候要注意，只有某些特定的频率在有效的范围内，才能保证 PLL 正常工作：

- PLL 输入时钟频率，在通常情况下，可以使用 32kHz RTC 时钟、12MHz FRO 时钟及来自 CLKIN 引脚输入的 25MHz 时钟。当在分数计算模式（Fractional Mode）下，输入时钟频率可以在 2～4MHz 之间。

在 LPC54114 微控制器上，PLL 可使用的输入时钟源有：

- CCO 的频率需要在 75～150MHz 之间。
- PLL 的输出频率可以为 1.2～150MHz，但要特别注意不能超出具体芯片能够承受的最高频率。

可以对 PLL 编程的部分包括：

- 预分频因子 N，N = 1～256，在 SYSCON_SYSPLLNDEC 寄存器中

设定。

- 反馈频率因子 M（或者 2×M），M = 1～32768，在 SYSCON_SYSPLLS-SCTRL0[MDEC] 寄存器中设定，在常规模式下，需要设定 SYSCON_SYSPLL- SSCTRL0[SEL_EXT]=1。
- 后分频因子 2xP（或者 1），P = 1 ~ 32，在 SYSCON_SYSPLLPDEC 寄存器中设定。
- 工作模式，包括：锁相环检测、是否启用低功耗模式、是否启用分数计算模式、是否启用扩谱模式等。

> 补充说明：PLL 除了在常规模式下工作之外，还通过相关的寄存器开关，切换到分数分频模式（Fractional Divider Mode）和扩谱模式（Spread Spectrum Mode）。这两种模式分别解锁更复杂的分频机构和倍频机构，从而可以得到非整数倍的输出频率。只有在对输入时钟非整数倍的输出时钟有需求的特定场合下使用，具体配置方式可查阅芯片手册（UM10914，LPC5411x User Manual）了解。

PLL 输出时钟频率的计算公式如下。

在常规工作模式下，当启用反馈因子加倍选项时，即 SYSCON_SYSPLL-CTRL[BYPAS- SCCODIV2] = 0：

F_out = F_cco =(F_in / N)× M × 2 /(2 x P)= F_in × M /(N × P)

当未启用反馈因子加倍选项时，即 SYSCON_SYSPLLCTRL[BYPAS-SCCODIV2] = 1：

F_out = F_cco =(F_in / N) × M /(2 x P)= F_in × M /(N × P × 2)

最终，PLL 的输出时钟还需要经过专门的分频器，如 CPU、USB 及片上外设等模块供应时钟。

> 补充说明：通常情况下，PLL 倍频机构的时钟源多使用精度更高的外部晶体振荡机构作为倍频的基准，但是在 LPC54114 这一款特定的微控制器上没有使用外部晶振的设计，这在使用中要特别注意。若是对时钟精度有比较高的要求，确实需要使用外部晶振，可通过 RTC 的 32K 时钟作为 PLL 的时钟源。但是，这并不是常规的做法。

4.2 MCUXpresso SDK 时钟管理 API

MCUXpresso SDK 作为官方提供的底层驱动软件支持包，提供了丰富的时钟管理 API，供用户在应用程序中调用，从而方便地配置 LPC54114 的时钟系统。使用 API 管理时钟系统可以减少用户查阅芯片手册的时间，考虑到时钟系统对整个应用系统的影响范围比较大，操作不妥就可能导致系统崩溃，MCUXpresso SDK 中的 API 在发布前还经过了完善的测试，从而能够提供更为安全的服务。

MCUXpresso SDK 中提供的时钟管理驱动程序主要位于“SDK_2.2.1_LPCXpresso54114\devices\LPC54114\drivers”目录下的 fsl_clock.h 和 fsl_clock.c 文件中，其中实现了丰富的 AP，供开发人员在应用程序中调用。

4.2.1 常用时钟管理 API

从实际应用的情况来看，常用的时钟管理 API 主要是开关外设模块访问时钟、配置内部时钟源、配置分频器、配置时钟源选择器、配置 PLL 等。这些功能是微控制器时钟管理的常规功能，对于绝大多数的应用场景，使用这几类时钟管理 API 就足以完成任务。

1. 开关外设模块访问时钟 API

CLOCK_EnableClock()和 CLOCK_DisableClock()两个 API 分别控制开放对外设模块的访问。

```
void CLOCK_EnableClock（clock_ip_name_t clk）
void CLOCK_DisableClock（clock_ip_name_t clk）
```

只有当开放了对某个外设模块的访问时钟，应用程序（CPU）才能访问该模块的相关功能寄存器，进而配置该模块以期望的模式工作。当不需要配置该模块时（但该模块本身还可以继续保持工作），可以调用 CLOCK_DisableClock()暂时，以节约系统整体的功耗。

这两个 API 能够管理的外设模块清单被定义在 clock_ip_name_t 枚举类型的列表中，例如 kCLOCK_Sram2、kCLOCK_Gpio0、kCLOCK_Adc0、kCLOCK_FlexComm4 等。

在 MCUXpresso SDK 的驱动模块中，初始化该模块的 API 时，由于初始化函数通常是操作这个模块的第一个 API，也经常会调用 CLOCK_EnableClock()函数，如在 ADC_Init()函数中首先就启用了对 ADCx 外设寄存器访问的时钟：

```
void ADC_Init(ADC_Type *base,const adc_config_t *config)
{
    assert(config != NULL);

    uint32_t tmp32 = 0U;

#if !               (defined(FSL_SDK_DISABLE_DRIVER_CLOCK_CONTROL)&&
FSL_SDK_ DISABLE_DRIVER_CLOCK_CONTROL)
    /* Enable clock. */
CLOCK_EnableClock(s_adcClocks[ADC_GetInstance(base)]);
#endif /* FSL_SDK_DISABLE_DRIVER_CLOCK_CONTROL */

......
}
```

细心的读者可能会发现，外设模块驱动程序中的 CLOCK_EnableClock() 函数被一个宏“FSL_SDK_DISABLE_DRIVER_CLOCK_CONTROL”包起来了，这是为用户在应用程序中管理外设访问时钟提供了一种灵活的选择。在默认情况下，宏 FSL_SDK_DISABLE_DRIVER_CLOCK_CONTROL 的值被定义为 0，即由驱动模块自动管理开关访问的时钟。但是在比较灵活的应用场景中，用户希望仅在使用相关寄存器时才打开访问时钟，而一旦配置好之后就可以关闭其访问时钟，从而能够进行比较细粒度的时钟管理，最终达到节约功耗和保护配置安全的功能。此时就可在应用工程的配置文件中定义宏 FSL_SDK_DISABLE_DRIVER_CLOCK_CONTROL 的值为 1，那么 MCUXpresso SDK 提供的外设驱动模块将不会再“多余地”管理时钟系统了。

2. 配置内部时钟源

内部的时钟源主要是 FRO，配置 FRO 的 API 是 CLOCK_Setup FROClocking()。

```
status_t CLOCK_SetupFROClocking（uint32_t iFreq）
```

CLOCK_SetupFROClocking() 可以接受 CLK_FRO_12MHz、CLK_FRO_48MHz 和 CLK_FRO_96MHz 作为输出参数，从而将 FRO 配置输出指定的频率。

实际上，在 CLOCK_SetupFROClocking()函数的内部自动实现了一系列使用 FRO 的操作，包括给 FRO 模块加电、选择 FRO 工作在高频模式还是常规模式等，而用户只要通过一个 API 就能够完全搞定，真是省心省力。

3. 配置分频器

分频器将输入频率分频后输出给自己专属的模块。MCUXpress SDK 代码包中，配置分频器的 API 是 CLOCK_SetClkDiv()。

```
void CLOCK_SetClkDiv(clock_div_name_t div_name,uint32_t divided_by_value,bool reset);
```

CLOCK_SetClkDiv()函数可以为指定分频器设定指定值，或者设定指定值为复位值。该 API 可以操作的分频器在 clock_div_name_t 定义的枚举类型中罗列如下：

```
typedef enum _clock_div_name
{
    kCLOCK_DivSystickClk = 0,
    kCLOCK_DivTraceClk = 1,
    kCLOCK_DivAhbClk = 32,
    kCLOCK_DivClkOut = 33,
    kCLOCK_DivSpifiClk = 36,
    kCLOCK_DivAdcAsyncClk = 37,
    kCLOCK_DivUsbClk = 38,
    kCLOCK_DivFrg = 40,
    kCLOCK_DivDmicClk = 42,
    kCLOCK_DivFxI2s0MClk = 43
} clock_div_name_t;
```

4．配置时钟源选择器

时钟源选择器从时钟系统中选择可用的时钟源为自己专属的模块选择驱动时钟。

配置时钟源选择器的 API 是 CLOCK_AttachClk()。

```
void CLOCK_AttachClk(clock_attach_id_t connection)
```

CLOCK_AttachClk()函数能够配置的时钟选择器在 clock_attach_id_t 枚举类型的列表中定义，其定义方式为<时钟源>_to_<外设模块>。例如，“kFRO12M_to_FLEXCOMM4”就表示使用“FRO12M”时钟源为“FLEXCOMM4”模块提供时钟。

5．配置 PLL

MCUXpresso SDK 中的时钟系统对配置 PLL 的实现过程略显复杂，使用了如下较多的 API 实现对 PLL 的配置。

```
uint32_t CLOCK_GetSystemPLLOutFromSetup(pll_setup_t *pSetup);
pll_error_t CLOCK_SetupPLLData(pll_config_t *pControl,pll_setup_t *pSetup);
pll_error_t CLOCK_SetupSystemPLLPrec(pll_setup_t *pSetup,uint32_t flagcfg);
pll_error_t CLOCK_SetPLLFreq(const pll_setup_t *pSetup);
void CLOCK_SetupSystemPLLMult(uint32_t multiply_by,uint32_t input_freq);
```

但实际上，只要调用 CLOCK_SetPLLFreq()就可以实现 PLL 的配置。另外，考虑到 MCUXpresso SDK 时钟系统中对 PLL 配置参数的设计相对较为复杂且不直观，建议开发人员使用 MCUXpresso SDK 开发套件中的 Clocks Tool 工具，基于图形界面对 PLL 进行配置。

4.2.2 MCUXpresso SDK 应用程序中配置时钟的典型框架

MCUXpresso SDK 代码包提供的样例工程中，明确指定了时钟管理 API 的调用位置。这个定义规范主要是在初始化系统配置阶段提供指导，在应用运行过程中动态调整时钟的操作，可由用户根据需要来调用。

MCUXpresso SDK 定义在进入 main 函数之后时首先调用 BOARD_BootClockXXX()函数配置系统时钟，以 hello_world 样例工程的 main 函数举例如下：

```
int main(void)
{
    char ch;

    /* Init board hardware. */
    /* attach 12 MHz clock to FLEXCOMM0(debug console)*/
CLOCK_AttachClk(BOARD_DEBUG_UART_CLK_ATTACH);
BOARD_BootClockFROHF48M();
    BOARD_InitPins();
    BOARD_InitDebugConsole();
```

```
        PRINTF("hello world.\r\n");

        while(1)
        {
            ch = GETCHAR();
            PUTCHAR(ch);
        }
}
```

其中 BOARD_BootClockFROHF48M()函数是指整个芯片系统使用 FRO 输出的 48MHz 时钟信号作为系统时钟。BOARD_BootClockFROHF48M()函数的实现位于"SDK_2.2.1_LPCXpresso54114\boards\lpcxpresso54114\demo_apps\hello_world"目录下的 clock_config.c 文件中，这个文件中还定义了其他可选的启动时钟配置，例如 BOARD_BootClockFRO12M()和 BOARD_BootClockFROHF96M()等。在下文对 Clocks Tool 工具介绍中将会提到，应用工程中用到的 clock_config.h/.c 文件可以由 Clocks Tool 基于图形化的配置操作自动生成，无须用户自己编写初始化时钟系统的相关代码，无缝嵌入到用户应用工程中。

4.3　MCUXpresso 时钟配置工具 Clocks Tool 简介

4.3.1　概述

MCUXpresso Config Tools 配置工具提供一套系统配置工具，通过基于 Kinetis 或 LPC 的 MCU 解决方案为各级用户提供帮助。它可引导帮助客户完成从初次评估到生产开发的整个过程。在当前最新的 V3.0 版本中，MCUXpresso Config Tools 中包含三个主要工具：Clocks Tool、Pins Tool 及 Project Generator，其中 Clocks Tool 就是专门为方便用户配置时钟设计的。

MCUXpresso Config Tools 的启动标识如图 4-3 所示。

图 4-3　MCUXpresso Config Tools 的启动标识

Clocks Tool 提供了多界面的时钟配置方式，其中最方便的当属使用图形化界面，在形象化的时钟系统框图上，通过鼠标激活时钟树中的每个可配置的分频器、时钟源选择器、倍频机构、门控开关等组件，在弹出的对话框中选择可选的配置。Clocks Tool 还具备自动差错的功能，当配置参数的组合方式不合理时，Clocks Tool 会将出错的部分高亮标红，并且给出错误原因，方便用户结合实际需求进行调整。

MCUXpresso Config Tools 作为 MCUXpresso 生态链的重要组成部分，可以配合 MCUXpresso SDK 代码库使用，生成的代码也完全遵循 MCUXpresso SDK 代码的组织风格，生成的代码文件可以无缝地嵌入到 MCUXpresso SDK 的样例工程中。

MCUXpresso Config Tools 提供在线版和离线版两种使用方式，两种使用方式的界面完全相同。在线版是可以直接在网页上创建配置工程，更改系统配置并生成配置代码，通过下载的过程导出生成代码。离线版需要预先下载 MCUXpresso Config Tools 的安装包，安装在本地电脑上之后，在本地生成代码。在线版适合一次性使用或试用，或者在非 Windows 平台下通过浏览器使用 MCUXpresso Config Tools 的功能，并且能够实时使用最新版本的芯片数据库，但是需要较好的网络环境保证页面响应流畅。离线版的用户体验更好，不依赖于网络。在本书中使用的是离线版介绍 MCUXpresso Config Tools/Clocks Tool 的使用方法。

更详细的信息参阅 MCUXpresso Clocks Tools 网站：

https://mcuxpresso.nxp.com/zh/clock（中文）

https://mcuxpresso.nxp.com/en/clock（英文）

4.3.2　在 Clocks Tool 中创建 LPC54114Xpresso 板配置工程

在桌面上双击 MCUXpresso Config Tools 的图标即可启动 MCUXpresso Config Tools 的应用程序，如图 4-4 所示。

图 4-4　MCUXpresso Config Tools 桌面图标

启动 MCUXpresso Config Tools 程序后，开始配置软件的工作场景。单独生成配置代码时，可以独立于已经安装在本地电脑上的 MCUXpresso SDK 代码包，如图 4-5 所示。

选择官方的开发板作为参考，或者直接选择某个确定的芯片型号，并且可以为配置工程命名，如图 4-6 所示。

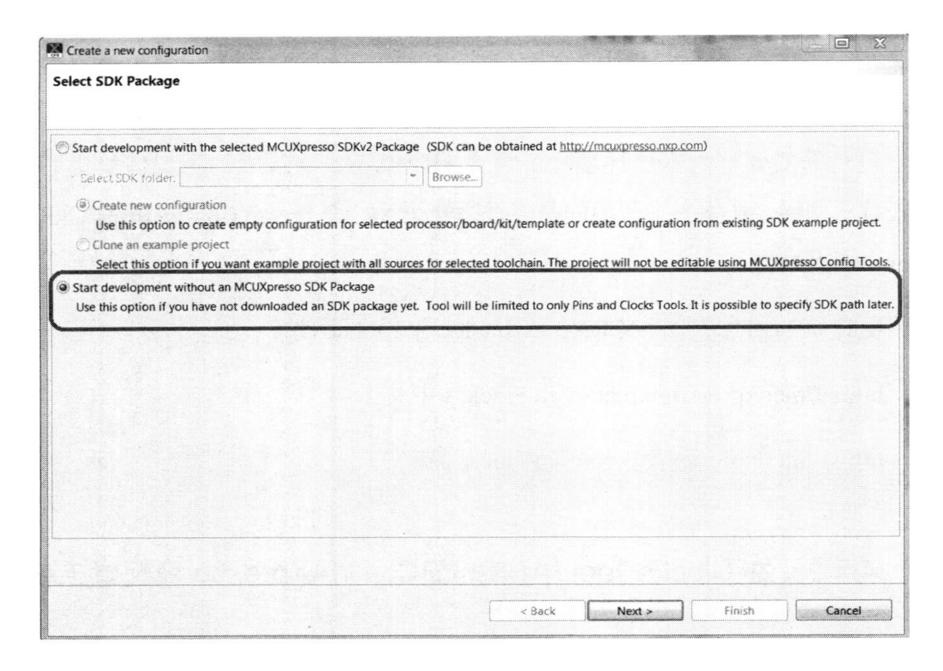

图 4-5　选择无 MCUXpresso SDK 代码包的工作场景

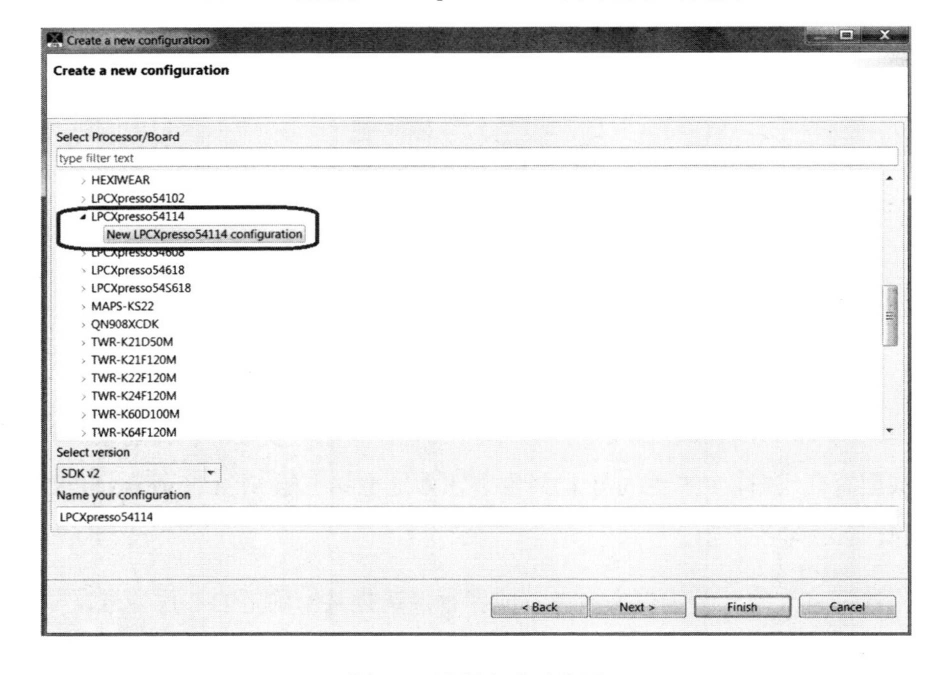

图 4-6　选择参考开发板

LPC54114 是一款双核的微控制器，因此在 MCUXpresso Config Tools 的配置向导中也额外增加了一个配置步骤。但是在此处暂时不使用其中的 M0+ 核，仅使用 M4 核作为主核心，如图 4-7 所示。

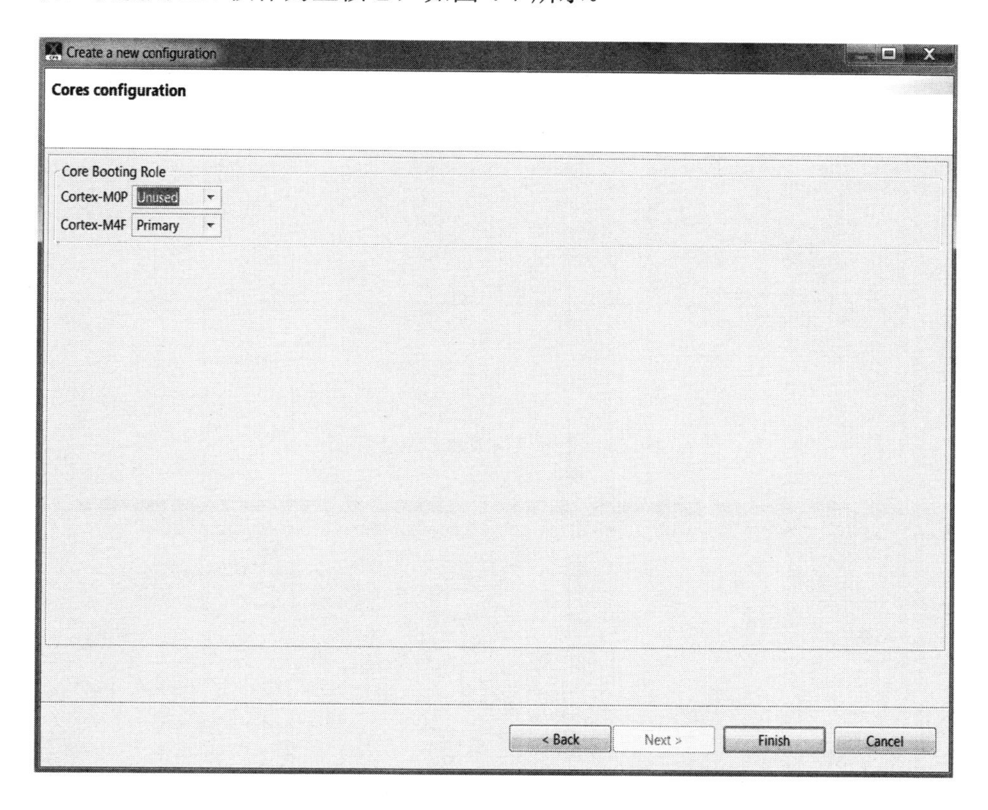

图 4-7　配置双核的使用情况

此时，可以放心地轻按“Finish”按钮结束向导了。

首次使用 MCUXpresso Config Tools 的时候启动的工具可能不是 Clocks Tool，在主界面的菜单栏中，选择“Tools→Clocks”，切换到 Clocks Tool 的界面，如图 4-8 所示。

到此，终于可以看到 Clocks Tool 的主界面了，如图 4-9 所示。

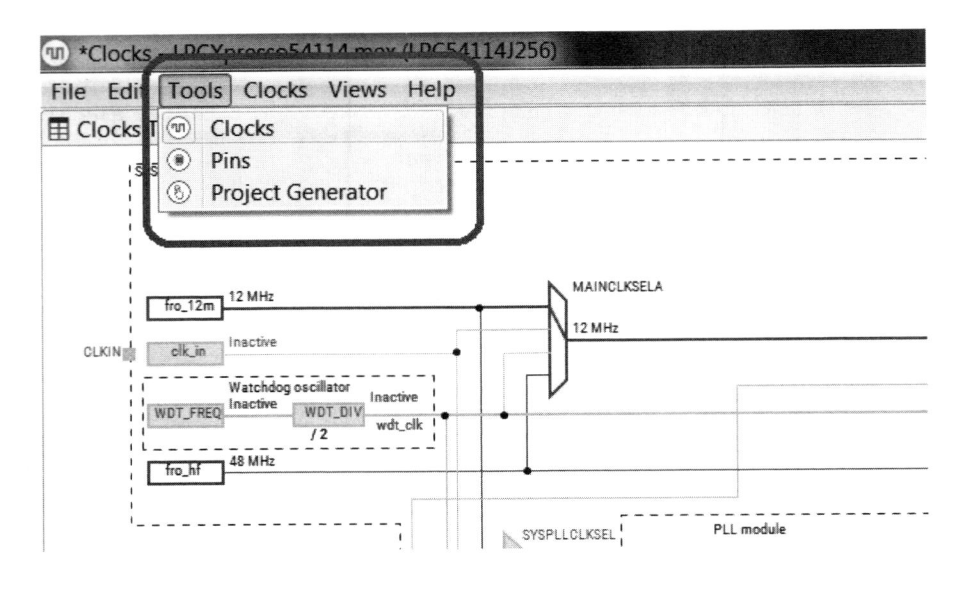

图 4-8　切换到 Clocks Tool 界面

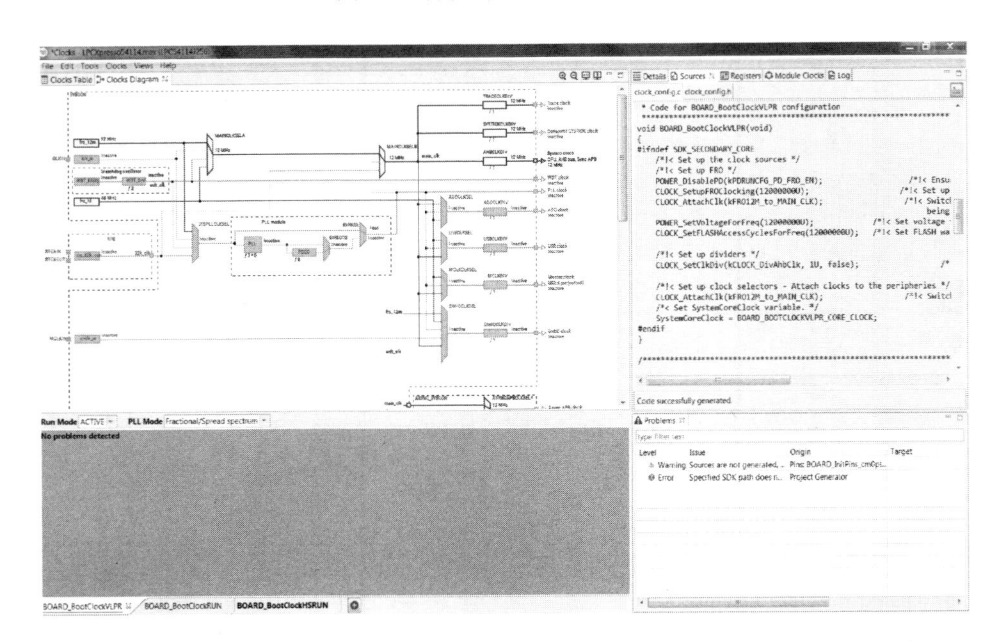

图 4-9　MCUXpresso Clocks Tool 主界面

在最常用的显示布局中，主界面主要区域显示的是目标芯片的时钟树框图，右侧是实时生成的代码。在时钟树框图中，所有的对象都可以通过鼠标双击激活对应的配置对话框，如图 4-10 所示。

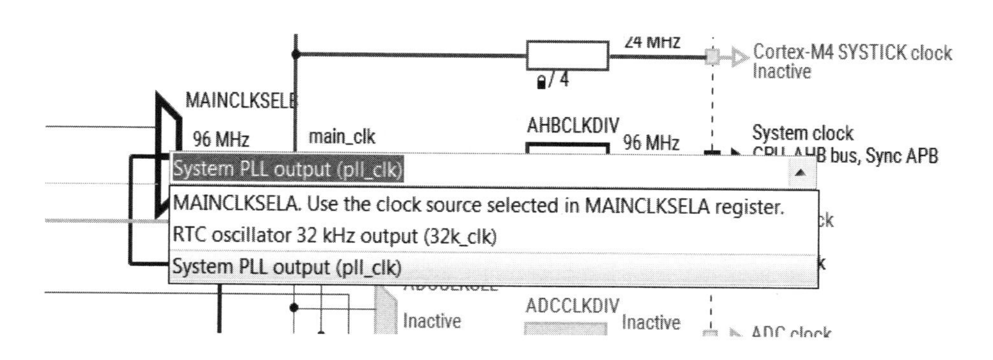

（a）在 Clocks Tool 界面上选择时钟源

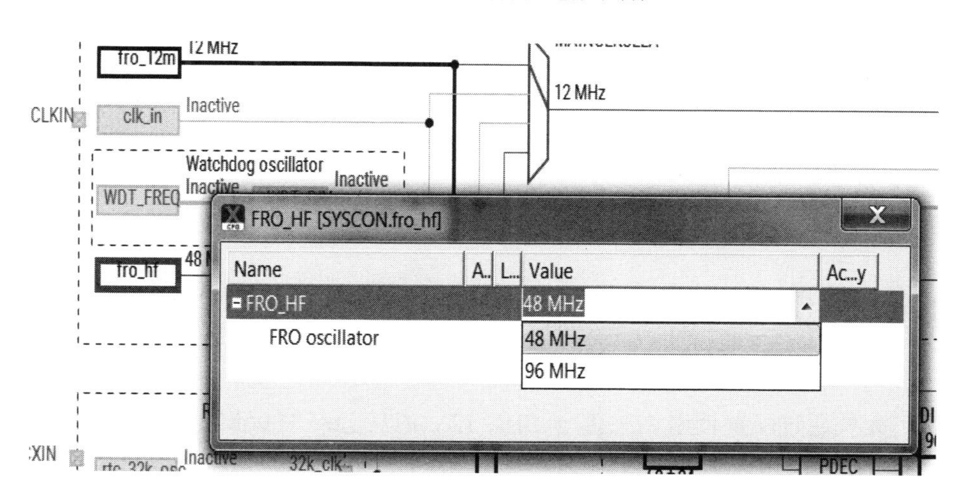

（b）在 Clocks Tool 界面上配置时钟源

图 4-10　在 Clocks Tool 界面上对时钟源的操作

对于绝大多数提供给用户配置的区域，当将鼠标滞留其中时，Clocks Tool 选择了不当的配置时，Clocks Tool 会提示配置出错的位置，并给出修改建议，如图 4-11 所示。

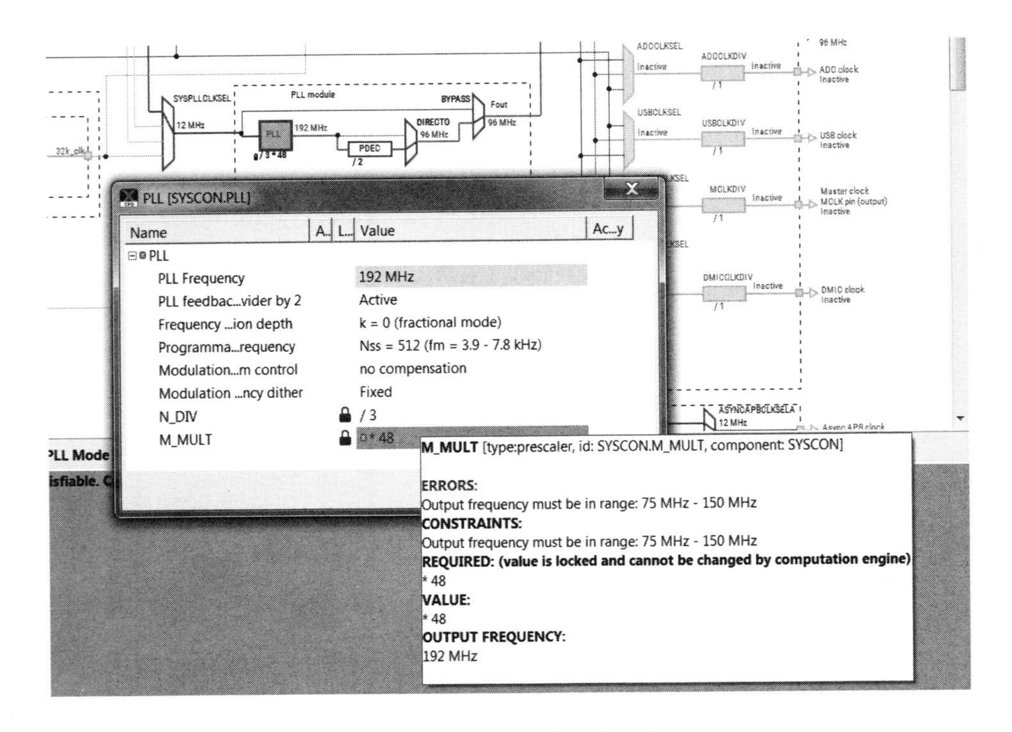

图 4-11　Clocks Tool 提示错误配置

4.4　实例：使用 PLL 倍频输出产生系统时钟

此处通过配置使用 PLL 基于 FRO 12M 时钟源产生 96MHz 主频的过程，说明 Clocks Tool 的用法。

首先需要创建一个新的配置函数，这个函数的实现内容将根据在图形界面配置的情况实时生成代码，并且最终能够被应用程序调用，如图 4-12 所示。

激活 PLL 并选择 FRO 12M 作为 PLL 的输入时钟源，如图 4-13 所示。

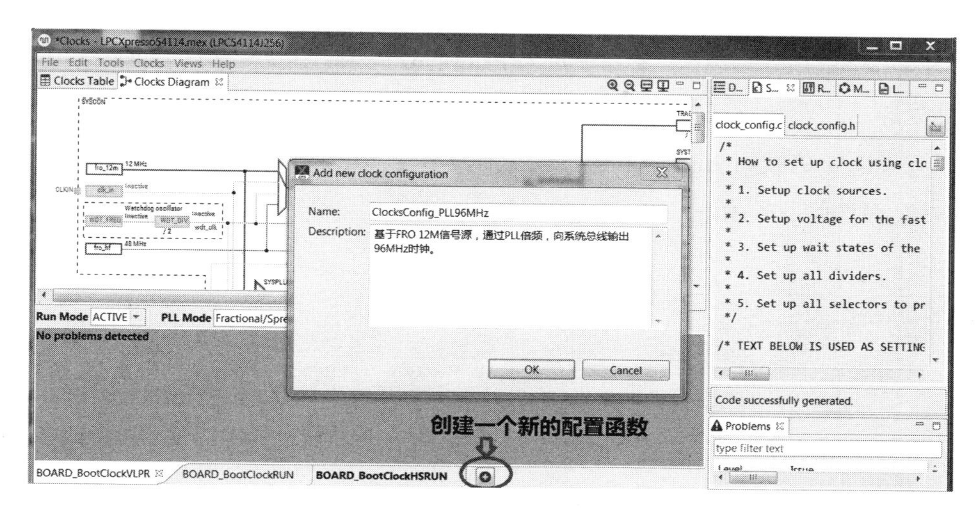

图 4-12　创建新的时钟配置函数

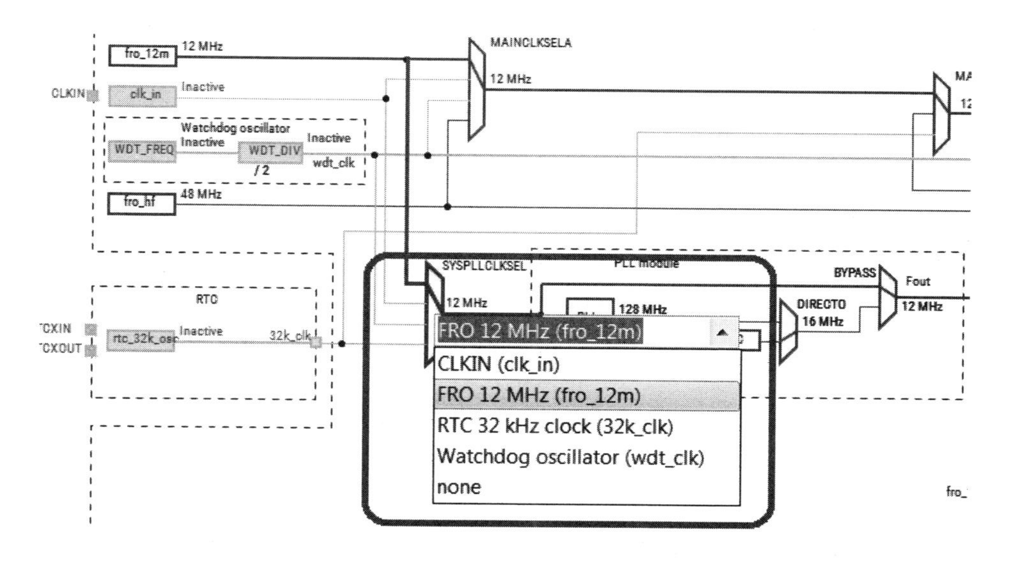

图 4-13　为 PLL 选择时钟源

考虑到 CCO 输出频率的有效范围在 75～150MHz，需要 PLL 输出 96MHz 就不能启用后分频，因此输出时钟路径需要绕过后分频因子直接输出。配置 PLL 输出信号路径为旁路后分频因子，如图 4-14 所示。

然后双击 PLL 单元框，激活配置对话框，在其中调整预分频和倍频因子。

“N_DIV”是预分频因子，要保证进入 PLL 的时钟频率在 2～4MHz 的范围内，此处选“3”刚好将输入的 12MHz 分频到 4MHz。“M_MULT”是倍频因子，要将 4MHz 倍频到 96MHz，需要放大“24”倍。在对话框中自动实时更新当前输出时钟为 96MHz，如图 4-15 所示。

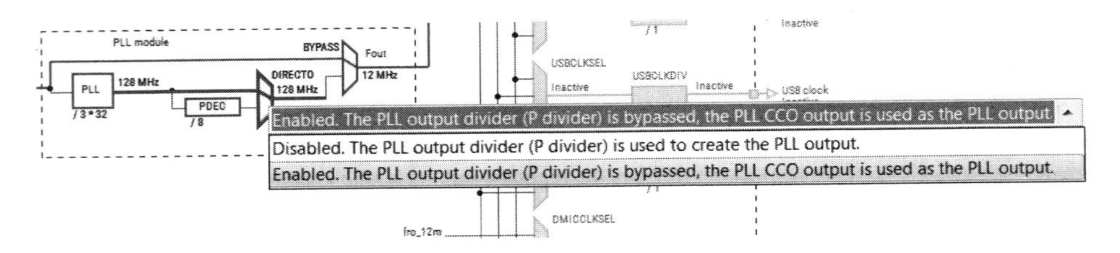

图 4-14　旁路 PLL 输出的后分频因子

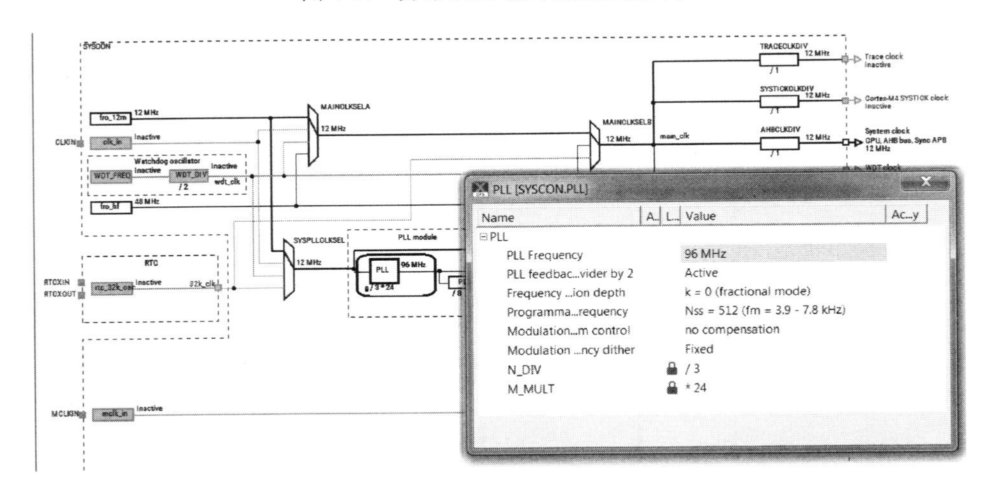

图 4-15　调整 PLL 倍频因子

此时 PLL 倍频机构已经准备完毕，还需要将倍频机构接入时钟供应体系，才能将 PLL 倍频出的频率最终输出作为一个可选的时钟源提供给外设，如图 4-16 所示。

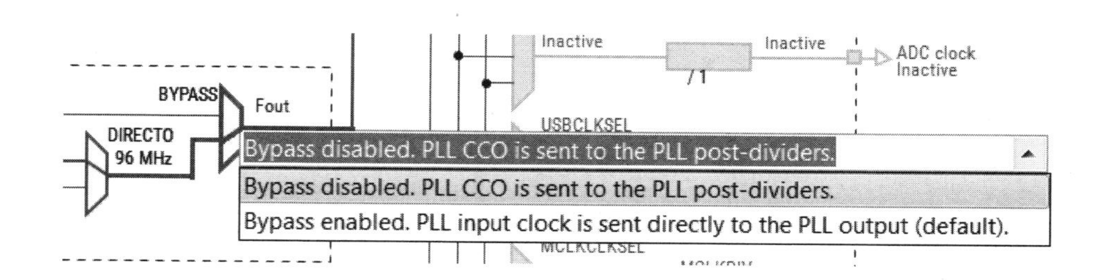

图 4-16　接入 PLL 倍频机构到时钟供应体系

最后一步，需要将 PLL 输出时钟源作为系统的主时钟源提供给 AHB 总线，这就需要在主时钟的时钟源选择器上将输入时钟源接入 PLL 的输出时钟，如图 4-17 所示。

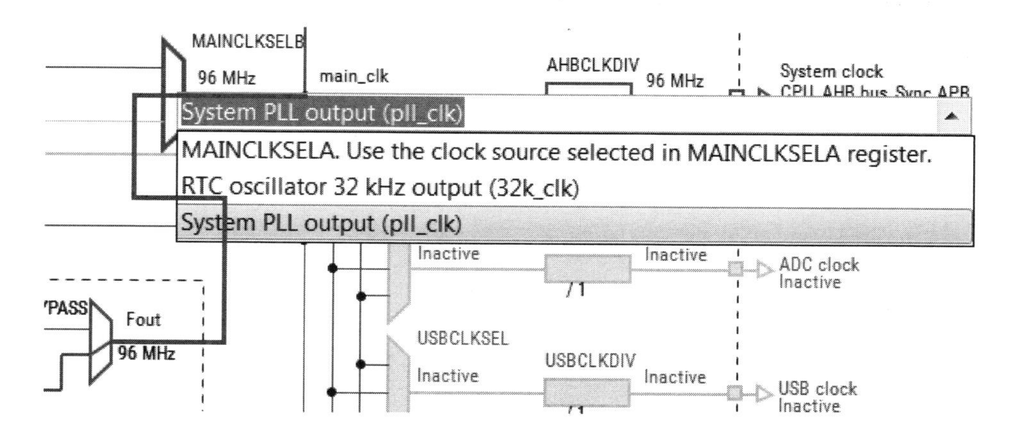

图 4-17　选择 PLL 作为主时钟的输入时钟源

同样，在其他外设模块的时钟源选择器上，也可以选择 PLL 输出作为时钟源，再经过各自的分频器分频，最终得到各个模块工作所需要的驱动时钟信号。

4.5 小结

本章介绍了 LPC54114 微控制器的时钟系统。LPC54114 在硬件上提供了 FRO 作为内部时钟源，FRO 中的 FRO 12M 可以输出 12MHz 时钟，而 FRO HF 可以选择输出 48MHz 和 96MHz 输出时钟。LPC54114 上具备 PLL，可以倍频或通过分数计算得到一个无法直接通过时钟源直接输出的频率。MCUXpresso SDK 官方固件库代码包对 LPC54114 微控制器也提供了支持，提供了丰富的 API，便于用户在应用程序中配置时钟源、倍频机构、分频器、时钟源选择器、门控等时钟管理系统中的基本单元。MCUXpresso Config Toolss 套件中的 Clocks Tool 进一步提供了图形化的方式配置时钟系统，使得用户可以通过在时钟框图上直观地配置，并最终生成可以无缝嵌入 MCU Xpresso SDK 应用工程中的源代码。

第 5 章
Chapter 5

IO 子系统与中断

外部的电平信号从芯片的引脚到内部的寄存器，需要经过一条“艰辛”的道路，只有将这条道路疏通之后，应用程序才能同芯片外部的信号建立起联系。GPIO 是在嵌入式应用程序中最为常用的一个模块，而且是最简单的一个模块。本章即以 GPIO 为例，描述信号从芯片引脚通往内部 GPIO 寄存器的相关模块。使用其他外设模块，也同样需要类似地配置输入/输出信号。

5.1 IO 子系统的相关硬件模块

5.1.1 IOCON IO 引脚配置模块

IOCON 模块是专门管理端口引脚的模块，它的职责仅限于芯片引脚的物理属性，主要包括：

- 引脚复用功能（IOCON_PIOm_n[FUNC]，m 为端口编号，n 为引脚编号）;
- 启用上拉/下拉电阻（IOCON_PIOm_n[MODE]）;
- 输入反相器（IOCON_PIOm_n[INVERT]）;
- 数字/模拟功能信号选择（IOCON_PIOm_n[DIGIMODE]）;
- 输入信号滤波器（IOCON_PIOm_n[FILTEROFF]）;
- 输出信号斜率控制（IOCON_PIOm_n[SLEW]）;
- 使用开漏模式（IOCON_PIOm_n[OD]）。

其中，“引脚复用功能”“启用上拉/下拉电阻”“使用开漏模式”的设置较为常用。“使用开漏模式”可以实现双向通信的功能，并且能够在通信线路上实现“与逻辑”，即只要共享总线信号中有低电平存在，整条线路上就都是低电平。这个特性通常用于 I2C 通信。对大多数引脚来说，“使用开漏模式”是模拟开漏模式，但芯片上还保留了少数特殊设计的引脚，具有“真开漏”的电路，用以实现高速 I2C 通信。

5.1.2　GPIO 通用输入/输出模块

GPIO 是可以直接控制微控制器引脚电平和读取电平状态的模块。LPC54114 微控制器的引脚是按照端口组织的，总共有两个端口，PIO0 和 PIO1，每个端口包含 32 个引脚，因此，GPIO 引脚的编号是 PIOn_m，其中 n 是端口号，m 是引脚编号。

与通用的 GPIO 相同，LPC54114 微控制器的 GPIO 模块支持的功能包括：

- 设定 GPIO 引脚的方向（GPIO_DIRn），每个 bit 对应一个 Pin。
- 设定 GPIO 引脚方向输出寄存器（GPIO_DIRSETPn）和方向输入寄存器（GPIO_DIRCLRPn），只写，写 1 有效，写 0 无效，每个 bit 对应一个 Pin。
- GPIO 引脚的电平状态寄存器（GPIO_PINn），可读可写，每个 bit 对应一个 Pin。
- 配置 GPIO 引脚输出高电平（GPIO_SETn）、低电平（GPIO_CLRn）及翻转（GPIO_NOTn），只写，写 1 有效，写 0 无效，每个 bit 对应一个 Pin。

LPC54114 微控制器对 GPIO 引脚的访问提供了更细化的寄存器配置，可以选择使用为每个引脚单独配置的 GPIO 引脚输出电平和输入电平状态寄存器，单独管理每个引脚，从而可以不用考虑在操作某个引脚时需要保护其他引脚的问题。每个引脚可以独享的寄存器包括：

- GPIO_B[n*32 + m]，以字节（8-bit）带宽读/写 GPIO 引脚信号。
- GPIO_W[n*32+m]，以字节（8-bit）/半字（16-bit）/字（32-bit）带宽读/写 GPIO 引脚信号。

LPC54114 微控制器的 GPIO 还具有写保护功能，防止 GPIO 引脚状态被意外地篡改。相应的寄存器为 GPIO_MASKn 和 GPIO_MPINn。

在复位后的默认情况下，所有的引脚均被设定为输入方向。

5.1.3 PINT 引脚中断模块

PINT 是专门响应引脚中断事件的模块。芯片物理引脚上的电平状态及变化都可以触发 PINT 捕获引脚事件，例如，高/低电平、上升/下降沿等，从而触发对应的中断服务程序进行响应。

LPC54114 微控制器对引脚事件进行了强化，不仅能够识别单个引脚的触发事件，还能够在硬件上配置识别多个引脚组合的事件，这就是所谓的“模式匹配”（Pattern Match）功能。

这里要特别明确，PINT 与 GPIO 模块的关系是并列的，二者可以同时作用在用一个引脚上；PINT 不从属于 GPIO，即使某个引脚不是被配置成 GPIO 功能，PINT 也能捕获相应的信号变化事件。

5.1.4 INPUT MUX 输入复用器

INPUT MUX 是处理芯片内部信号复用的一个模块，主要用于管理各种各样的触发源。通常情况下，在芯片内部响应触发事件模块的数量是很有限的，为每个触发源单独设计响应机构就过于浪费了，毕竟需要让全部触发源同时得到响应的应用也不多，因此设计了输入复用器可以让触发响应机构灵活地选择触发源，或者说，只为用到的触发源从分配触发事件响应模块。

在 LPC54114 微控制器中，常用的触发源可以是引脚上的一个跳变沿或电平状态、ADC 转换完成的事件、SCT 的 DMA 触发事件、CTimer 的输出匹配事件、引脚触发 DMA、DMA 传输完成触发其他模块等。在测量时钟功能上，INPUT MUX 还承担了管理分配输入参考时钟源和目标时钟源的职责。

LPC5411 微控制器中，在 INPUT MUX 模块中定义能够响应触发的机构，包括：

- PINT 引脚中断 INPUTMUX_PINSELn （n = 0～7）。可选的触发源可以是芯片上 PIO0 和 PIO1，总共 64 个引脚的边沿和电平状态。
- DMA 传输通道 INPUTMUX_ITRIG_INMUXn（n=0～21）。可选的触发源可以是 ADC 转换完成、SCT DMA 触发信号、CTimer 输出匹配事件、PINT 引脚触发和 DMA 传输完成触发。
- DMA 传输完成产生触发后触发别的模块的配置是包含在 INPUTMUX 模块的 DMA_OTRIG_INMUXn（n=0～3）中的。
- 频率测量的参考时钟源（INPUTMUX_FREQMEAS_REF）和目标时钟源（INPUTMUX_FREQMEAS_TARGET）。

5.2 MCUXpresso SDK 中的 GPIO 与 PINT 驱动

MCUXpresso SDK 代码中提供了 GPIO 和 PINT 驱动代码，利用其中实现的 API，用户可以不用直接接触底层硬件的寄存器，便可直接调用 C 语言的函数实现对硬件的控制。

5.2.1 GPIO 驱动 API

GPIO 驱动程序位于 fsl_gpio.h/.c 文件中，其中 fsl_gpio.h 文件中列入了 GPIO 驱动的 API。

1. 主要结构体及枚举类型

代码清单 5-1 罗列了 GPIO 驱动的主要结构体及枚举类型的定义。

代码清单 5-1

```
/*!
* @brief 本结构体变量主要用于初始化 GPIO 引脚时传递配置参数
*/
typedef struct _gpio_pin_config
{
    gpio_pin_direction_t pinDirection;/*!< GPIO 输入/输出方向,
                                        选项见 gpio_pin_direction_t */
    uint8_t outputLogic;/*!< 若 GPIO 引脚设定为输出,则指定默认电平逻辑;
                                        若为输入则无效 */
} gpio_pin_config_t;

typedef enum _gpio_pin_direction
{
    kGPIO_DigitalInput = 0U, /*!< 输入 */
    kGPIO_DigitalOutput = 1U,/*!< 输出 */
} gpio_pin_direction_t;
```

2. 函数清单

表 5-1 罗列了 GPIO 驱动 API 函数清单。

表 5-1 GPIO 驱动 API 函数清单

函 数 声 明	功 能 描 述
void **GPIO_PinInit** (GPIO_Type *base, uint32_t port,uint32_t pin, const gpio_pin_config_t *config)	初始化由 port 和 pin 指定的引脚，根据 config 结构体变量传入的配置参数，配置成输入或者输入等
void **GPIO_WritePinOutput** (GPIO_Type *base, uint32_t port,uint32_t pin, uint8_t output)	若操作引脚为输出方向，则向 port 和 pin 指定的引脚写 output 逻辑控制量
uint32_t **GPIO_ReadPinInput** (GPIO_Type *base, uint32_t port,uint32_t pin)	若操作引脚为输入方向，则读取 port 和 pin 指定的引脚的逻辑电平
void **GPIO_SetPinsOutput** (GPIO_Type *base, uint32_t port,uint32_t mask)	若操作引脚为输出方向，则向 port 指定的端口写一组控制量为 1，mask 为指定操作引脚编号的移位掩码的或运算
void **GPIO_ClearPinsOutput** (GPIO_Type *base, uint32_t port,uint32_t mask)	若操作引脚为输出方向，则向 port 指定的端口写一组控制量为 0，mask 为指定操作引脚编号的移位掩码的或运算
void **GPIO_TogglePinsOutput** (GPIO_Type *base, uint32_t port,uint32_t mask)	若操作引脚为输出方向，则向 port 指定的端口翻转其控制量，mask 为指定操作引脚编号的移位掩码的或运算
uint32_t **GPIO_ReadPinsInput** (GPIO_Type *base, uint32_t port)	若操作引脚为输入方向，则直接读 port 指定的整个端口的逻辑电平值
void **GPIO_SetPortMask** (GPIO_Type *base, uint32_t port,uint32_t mask)	设定写保护，mask 为引脚移位掩码之或，port 指定端口的相关引脚将不能被写入新的控制量
void **GPIO_WriteMPort** (GPIO_Type *base, uint32_t port,uint32_t output)	解锁写保护，mask 为引脚移位掩码之或，port 指定端口的相关引脚将可以被写入新的控制量
uint32_t **GPIO_ReadMPort** (GPIO_Type *base, uint32_t port)	查看写保护状态，mask 为引脚移位掩码之或，查看 port 端口的相关引脚是否启用写保护功能

5.2.2 PINT 驱动 API

PINT 驱动程序位于 fsl_pint.h/.c 文件中，其中 fsl_pint.h 文件中列入了 PINT 驱动的 API。

1. 主要结构体及枚举类型

代码清单 5-2 罗列了 PINT 驱动的主要结构体及枚举类型的定义。

代码清单 5-2

```
typedef enum _pint_pin_enable
{
    kPINT_PinIntEnableNone = 0U,    /*!< 默认关闭中断响应 */
    kPINT_PinIntEnableRiseEdge = PINT_PIN_RISE_EDGE,/*!< 捕获上升沿产生中
断 */
    kPINT_PinIntEnableFallEdge = PINT_PIN_FALL_EDGE,/*!< 捕获下降沿产生
中断 */
    kPINT_PinIntEnableBothEdges = PINT_PIN_BOTH_EDGE,/*!< 捕获边沿产生
中断 */
    kPINT_PinIntEnableLowLevel = PINT_PIN_LOW_LEVEL,/*!< 捕获低电平产生
中断 */
    kPINT_PinIntEnableHighLevel = PINT_PIN_HIGH_LEVEL /*!<捕获高电平产生
中断 */
} pint_pin_enable_t;
```

另外，关于模式匹配的结构体及枚举变量见源程序代码。

2. 函数清单

表 5-2 罗列了 PINT 驱动 API 函数清单。

表 5-2 PINT 驱动 API 函数清单

函 数 声 明	功 能 描 述
void PINT_Init (PINT_Type *base)	初始化 PINT 模块，主要是开始给 PINT 模块寄存器访问时钟，允许访问 PINT 模块寄存器
void PINT_Deinit (PINT_Type *base)	反初始化 PINT 模块，关闭访问 PINT 的时钟，以节约用电
void PINT_PinInterruptConfig (PINT_Type *base, pint_pin_int_t intr, pint_pin_enable_t enable, pint_cb_t callback)	配置引脚中断，intr 指定中断通道号，enable 指定捕获的中断事件，callback 指定捕获中断事件后自动执行的回调函数

续表

函 数 声 明	功 能 描 述
void PINT_PinInterruptGetConfig (PINT_Type *base,pint_pin_int_t pintr, pint_pin_enable_t *enable, pint_cb_t *callback)	查看当前引脚中断的配置状态
void PINT_EnableCallback (PINT_Type *base)	开放 PINT 模块所有通道的中断捕获。内部实现了对 NVIC 中断向量的开关
void PINT_DisableCallback (PINT_Type *base)	关闭 PINT 模块所有通道的中断捕获。内部实现了对 NVIC 中断向量的开关
void PINT_PinInterruptClrStatus (PINT_Type *base, pint_pin_int_t pintr)	清除引脚中断标志位，pintr 指定中断通道
uint32_t PINT_PinInterruptGetStatus (PINT_Type *base, pint_pin_int_t pintr)	查看引脚中断标志位，pintr 指定中断通道
void PINT_PinInterruptClrStatusAll (PINT_Type *base)	清除所有引脚中断标志位
uint32_t PINT_PinInterruptGetStatusAll (PINT_Type *base)	查看所有引脚中断标志位
void PINT_PinInterruptClrFallFlag (PINT_Type *base, pint_pin_int_t pintr)	清除引脚下降沿中断标志位，pintr 指定中断通道
uint32_t PINT_PinInterruptGetFallFlag (PINT_Type *base, pint_pin_int_t pintr)	查看引脚下降沿中断标志位，pintr 指定中断通道
void PINT_PinInterruptClrFallFlagAll (PINT_Type *base)	清除所有引脚下降沿中断标志位
uint32_t PINT_PinInterruptGetFallFlagAll (PINT_Type *base)	查看所有引脚下降沿中断标志位
void PINT_PinInterruptClrRiseFlag (PINT_Type *base, pint_pin_int_t pintr)	清除引脚上升沿中断标志位，pintr 指定中断通道
uint32_t PINT_PinInterruptGetRiseFlag (PINT_Type *base, pint_pin_int_t pintr)	查看引脚上升沿中断标志位，pintr 指定中断通道
void PINT_PinInterruptClrRiseFlagAll (PINT_Type *base)	清除所有引脚上升沿中断标志位
uint32_t PINT_PinInterruptGetRiseFlagAll (PINT_Type *base)	查看所有引脚上升沿中断标志位
void PINT_PatternMatchConfig (PINT_Type *base, pint_pmatch_bslice_t bslice, pint_pmatch_cfg_t *cfg)	配置模式匹配功能。Bslice 指定匹配机的通道号
PINT_PatternMatchGetConfig (PINT_Type *base, pint_pmatch_bslice_t bslice, pint_pmatch_cfg_t *cfg);	查看当前模式匹配的状态

续表

函 数 声 明	功 能 描 述
uint32_t PINT_PatternMatchGetStatus (PINT_Type *base, pint_pmatch_bslice_t bslice)	查看当前匹配的状态，是否匹配成功
uint32_t PINT_PatternMatchGetStatusAll (PINT_Type *base)	查看所有匹配机的状态
uint32_t PINT_PatternMatchResetDetectLogic (PINT_Type *base)	复位匹配逻辑
void PINT_PatternMatchEnable (PINT_Type *base)	启动匹配机
void PINT_PatternMatchDisable (PINT_Type *base)	关闭匹配机
void PINT_PatternMatchEnableRXEV (PINT_Type *base)	启用捕获接收事件（Receive Event）功能
void PINT_PatternMatchDisableRXEV (PINT_Type *base)	关闭捕获接收事件（Receive Event）功能

5.3 MCUXpresso 时钟配置工具 Pins Tool 应用

5.3.1 概述

基于 MCUXpresso SDK 代码包开发应用 LPC54114 微控制器应用，建议使用 MCUXpresso Pins Tool 配置引脚和内部信号连接。MCUXpresso Pins Tool 面向硬件覆盖了 IOCON 和 INPUT MUX 的配置操作，面向用户实现了图形用户界面，可以友好地为用户列出配置每个引脚可用的选项，并且可以智能地处理在用一个应用中引脚信号分配冲突的问题，使得用户免于在在芯片手册中的引脚分配表格中进行遍历，极大地方便用户管理引脚功能的同时还能降低信号冲突的风险。

同前文介绍的 Clocks Tool 相似，Pins Tool 也是 MCUXpresso Config Tools 的一个组件。

Pins Tool 同时提供了离线版和在线版，离线版的应用程序已经集成在

MCUXpresso Config Tools 中。在线版访问地址如下。

更详细的信息参阅 MCUXpresso Clocks Tools 网站：

https://mcuxpresso.nxp.com/zh/pins（中文）

https://mcuxpresso.nxp.com/en/pins（英文）

5.3.2　在 MCUXpresso SDK 工程中用 Pins Tool 分配引脚功能

前文已经介绍了 MCUXpresso Clocks Tools 工程的建立与启动过程，在启动离线版的 MCUXpresso Config Tools 软件之后，若没有直接切换到 Pins Tool 的界面，可在菜单栏选择“Tools”→“Pins”，如图 5-1 所示。

切换到 Pins Tool 的界面，如图 5-2 所示。

在本章的样例工程中，要配置的引脚包括一组串口与上位机通信、一个 PINT 引脚捕获按键事件、一个 GPIO 引脚控制小灯亮暗。以此为例说明 Pins Tool 的常规使用方法。

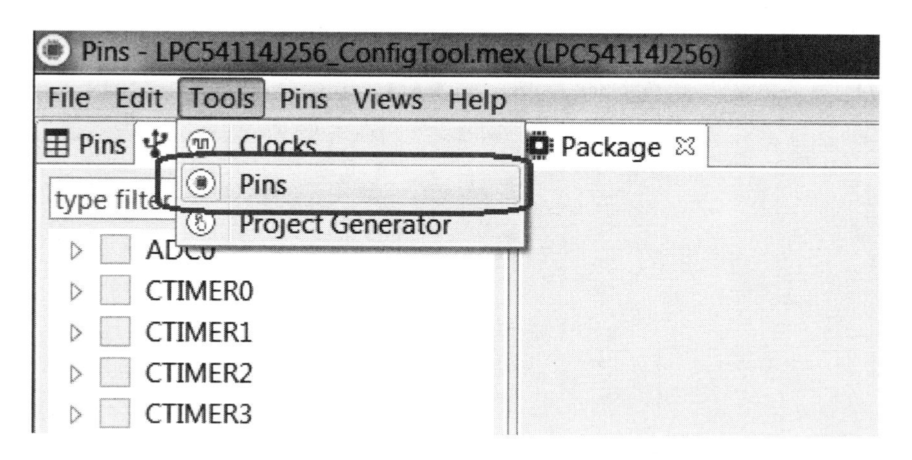

图 5-1　在 MCUXpresso Config Tools 中选择 Pins Tool

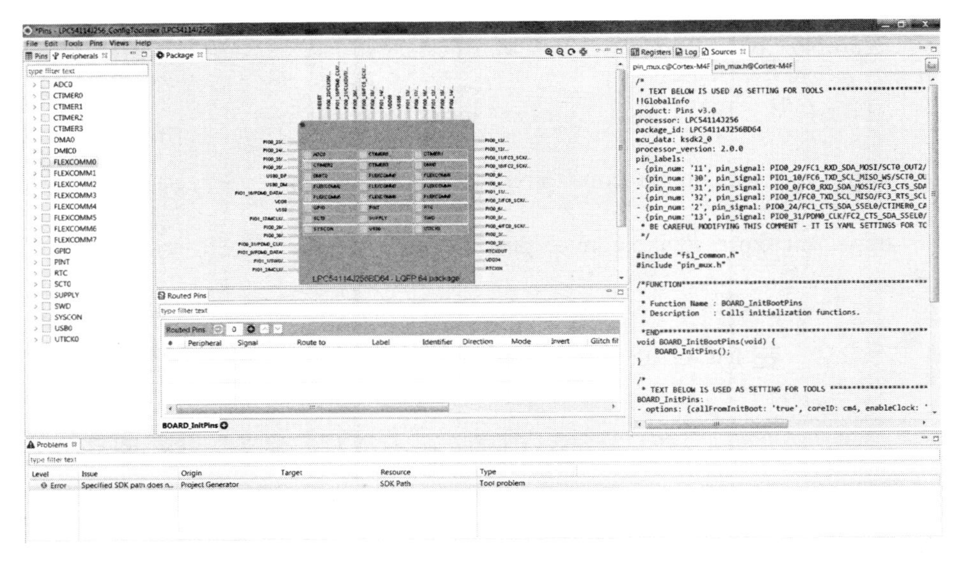

图 5-2　MCUXpress Pins Tool 配置主界面

以配置 FLEXCOM0 为例，首先在左侧“Peripherals”窗口中勾选 FLEXCOM0 的 TX 和 RX 引脚，此时，中间的“Package”窗口会自动高亮，显示 FLEXCOM0 模块及 PIN31 和 PIN32 是已经被使用的状态，下方“Routed Pins”窗口中的表格自动增加了两个专门为 FLEXCOM0_RXD 和 FLEXCOM0_TXD 分配的两行配置信息，右侧的代码框中会自动同步更新生成的代码，对应于界面底部定义的“BOARD_InitPins”函数实现的内容，如图 5-3 所示。

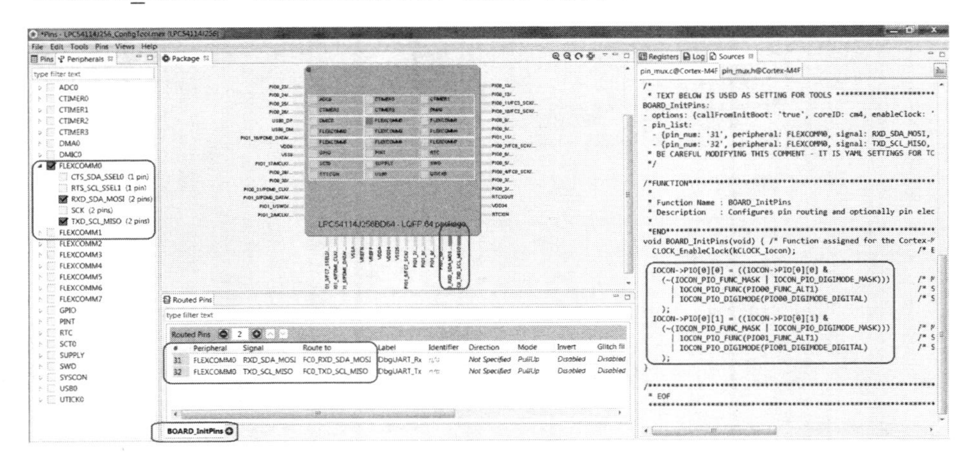

图 5-3　配置 FLEXCOM0 的引脚

特别地，在配置表格中可以在下拉菜单中选择引脚配置属性，例如，在“Route to”一栏中，可以列入 FLEXCOM0_RXD 信号可以分配到的所有引脚，如图 5-4 所示。已经被其他模块占用或不能使用的引脚也将被用红色感叹号标出。这个贴心的功能在用户分配电路板信号查找可用引脚并预防信号冲突时特别实用。

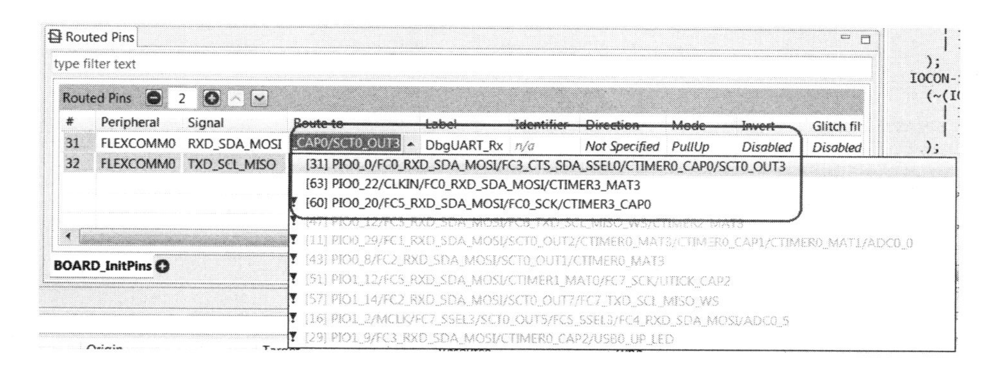

图 5-4　引脚分配表中可以列入所有可用选项

除了右侧作为显示配置结果的窗口不能用于配置外，其他图形界面窗口的配置操作均可以在所有窗口中同步。Pins Tool 提供了全方位的配置界面，包括在本文例子尚未介绍的可同外设配置界面相互切换的引脚配置界面，封装引脚配置界面上的外设模块和引脚也可以通过鼠标双击激活出小型的配置窗口，右侧输出的显示界面不仅仅可以显示自动生成的代码，还能切换到寄存器界面，直接查看引脚相关寄存器中的配置值，这些丰富的功能都可以在用户实际使用中去挖掘和体验。还有一个建议是，通过全屏展开某个单独的配置界面，可以单独放大某个配置窗口，如此可以专注于某个配置界面的操作。

相似地，GPIO 和 PINT 的引脚也可以在 Pins Tool 的界面中自动配置，如图 5-5 所示。

最后，导出 pin_mux.h/.c 源文件，可以被 MCUXpresso SDK 工程直接使用，如图 5-6 所示。

更多 Pins Tool 的操作技巧本文不再赘述，读者可自行尝试，实际体会使用这款工具为开发工作带来的便利。

Routed Pins

type filter text

Routed Pins 4

#	Peripheral	Signal	Route to	Label	Identifier	Direction	Mode	Invert	Glitch fil
31	FLEXCOMM0	RXD_SDA_MOSI	FC0_RXD_SDA_MOSI	DbgUART_Rx	n/a	Not Specified	PullUp	Disabled	Disabled
32	FLEXCOMM0	TXD_SCL_MISO	FC0_TXD_SCL_MISO	DbgUART_Tx	n/a	Not Specified	PullUp	Disabled	Disabled
11	GPIO	PIO0, 29	PIO0_29	LED0	n/a	Not Specified	PullUp	Disabled	Disabled
13	PINT	PINT, 0	PIO0_31	BTN0	n/a	Input	PullUp	Disabled	Disabled

BOARD_InitPins

图 5-5　使用 Pins Tool 为样例工程配置完成所有引脚

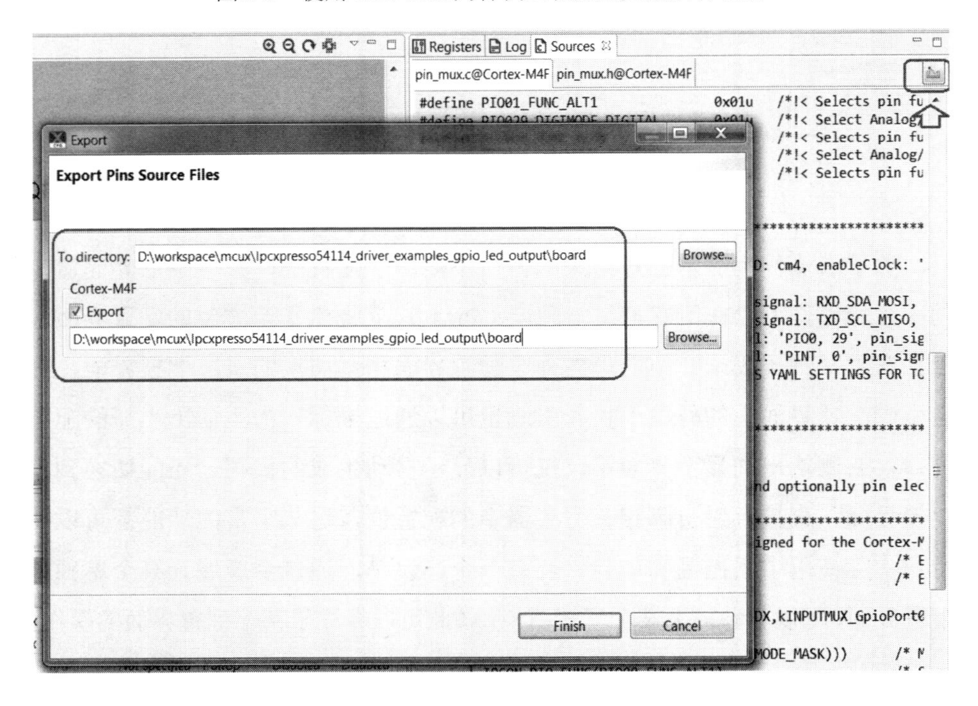

图 5-6　Pins Tool 导出自动生成的源代码

5.4　实例：通过按键控制 LED

在本节中，使用 GPIO 和 PINT 驱动，实现一个用按键控制 LED 亮灭的应用案例：当按键按下时，LED 灯亮；当按键松开时，LED 灯灭。在设计实现时，考虑到低功耗，并且要尽量减轻 CPU 负载，选用引脚中断的方式捕获按键事件（按下或者松开），具体地说，就是在按键输入 GPIO 引脚上监控下降沿和上升沿事件并触发中断。对应地，在捕获按键事件后立刻操作 LED。在退出引脚中断后，返回主循环，进入低功耗模式，小灯保持亮或暗的状态。按键点灯样例程序设计流程如图 5-7 所示。

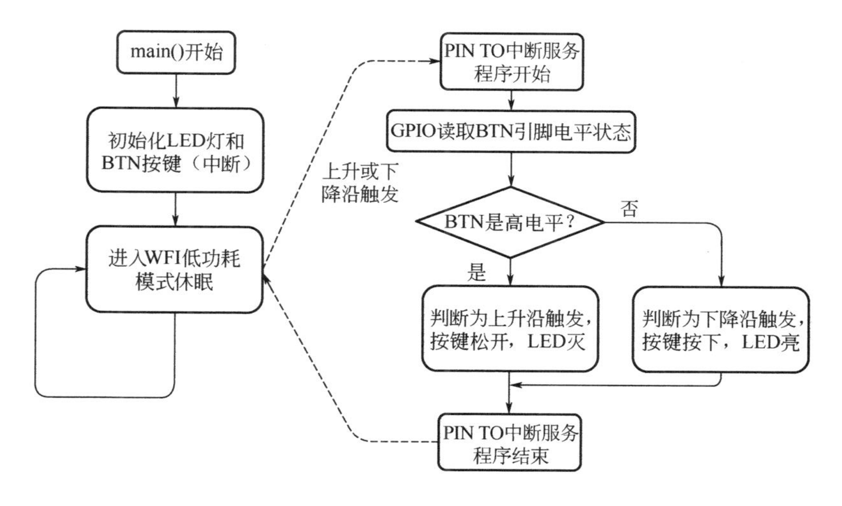

图 5-7　按键点灯样例程序设计流程

本样例程序基于 MCUXpresso SDK 代码包中的 driver_example/gpio_led_output 改编而成：

- 在工程中新增了 PINT 驱动文件（fsl_pint.h/.c），并在 main()函数所在的源文件中引用 fsl_pint.h 头文件。
- 引脚配置文件（pin_mux.h/.c）改用 MCUXpresso Pins Tool 生成并覆盖原有文件，操作参见上文说明 Pins Tool 用法的样例。

● 基于原有的 main()函数的框架，按照设计应用逻辑重新编写程序。

完整的代码工程可在网页 https：//community.nxp.com/docs/DOC-340074 下载。

编写应用逻辑 main()函数的代码如代码清单 5-3 所示。

代码清单 5-3

```
#include <stdbool.h>
#include "board.h"
#include "pin_mux.h"
#include "fsl_debug_console.h"
#include "fsl_gpio.h"
#include "fsl_pint.h"

/*******************************************************************************
 * Definitions
 ******************************************************************************/
#define APP_LED0_GPIO_PORT   0U      /* 红灯亮 */
#define APP_LED0_GPIO_PIN    29U
#define APP_BTN0_GPIO_PORT   0U      /* SW2 按键 */
#define APP_BTN0_GPIO_PIN    31U

/*******************************************************************************
 * Prototypes
 ******************************************************************************/
void App_InitLEDx(void);
void App_InitBTNx(void);

/*******************************************************************************
 * Variables
 ******************************************************************************/

/*******************************************************************************
 * Code
```

```
 ***************************************************************************/
int main(void)
{
/* 配置引脚复用功能 */
    BOARD_InitBootPins();

/* 初始化系统时钟 */
    BOARD_BootClockFROHF48M();/* 主时钟/系统总线时钟为 48MHz */
    CLOCK_AttachClk(BOARD_DEBUG_UART_CLK_ATTACH);/* 配置串口时钟源
为 FRO12M */
    CLOCK_EnableClock(kCLOCK_Gpio0);/* 启用对 GPIO0 模块寄存器的访问 */

/* 初始化调试串口 */
    BOARD_InitDebugConsole();

    PRINTF("\r\nGPIO Driver example\r\n");

    App_InitLEDx();/* 初始化对 LED 灯的控制 */
    App_InitBTNx();/* 初始化对按键的控制 */

while (1)
    {
        __WFI();/* 进入低功耗休眠模式 */
    }
}

void App_InitLEDx(void)
{
gpio_pin_config_t GpioPinConfigStruct;

    GpioPinConfigStruct.pinDirection = kGPIO_DigitalOutput;
    GpioPinConfigStruct.outputLogic = 1U;
    GPIO_PinInit(GPIO,APP_LED0_GPIO_PORT,APP_LED0_GPIO_PIN,
&GpioPinConfigStruct);
}
```

```
void App_BTN0_PINT_Callback(pint_pin_int_t pintr,uint32_t pmatch_status);

void App_InitBTNx(void)
{
    gpio_pin_config_t GpioPinConfigStruct;

    GpioPinConfigStruct.pinDirection = kGPIO_DigitalInput;
    GPIO_PinInit(GPIO,APP_BTN0_GPIO_PORT,APP_BTN0_GPIO_PIN,
&GpioPinConfigStruct);

    PINT_Init(PINT);
    PINT_EnableCallback(PINT);
    PINT_PinInterruptConfig(PINT,kPINT_PinInt0,
kPINT_PinIntEnableBothEdges,App_BTN0_PINT_Callback);
}

void App_BTN0_PINT_Callback(pint_pin_int_t pintr,uint32_t pmatch_status)
{
uint32_t Btn0LogicValue;

/* 控制小灯 */
    Btn0LogicValue                                                        =
GPIO_ReadPinInput(GPIO,APP_BTN0_GPIO_PORT,APP_BTN0_GPIO_PIN);
if (0U == Btn0LogicValue)/* 按下 */
    {
        GPIO_WritePinOutput(GPIO,APP_LED0_GPIO_PORT,APP_LED0_GPIO_PIN,
0U);/* 亮灯 */
    }
else if (1U == Btn0LogicValue)/* 弹起 */
    {
        GPIO_WritePinOutput(GPIO,APP_LED0_GPIO_PORT,APP_LED0_GPIO_PIN,
1U);/* 灭灯 */
    }
}
```

其中特别要注意的是，对 GPIO 端口寄存器的访问开关，以及调用“CLOCK_EnableClock（kCLOCK_Gpio0）;”语句启用对 GPIO0 的时钟供给，需要在 main()函数中显式地调用。特别强调这一点是因为，在 MCUXpresso SDK 代码包中，绝大多数外设模块的访问时钟均可在其初始化的 API 中，或是在 Clocks Tool 中自动生成，GPIO 模块算是一个例外，因此要特别考虑。

改编工程之后，编译工程，下载程序到开发板 LPCXpresso 54115（OM13089）上，运行程序后，按下 SW2 按键，则 D2 LED 亮红色，松开 SW2 按键，灯灭。

5.5　小结

本章介绍了 LPC54114 微控制器的 IO 管理子系统及中断编程。LPC54114 在硬件上与 IO 引脚关联比较密切的几个模块包括：配置引脚物理属性的 IOCON 模块、可以输出和读取电平信号的 GPIO 模块、负责响应引脚触发事件的 PINT 模块及管理芯片内部触发信号复用的 INPUT MUX 模块。MCUXpresso SDK 代码包里提供了 GPIO 和 PINT 的驱动 API 便于用户编写应用程序。MCUXpresso Pins Tool 通过图形界面，帮助用户配置 IOCON 和 INPUT MUX 模块，并能导出完全兼容 MCUXpress SDK 样例工程的源代码 pin_mux.h/.c。最后，通过一个实际的样例程序说明了 GPIO 和 PINT 驱动 API 的用法，在样例程序中实现了通过按键控制小灯亮灭的功能。

第 6 章
Chapter 6

DMA 原理与应用

6.1 DMA 控制器概述

DMA（直接存储访问）的主要作用是使得在访问存储器时可以脱离 CPU 的干预，直接在存储器和存储器、存储器和外设之间传输数据，从而提高 CPU 的利用率，降低 CPU 的负荷，从而提高系统性能。

LPC5411x 系列 MCU 均带有 DMA 控制器，在系统内部连接到 AHB 总线上，当需要在系统存储空间传输数据时，预先设置好传输的数据源地址和目的地址、需要传输的字节数以及数据传输属性的控制选项即可，然后在接收到软件触发信号或者外设产生的触发信号后自动启动 DMA 传输，并在传输完成后产生传输完成、错误或者中断的标志，在这个过程中不需要 CPU 的干预。

6.2 DMA 特性和内部框图

6.2.1 LPC5411x DMA 特性

LPC5411xDMA 的特性如下。

- 支持 20 个 DMA 通道，其中 19 个通道直接连接至专用的硬件外设 DMA 请求，这些请求包括 Flexcomm 接口（USART、SPI、I2C 和 I2S）

以及数字麦克风，同时这些通道也支持软件触发。另外，1 个未连接至专用外设DMA请求的通道主要是用于存储器和存储器之间数据的传输。

- DMA 操作可由片内或片外事件触发。每一路 DMA 通道均可从 20 个触发源中选择其中一个作为触发输入。触发器源包含 ADC 中断、定时器中断、外部引脚中断和 SCT 定时器 DMA 请求等。
- 每个通道都直接连接专用的硬件 DMA 请求，每个通道都同样支持软件触发，需要配合软件进行配置。
- 每个 DMA 通道的优先级可以分别配置（最高 8 个优先级，0），支持连续优先级仲裁。
- 地址缓存由四个元素组成（每个元素都包含一对传输地址）。
- 单次传输支持多达 1024 字，能最大限度地提高数据总线的效率。
- 可以独立对源地址和目的地址分别进行地址递增设置，从而模拟打包和拆包的过程，源地址和目标地址必须按数据传输宽度对齐。
- 支持乒乓传输、交错式传输以及通道链接传输等 DMA 方式。
- 支持在睡眠模式和深度睡眠模式下工作。

6.2.2　DMA 内部框图

DMA 内部功能框图如图 6-1 所示，可以看到主要包括 DMA 触发输入、DMA 请求源、内部仲裁和控制模块、源地址/目标地址设置模块以及 AHB 总线连接等几个部分。LPC54114 共包含 20 个 DMA 通道，每个 DMA 通道都可以为单个的源或者目标地址提供单向的串行传输通道，源地址和目标地址可以是存储区区域也可以是芯片外设区域，可以通过 AHB 主机接口进行访问。

DMA 在芯片内部与 USART、SPI、I2C、I2S 及数字 MIC 等外设的发送和接收数据 FIFO 相连，配合 ADC、定时器、外部触发引脚等触发信号，能最大限度地提高 SPI 数据传输的吞吐速度和效率，降低 CPU 的负荷，提高系统的总体性能。

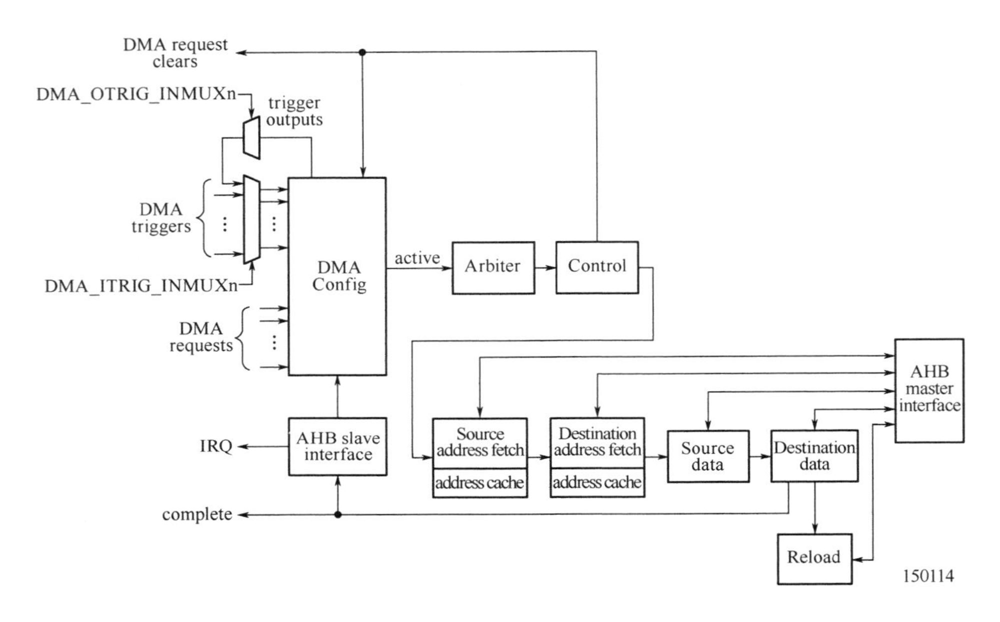

图 6-1　DMA 内部功能框图

6.3　DMA 外部引脚描述

DMA 控制器未采用直接的外部引脚相连，但是，某些特定引脚可以配置为 DMA 控制器的触发源，对应的四个引脚分别为 PIN_INT0、PIN_INT1、PIN_INT2 和 PIN_INT3，使用时用户可以通过 DMA_ITRIG_INMUX 寄存器进行选择。

6.4　DMA 的几个概念和功能说明

6.4.1　DMA 的工作原理

DMA 的作用就是实现存储器和存储器、存储器和外设之间的数据传输，脱离 CPU 干预的环节，从而降低了 CPU 的负荷，提高系统的总体性能。主要涉及四种情况的数据传输，但本质上是一样的，都是从内存的某一区域传输到内存的另一区域（外设的数据寄存器本质上就是内存的一个存储单元），四种数据传输类型如下：

- 内存到内存（memory to memory）；
- 内存到外设（memory to peripheral）；
- 外设到内存（peripheral to memory）；
- 外设到外设（peripheral to peripheral）。

用户在应用中需要事先设置好传输参数，主要包括源地址、目标地址、传输数据宽度、传输数据量、触发方式等，当 DMA 控制器接收到 DMA 外设触发或者软件触发后，就会启动数据传输，传输的终点就是剩余传输数据量（XFERCOUNT）为 0（循环传输不是这样的）。换句话说只要剩余传输数据量（XFERCOUNT）不是 0，而且 DMA 是启动状态，DMA 就会继续进行数据传输。

6.4.2　DMA 请求和触发

DMA 请求旨在调整传输速度，以便与外设（如果它具备 FIFO，则包含在内）的速度保持匹配。LPC54114 的 20 个 DMA 通道中有 19 个通道直接连接至专用的硬件外设 DMA 请求，每个通道支持一路 DMA 请求线和一个触发器输入(通过 DMA_ITRIG_INMUXn 寄存器进行配置)，表 6-1 是 LPC54114

的 DMA 请求和触发器的多路复用列表。例如，USART 会在其传输 FIFO 未满时发出发送 DMA 请求，在其接收 FIFO 非空时发出接收 DMA 请求。

表 6-1 DMA 请求和触发器多路复用列表

DMA 通道#	请 求 输 入	DMA 触发多路复用
0	Flexcomm 接口 0RX/I2C 从机[1]	DMA_ITRIG_INMUX0
1	Flexcomm 接口 0TX/I2C 从机[1]	DMA_ITRIG_INMUX1
2	Flexcomm 接口 1RX/I2C 从机[1]	DMA_ITRIG_INMUX2
3	Flexcomm 接口 1TX/I2C 从机[1]	DMA_ITRIG_INMUX3
4	Flexcomm 接口 2RX/I2C 从机[1]	DMA_ITRIG_INMUX4
5	Flexcomm 接口 2TX/I2C 从机[1]	DMA_ITRIG_INMUX5
6	Flexcomm 接口 3RX/I2C 从机[1]	DMA_ITRIG_INMUX6
7	Flexcomm 接口 3TX/I2C 从机[1]	DMA_ITRIG_INMUX7
8	Flexcomm 接口 4RX/I2C 从机[1]	DMA_ITRIG_INMUX8
9	Flexcomm 接口 4TX/I2C 从机[1]	DMA_ITRIG_INMUX9
10	Flexcomm 接口 5RX/I2C 从机[1]	DMA_ITRIG_INMUX10
11	Flexcomm 接口 5TX/I2C 从机[1]	DMA_ITRIG_INMUX11
12	Flexcomm 接口 6RX/I2C 从机[1]	DMA_ITRIG_INMUX12
13	Flexcomm 接口 6TX/I2C 从机[1]	DMA_ITRIG_INMUX13
14	Flexcomm 接口 7RX/I2C 从机[1]	DMA_ITRIG_INMUX14
15	Flexcomm 接口 7TX/I2C 从机[1]	DMA_ITRIG_INMUX15
16	D_MIC0	DMA_ITRIG_INMUX16
17	D_MIC1	DMA_ITRIG_INMUX17
18	（没有 DMA 请求）	DMA_ITRIG_INMUX18
19	（没有 DMA 请求）	DMA_ITRIG_INMUX19

完成一次 DMA 传输，除了上面提到的 DMA request 请求，还有 DMA triggers 触发，DMA 的触发信号可以是硬件触发或者软件触发。如果某一通道的 SWTRIG 位配置为 0，则该通道可由硬件或软件触发。软件触发是通过将 1 写入 SETTRIG 寄存器中的相应位实现的。硬件触发则需要配置相关通道

CFG 寄存器中的 HWTRIGEN、TRIGPOL、TRIGTYPE 和 TRIGBURST 字段。初步设置一个通道时，可以置位 XFERCFG 寄存器中的 SWTRIG 位，使得传输立即开始。触发后，若相关 CFG 寄存器中的 PERIPHREQEN 位被置位，则通道上的传输将由 DMA 请求控制。否则，传输将全速进行。传输结束时，CTLSTAT 寄存器中的 TRIG 位可以清零，由 XFERCFG 寄存器中的值 CLRTRIG（位 0）决定。若值 CLRTRIG 为 1，则当描述符穷尽时，触发器会自动清零。

DMA 触发源列表如表 6-2 所示。其中，对于硬件触发来说，可以通过 DMA_ITRIG_INMUX 寄存器选择一个触发源，每个 DMA 通道可能具有 20 个内部触发源。对于软件触发来说，需要置位 SETTRIG 寄存器中通道相应位来触发 DMA 的传输。此外，通过触发器输入复用，还可以将 DMA 触发器输出路由到另一个 DMA 通道作为触发器输入。需要注意的是，ADC 只使用 DMA 触发器，没有 DMA 请求。

表 6-2　DMA 触发源列表

DMA 触发编号	触 发 输 入	软件触发
0	ADC0 序列 A 中断	有
1	ADC0 序列 B 中断	有
2	SCT0 DMA 请求 0	有
3	SCT0 DMA 请求 1	有
4	定时器 CTIMER0 匹配 0 DMA 请求	有
5	定时器 CTIMER0 匹配 1 DMA 请求	有
6	定时器 CTIMER1 匹配 0 DMA 请求	有
7	定时器 CTIMER2 匹配 0 DMA 请求	有
8	定时器 CTIMER2 匹配 1 DMA 请求	有
9	定时器 CTIMER3 匹配 0 DMA 请求	有
10	定时器 CTIMER4 匹配 0 DMA 请求	有
11	定时器 CTIMER4 匹配 1 DMA 请求	有
12	引脚中断 0	有

续表

DMA 触发编号	触 发 输 入	软件触发
13	引脚中断 1	有
14	引脚中断 2	有
15	引脚中断 3	有
16	DMA 输出触发 0	有
17	DMA 输出触发 1	
18	DMA 输出触发 2	
19	DMA 输出触发 3	

前面的 DMA 请求和 DMA 触发都是作为 DMA 的输入，DMA 控制器的每个通道均配有一个触发器输出。这样就可以将触发器输出用作另一个通道的触发源，以支持对应外设的更复杂的传输方式。例如，通过一个 DMA 通道将一个外设的数据输入保存到一段数据缓冲区，然后待该通道传输完成后，该通道的输出作为下一个 DMA 通道的输入触发源，将该数据输出至另一个外设，这两次传输均由相应的外设 DMA 请求控制。此类操作称为“链式操作”或者“通道链接”。

6.4.3 DMA 传输描述符

在应用中，除了需要根据应用初始化 DMA 全局控制和状态寄存器、DMA 中断状态寄存器以及特定 DMA 通道关联的寄存器外，还需要至少提供一个通道描述符，该描述符位于存储器中的某个位置，通常位于片内 SRAM 中。DMA 通道描述符如表 6-3 所示。

表 6-3 DMA 通道描述符

偏 移 量	说 明
+0x0	保留
+0x4	源数据末端地址

续表

偏 移 量	说 明
+0x8	目标数据末端地址
+0xC	至下一个描述符的链接

可以看到，DMA 通道的描述符主要包括三个参数，源数据末端地址、目标数据末端地址以及至下一个描述符的链接，这三个地址都只是存储器地址，可指向器件上的任何有效地址，可以是寄存器地址，也可以是内存地址。需要特别指出的是，DMA 描述符的源数据和目标数据的地址都是指读/写数据区域的末端地址，即源数据和目标数据的起始地址加上传输的数据长度（XFERCOUNT * SRCINC 或 DSTINC 定义的地址增量），最后一个参数“下一个描述符的链接”只有在链接传输时才使用。

对于上文提到的 DMA 通道描述符，当 DMA 通道接收到 XFERCOUNT 次的 DMA 请求或者触发时，初始描述符将会穷尽，传输结束。如果需要再次或者连续数据传输时，就需要再次手动设置 XFERCFG 寄存器，这样会大大影响传输的效率。于是，就有了 DMA 通道重载描述符，如表 6-4 所示，与普通的 DMA 通道描述符的区别在于其增加了 reload 的传输配置，这样会在描述符穷尽后，自动重新加载重载描述符中的传输配置内容到 XFERCFG 寄存器，等待 DMA 请求或者触发进行下一轮的数据传输，然后再在描述符穷尽时，重复此流程。

表 6-4 DMA 通道 reload 重载描述符

偏移量	说 明
+0x0	传输配置
+0x4	源数据末端地址。如果地址递增，则将指向最后一个源地址范围条目的地址。传输中使用的地址通过末端地址、数据宽度和传输大小计算
+0x8	目标数据末端地址。如果地址递增，则将指向最后一个目标地址范围条目的地址。传输中使用的地址通过末端地址，数据宽度和传输大小计算
+0xC	至下一个描述符的链接。如已使用，该地址必须为 16 字节的倍数（描述符的大小）

6.4.4 DMA 传输模式

1. 单次缓冲模式（Single Buffer）

这种模式主要用在 meomory 到 memory 的传输以及 MCU 外设偶尔的 DMA 传输状况下，仅需要使用如表 6-5 所示的初始通道描述符即可，需要针对每次传输手动进行设置。

表 6-5 DMA 通道描述符

偏移量	说　明
+0x0	保留
+0x4	源数据末端地址
+0x8	目标数据末端地址
+0xC	（不使用）

该传输模式会在 XFERCFG 寄存器中的 Reload 位为 0 时生效，当 DMA 通道接收到 DMA 请求或者触发时，将按照之前的配置执行一次或者多次的传输，然后在通道描述符穷尽时停止传输，在用户通过软件重新配置 XFERCFG 寄存器之前，任何的 DMA 请求和触发都将无效。

2. 乒乓传输模式（Ping-Pong）

乒乓传输是链接传输的一种特殊情况，使用场景也更为频繁。乒乓式传输会交替使用两个缓冲区，不论何时，其中一个缓冲区会正在被 DMA 控制器写入或者读出数据，而同时另一个缓冲区正在被 CPU 写入或者读取，两个缓冲区的交替由 DMA 控制器和 CPU 操作，从而实现“无停顿”的数据高效传输。表 6-6 显示了从外设至存储器中两个缓冲区的乒乓式传输的描述符示例。

表 6-6　乒乓式传输操作的示例描述符：从外设到缓冲区

通道描述符	描述符 B	描述符 A
+0x0（不使用）	+0x0 缓冲区 B 传输配置	+0x0 缓冲区 A 传输配置
+0x4 外设数据末端地址	+0x4 外设数据末端地址	+0x4 外设数据末端地址
+0x8 缓冲区 A 存储器末端地址	+0x8 缓冲器 B 存储器末端地址	+0x8 缓冲区 A 存储器末端地址
+0xC 描述符 B 地址	+0xC 描述符 A 地址	+0xC 描述符 B 地址

在该示例的传输过程中，会首先使用通道描述符，在通道描述符穷尽时，数据将会保存到缓冲区 A 中，然后 DMA 控制器将会按照通道描述符 0xC 偏移地址指定的描述符 B 的地址自动加载描述符 B 的配置内容继续进行数据传输，并产生一个传输中断通知 CPU 缓冲区 A 的数据已经 ready 可用于处理。

紧接着，在描述符 B 穷尽后，DMA 控制器将会按照描述符 B 0xC 偏移地址指定的描述符 A 的地址自动加载描述符 A 的配置内容继续进行数据传输，并产生一个传输中断通知 CPU 缓冲区 B 的数据已经 ready 可用于处理。当描述符 A 穷尽时，将交替使用 2 个存储器缓冲区重复该流程，从而高效“无停顿”地完成数据的传输。

3. 交错式传输模式（Interleaved Transfers）

交错式传输模式的用途是在缓冲区中处理数据，在实现上主要是结合应用灵活配置通道传输配置寄存器 XFERCFGn 中的源地址增加值 SRCINC 和目的地址增加值 DSTINC 来实现与其他数据的交错。例如，如果来自多个外设的 4 个数据样本需要交错为单一数据结构，则可在 DMA 读入该数据的同时完成。如果将涉及的每个通道的 DSTINC 设置为 4 倍宽度，则在缓冲存储器中每行都可存储 4 个样本。DMA 依次将从外设读取的数据存储到下一个内存位置。同样，也可以反向实施该流程，用户可以使用 SRTINC 将缓冲区中的组合数据解除交错，并将其发送至多个外设或位置。DMA 交错式传输模式数据存储格式如图 6-2 所示。

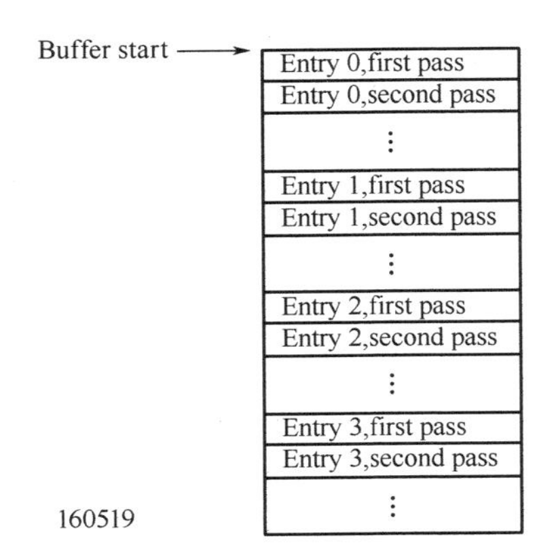

图 6-2 DMA 交错式传输模式数据存储格式

4. 链表传输模式 （Linked Transfers）

链表传输可使用任何数量的描述符定义复杂传输。可以对其进行配置，实现单个 DMA 请求或触发启动单次传输、乒乓传输以及按照整个描述符或整个链表结构传输。乒乓传输模式是链表传输的一个特例，不同之处在于，描述符 B 不能反向链接至描述符 A，但可以链接至其他不同的描述符。可以根据需要继续链接到下一个描述符，也可以在任何地方终止，或者链接至任何点，以重复描述符序列。当然，也可以通过软件更改当前未使用的任何描述符。

5. 通道链接模式（Channel Chaining）

以上的描述都针对使用单个 DMA 通道，而通道链接功能则需要至少两个通道，其允许在通道 x 上完成 DMA 传输，作为触发事件触发通道 y 上的 DMA 传输。例如在应用中，使用 DMA 通道 x 从 UART 读取 *n* 个字节至存储器，然后让 DMA 通道 y 将收到的字节发送至 CRC 引擎，整个执行过程不需要从 ARM 内核执行任何操作。

这种模式在应用中需要进行特别的配置，首先需要使用 DMA 触发多路复用寄存器 DMA_ITRIG_INMUX 选择 DMA 通道 y 的触发源为 DMA 通道 x；其次，设置 HWTRIGEN 位使能硬件触发，最后清除 TRIGTYPE 位和

TRIGGPOL 位，使能下降沿触发。

6.4.5 DMA 低功耗模式

LPC5411x DMA 支持在睡眠模式下和深度睡眠模式下运行。在睡眠模式下，DMA 可在不唤醒 CPU 的情况下操作和访问所有已使能的 SRAM 数据块，甚至在深度睡眠模式下，LPC5411x 也可以不用唤醒 CPU，而某些特定外设依然可以支持 DMA 服务。这些外设包括 Flexcomm 接口和 DMIC，其中 Flexcomm 接口主要是指支持 FIFO 功能的 USART、SPI 和 I2S 等外设。

Flexcomm 接口在深度睡眠模式，不唤醒 CPU 内核，进行 DMA 传输的过程与硬件唤醒寄存器 HWWAKE 和外设 FIFO 的配置有关系。在 CPU 进入深度睡眠模式进行 DMA 传输之前，需要设置三个选项，首先，置位 FORCEWAKE 避免在 MCU 进入深睡模式时供给外设的时钟被断掉，其次，置位 FCWAKE 使能外设的 FIFO 唤醒功能，最后，置位 WAKEDMA 避免在 DMA 传输完成前关闭外设的时钟。当这些外设的 FIFO 到达设定的阈值时，会临时使能 Bus 总线，此时 DMA 会将从外设的 FIFO 中的数据搬移到指定的 memory。

需要注意的是，这些唤醒仅是指 DMA 的唤醒，不是指 CPU 的唤醒，所以仅仅与外设 FIFO 的 TXLVL 设定的唤醒阈值有关，与外设 DMA 请求和中断并不直接关联。相关的配置主要是 FIFOCFG 寄存器的 WAKETX 位和 WAKERX 位，这使得器件能在不使能 TXLVL 中断的情况下，从低功耗模式（甚至深度睡眠模式，只要外设功能在该功耗模式下有效）下，仅唤醒 DMA，处理数据，然后返回睡眠模式。CPU 将保持停止，直到因为另一个原因唤醒为止，如 DMA 完成等事件。

6.5 DMA 模块的 SDK 驱动介绍

LPC5411x 系列芯片的 DMA SDK API 函数是对芯片底层硬件寄存器的封装，涵盖了 LPC5411x DMA 几乎所有的功能，并针对实际的典型应用提供了丰富的示例代码，方便用户快速上手应用，而将更多的精力放在用户应用程序的开发上，加快产品的开发速度。

SPI 模块的 SDK 驱动函数分为两大类：①DMA 模块的驱动函数；②DMA 与 DMIC 以及 Flexcomm 外设 USART/SPI/I2C 相关的驱动函数，第 2 类在相应的外设章节中有介绍，本章节不再赘述，下面重点介绍 DMA 模块本身的驱动函数。

DMA 模块的驱动函数主要实现了对 DMA 模块的初始化、通道传输参数配置、中断使能等几个方面，相关的驱动函数在 fsl_dma.h 文件中定义。DMA 模块驱动又包含两种类型的 API 驱动函数：基础功能 API（Functional API）和数据传输 API（Transactional API），基础功能 API 主要是对 DMA 特性/属性配置和数据传输触发相关的底层驱动函数，实现对 DMA 的初始化、通道触发以及状态获取的功能，适合几乎所有的应用场合，尤其是一些功能要求灵活、对代码大小以及执行效率要求比较高的场合。而数据传输 API 是一种更高阶的 API 函数，建立在基础功能 API 之上，对外设的操作以句柄 handle 为对象，适合有 Linux/Window 开发经验的用户使用。对于不习惯使用句柄 handle 操作方式的嵌入式工程来说，建议使用基础功能 API 函数，对于那些有 Linux/Window 开发经验的工程师来说，可以尝试使用数据传输 API。当然基础功能 API 和数据传输 API 也并是非独立的，两者可以结合在一起使用，能最大限度地简化代码，提高使用效率。

在介绍相应的驱动函数之前，此处有必要先介绍一下驱动函数用到的一些结构体，这些结构体主要是对 DMA 配置属性的抽象，方便用户根据应用灵活配置。用户只需要以该配置结构体作为参数，调用 DMA 的初始化函数即可完成对 DMA 模块的初始化配置。

1）DMA 通道描述符结构体

DMA 通道的描述符结构体主要包括四个参数：reload 的传输配置参数、源数据末端地址、目标数据末端地址以及至下一个描述符的链接。如前文提到的，此处 DMA 描述符的源数据和目标数据的地址都是指读/写数据区域的末端地址，而非起始地址，需要尤加注意。

```
typedef struct _dma_descriptor {
    uint32_t xfercfg;          /*!< Transfer configuration */
    void *srcEndAddr;          /*!< Last source address of DMA transfer */
    void *dstEndAddr;          /*!< Last destination address of DMA transfer */
    void *linkToNextDesc;   /*!< Address of next DMA descriptor in chain */
} dma_descriptor_t;
```

2）DMA 通道传输属性配置结构体

DMA 通道传输配置结构体用于配置 DMA 传输的属性，包括传输的数据宽度、源地址/目的地址偏移、传输次数、中断 IRQ 设置、当前描述符耗尽后是否自动 reload 新的通道描述符的设定以及执行软件触发。该函数会在每个通道的初始化和软件触发时被调用。

```
typedef struct _dma_xfercfg {
    bool valid;            /*!< Descriptor is ready to transfer */
    bool reload;    /*!< Reload channel configuration register after
                                        current descriptor is exhausted */
    bool swtrig;            /*!< Perform software trigger. Transfer if fired when 'valid' is
set */
    bool clrtrig;           /*!< Clear trigger */
    bool intA;              /*!< Raises IRQ when transfer is done and set IRQA status
register flag */
    bool intB;              /*!< Raises IRQ when transfer is done and set IRQB status
register flag */
    uint8_t byteWidth;   /*!< Byte width of data to transfer */
```

```
    uint8_t srcInc;         /*!< Increment source address by 'srcInc' x 'byteWidth' */
    uint8_t dstInc;         /*!< Increment destination address by 'dstInc' x 'byteWidth' */
    uint16_t transferCount;/*!< Number of transfers */
} dma_xfercfg_t;
```

3）DMA 模块传输配置结构体

DMA 模块传输配置结构体是对上面所述的 DMA 通道描述符结构体和 DMA 通道传输属性配置结构体的综合，另外加上使能/禁用外设 DMA 请求的设置。

```
typedef struct _dma_transfer_config
{
    uint8_t             *srcAddr;       /*!< Source data address */
    uint8_t             *dstAddr;       /*!< Destination data address */
    uint8_t             *nextDesc;      /*!< Chain custom descriptor */
    dma_xfercfg_t       xfercfg;        /*!< Transfer options */
    bool                isPeriph;       /*!< DMA transfer is driven by peripheral */
} dma_transfer_config_t;
```

4）DMA 句柄配置结构体

该结构体包括 DMA 中断回调函数、回调函数参数、DMA 通道号的设定，会在使用 DMA 数据传输 API 以句柄为对象进行数据传输时被调用。

```
typedef struct _dma_handle
{
    dma_callback callback;   /*!< Callback function. Invoked when transfer
                                  of descriptor with interrupt flag finishes */
    void *userData;          /*!< Callback function parameter */
    DMA_Type *base;          /*!< DMA peripheral base address */
    uint8_t channel;         /*!< DMA channel number */
} dma_handle_t;
```

1. 基础功能 API 函数介绍

正如前面提到的，基础功能 API 主要是对 DMA 特性/属性配置和数据传输触发相关底层驱动函数，实现对 DMA 的初始化、中断使能、通道触发以及状态获取的功能，基础功能 API 各个函数和功能描述说明如表 6-7 所示。从函数名称可以看到基础功能 API 更接近于芯片底层，参数比较简单，所以适用于一些功能要求灵活、对代码大小以及执行效率要求比较高的场合。

表 6-7　DMA 基础功能 API 函数列表

DMA 基础功能 API 函数原型	函数功能描述
void DMA_Init (DMA_Type * base)	DMA 初始化
void DMA_Deinit (DMA_Type * base)	DMA 反向初始化
static bool DMA_ChannelIsActive (DMA_Type * base,uint32_t channel)	判断 DMA 通道是否有效
static void DMA_EnableChannelInterrupts (DMA_Type * base,uint32_t channel)	Enable 特定 DMA 通道的中断
static void DMA_DisableChannelInterrupts (DMA_Type * base, uint32_t channel)	Disable 特定 DMA 通道的中断
static void DMA_EnableChannel (DMA_Type * base,uint32_t channel)	Enable DMA 通道
static void DMA_DisableChannel (DMA_Type * base,uint32_t channel)	Disable DMA 通道
static void DMA_EnableChannelPeriphRq (DMA_Type * base,uint32_t channel)	Enable DMA 通道的外设请求
static void DMA_DisableChannelPeriphRq (DMA_Type * base,uint32_t channel)	Disable DMA 通道的外设请求
void DMA_ConfigureChannelTrigger (DMA_Type * base,uint32_t channel,dma_channel_trigger_t * trigger)	配置 DMA 通道的触发类型
uint32_t DMA_GetRemainingBytes (DMA_Type * base,uint32_t channel)	获取 DMA 通道未传输字节数
static void DMA_SetChannelPriority (DMA_Type * base,uint32_t channel,dma_priority_t priority)	设定 DMA 通道的优先级
static dma_priority_t DMA_GetChannelPriority (DMA_Type * base,uint32_t channel)	获取 DMA 通道的优先级

2. 数据传输 API 函数介绍

数据传输 API 各个函数和功能描述说明如表 6-8 所示，它是一种更高阶的 API 函数，建立在基础功能 API 之上，对外设的操作以句柄 handle 为对象，参数相对复杂，适合于有 Linux/Window 开发经验的用户使用。

表 6-8 SPI 数据传输 API 函数列表

SPI 数据传输 API 函数原型	函数功能描述
void DMA_CreateDescriptor (dma_descriptor_t * desc,dma_xfercfg_t *xfercfg,void * srcAddr,void * dstAddr,void * nextDesc)	创建 DMA 句柄方式传输描述符
void DMA_AbortTransfer (dma_handle_t * handle)	DMA 退出传输
void DMA_CreateHandle (dma_handle_t * handle,DMA_Type * base,uint32_t channel)	创建 DMA 传输句柄
void DMA_SetCallback (dma_handle_t * handle,dma_callback callback,void * userData)	设定 DMA 句柄回调函数
void DMA_PrepareTransfer (dma_transfer_config_t * config,void * srcAddr,void * dstAddr,uint32_t byteWidth,uint32_t transferBytes,dma_transfer_type_t type,void * nextDesc)	DMA 传输参数设定
status_t DMA_SubmitTransfer (dma_handle_t * handle,dma_transfer_config_t * config)	提交 DMA 传输配置，会调用 DMA_CreateDescriptor
void DMA_StartTransfer (dma_handle_t * handle)	启动 DMA 传输，软件触发
void DMA_HandleIRQ (void)	DMA 中断处理函数

6.6 实例：从 DMA Memory 到 Memory 的数据传输

为方便客户快速上手应用，LPC SDK 代码中针对 DMA 模块提供了丰富的示例代码，包括 memory 到 memory 以及 USART/SPI/I2C/DMIC 与 DMA 结合的例子。本章以使用 DMA 完成完成 memory 到 memory 的数据传输为例讲解 LPC5411x 芯片 DMA 的使用。

6.6.1 环境准备

1）实验描述

在本实验中用到了 SYSCON、Flexcomm、USART 以及 DMA 模块，演示了如何使用 DMA 的驱动函数完成 memory 到 memory 的数据传输，在代码中利用 DMA 从源地址搬移 4 个 32bit 数据到目的地址，然后再通过串口打印搬移结果。

2）硬件电路设计

本例程中 DMA 的操作都是在芯片内部内存之间的操作，和外部电路没有关系。

6.6.2 代码分析

本实例的程序设计所涉及的软件结构如表 6-9 所示，主要程序文件和功能说明如表 6-10 所示。

表 6-9 软件设计结构

<table>
<tr><td colspan="4">用户应用层</td></tr>
<tr><td colspan="4">main.c</td></tr>
<tr><td colspan="4">CMSIS 层</td></tr>
<tr><td>Cortex-M4 内核外设访问层</td><td colspan="3">LPC5411x 外设 SDK 驱动</td></tr>
<tr><td>core_cm4.h
core_cmfunc.h
core_cminstr.h</td><td>启动代码
system_LPC54114_cm4.s</td><td>内部寄存器头文件
fsl_device_registers.h</td><td>System 初始化
system_LPC54114_cm4.c
system_LPC54114_cm0plus.c</td></tr>
<tr><td colspan="4">硬件外设层</td></tr>
<tr><td>时钟控制驱动库</td><td>打印 UART 串口</td><td>引脚链接配置驱动库</td><td>GPIO 模块配置驱动库</td></tr>
<tr><td>clock_config.c/clock_config.h
fsl_clock.c/fsl_clock.h</td><td>fsl_debug_console.c
fsl_debug_console.h</td><td>pin_mux.c
pin_mux.h</td><td>fsl_gpio.c
fsl_gpio.h</td></tr>
<tr><td>Flexcomm 外设驱动库</td><td>DMA 外设驱动库</td><td></td><td></td></tr>
<tr><td>fsl_flexcomm.c
fsl_flexcomm.h</td><td>fsl_dma.c
fsl_dma.h</td><td></td><td></td></tr>
</table>

表 6-10　程序设计文件功能说明

文件名称	程序设计文件功能说明
main.c	用户程序，DMA 初始化以及数据操作的主程序
fsl_dma.c	公有程序，DMA 外设模块驱动库
fsl_flexcomm.c	公有程序，flexcomm 外设驱动库
clock_config.c	公有程序，时钟控制驱动库
pin_mux.c	公有程序，引脚配置驱动库
fsl_gpio.c	公有程序，GPIO 设置驱动库
fsl_debug_console.c	公有程序，打印串口驱动代码
system_LPC54114_cm4.s	启动代码文件

从表 6-10 中可以看到，只有 main.c 文件是用户程序，其他的代码文件大都是公有程序，用户可以直接调用这些函数来完成个性化的应用，下面就以用户程序为对象来分析实际应用中对 SDK DMA 驱动代码的调用关系。

在对以上实验目的、硬件连接以及代码结构有认识之后，我们从 main 函数开始分别讲解 DMA 触发和传输的顺序。在 main 函数中，首先完成芯片内部时钟初始化、USART 外部引脚初始化、USART 模块输入时钟选择和打印串口初始化等预备工作，然后调用 DMA 相关的 API 初始化和配置传输通道，并使能软件触发操作，完整的主体如代码清单 6-1 所示。

代码清单 6-1

```
int main(void)
{
    uint32_t srcAddr[BUFF_LENGTH] = {0x01,0x02,0x03,0x04};   /*DMA 源数据*/
    uint32_t  destAddr[BUFF_LENGTH]  =  {0x00,0x00,0x00,0x00};         /*DMA 目标
数据*/
    uint32_t i = 0;
    dma_transfer_config_t transferConfig; /*声明 DMA 传输结构体*/

    /* attach 12 MHz clock to FLEXCOMM0 (debug console)*/
    CLOCK_AttachClk(kFRO12M_to_FLEXCOMM0);/*选择 UART 时钟源,选择 FRO
```

```
12M 作为输入

        BOARD_InitPins(); /*初始化 USART0 使用的引脚*/
        BOARD_BootClockRUN(); /*初始化芯片时钟主时钟为 48M,并设置 FLASH 等待周期*/
        BOARD_InitDebugConsole(); /*初始化打印输出所用到的 USART0*/
        /* Print source buffer */
        PRINTF("DMA memory to memory transfer example begin.\r\n\r\n");
        PRINTF("Destination Buffer:\r\n");
        for (i = 0;i < BUFF_LENGTH;i++)
        {
            PRINTF("%d\t",destAddr[i]);
        }
        /* Configure DMA one shot transfer */
        DMA_Init(DMA0);     /*初始化 DMA,使能 DMA 模块*/
        DMA_EnableChannel(DMA0,0);    /*使能 DMA 通道 0,作为传输的通道*/
        DMA_CreateHandle(&g_DMA_Handle,DMA0,0); /*创建 DMA 句柄*/
        DMA_SetCallback(&g_DMA_Handle,DMA_Callback,NULL);/*设定 DMA 传输完成的回调函数*/
        DMA_PrepareTransfer(&transferConfig,srcAddr,destAddr,sizeof(srcAddr[0]),sizeof(srcAddr),kDMA_MemoryToMemory,NULL);    /*根据用户参数组合成 transferConfig 供下文调用*/
        DMA_SubmitTransfer(&g_DMA_Handle,&transferConfig);/*将 transferConfig 结构体中的参数配置到 XFERCFG 寄存器*/
        DMA_StartTransfer(&g_DMA_Handle); /*置位 SWTRIG,触发 DMA 启动一次数据传输*/
        /* Wait for DMA transfer finish */
        while (g_Transfer_Done != true) /*等待传输完成*/
        {
        }
        /* Print destination buffer */
        PRINTF("\r\n\r\nDMA memory to memory transfer example finish.\r\n\r\n");
        PRINTF("Destination Buffer:\r\n");
        for (i = 0;i < BUFF_LENGTH;i++)
        {
          PRINTF("%d\t",destAddr[i]);    /*打印输出传输结果*/
        }
        while (1)
```

```
        {
        }
    }
```

本例程只是实现了内存到内存的数据传输，整个过程比较简单，用户可以根据实际应用灵活配置传输的属性、完成数据初始化的流程可以借鉴。如果在应用中用到 Flexcomm 外设（USART、SPI、I2C、I2S）或者 DMIC 与 DMA 的结合完成数据的传输，用户也可以在对应模块的例程代码中找到相应的例程，以 DMIC 为例，在以下目录下可以找到 dmic_dma 的例子，用户可以直接在 demo 上修改，以最快的时间完成初步的功能验证。xxx\SDK_2.0_LPCXpresso54114\boards\lpcxpresso54114\driver_xamples\dmic。

6.6.3 实验现象

将 USB 线插到标注有 CN1 EMUL 的 USB 接口，打开串口调试助手，找到对应的虚拟串口，并配置为“115200 8-N-1”。将编译好的 DMA 示例程序 memory_to_memory 下载到开发板，单击运行程序，即可看到串口助手打印出如图 6-3 所示的信息。

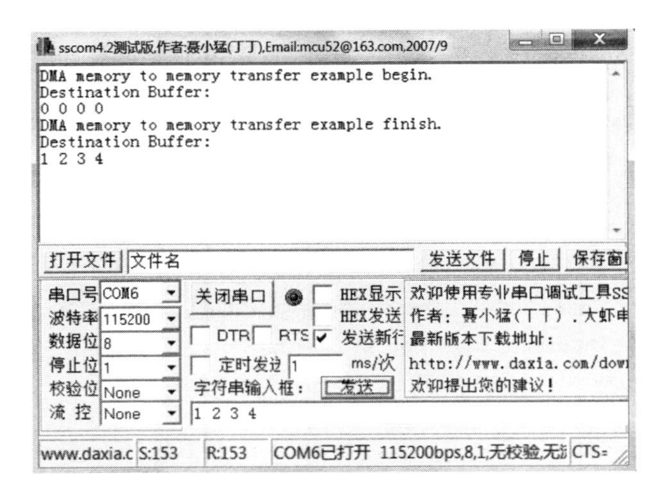

图 6-3 DMA memory_to_memory 代码运行结果

6.7　小结

本章首先介绍了 LPC5411x 系列微控制器的 DMA 外设的特性、内部框图和相关的外部引脚，并对 LPC5411x DMA 的几个概念，如请求源和触发源、传输描述符、传输模式、低功耗模式等与实际应用息息相关的技术细节进行了全面讨论，让读者对 LPC5411x 系列微控制器的 DMA 硬件和工作机制有个深入的认识。然后重点介绍了 LPC5411x SDK 驱动代码库中 DMA 相关的驱动函数，包括基础功能 API 和数据传输 API，两种驱动 API 函数的区别以及应用场合。最后以 DMA memory 到 memory 数据传输的实例为对象，按照例程代码的执行流程对代码进行了剖析，并运行代码给出实验结果。

第 7 章
Chapter 7

ADC 数模转换器原理与应用

模数转换器（Analog-to-Digital Converter，ADC）是指将连续化的模拟信号转换为离散的数字信号的器件/电路。ADC 是人类实现数字化的先锋，随着数字化技术和计算机技术飞速发展和广泛应用，信息的传输、处理和存储都是数字化的，而来自自然界的物理量往往是模拟的，这就需要进行模数转换，即 ADC。A/D 转换器随着数字化进程也经历了多次的技术革新，目前常见的 ADC 有：

（1）逐次逼近型；

（2）积分型；

（3）压频变换型；

（4）流水型；

（5）∑-Δ 型；

（6）并行比较型。

它们各有其优缺点，能满足不同的应用场合的使用。逐次逼近型、积分型、压频变换型等，主要应用于中速或较低速、中等精度的数据采集和智能仪器中。流水型 ADC 主要应用于高速情况下，如视频信号量化及高速数字通信技术等领域。∑-Δ 型 ADC 主要应用于高精度数据采集特别是数字音响系统、多媒体等电子测量领域。微控制器一般采用逐次逼近型（因其低功耗，小尺寸等优点），本章主要介绍此类型 ADC。

7.1　逐次逼近型 ADC 工作原理和过程

逐次逼近型 ADC，就是将输入模拟信号与不同的参考电压作多次比较，使转换所得的数字量在数值上逐次逼近输入模拟量对应值。基本原理如下：

开始转换时，首先将寄存器最高位置成 1（当然，要先保证寄存器清零），这样输出数字为 100…0。这个数被数模转换器 DAC 转换成相应的电压 Udac，送到比较器中与采样到的输入电压 Ui 进行比较。若 Udac > Ui，则将最高位的 1 清除；若 Udac < Ui，则将最高位的 1 保留。然后，将次高位置为 1，逐次比较下去，依此方式，一直到最低位为止。比较完毕后，寄存器中的值就是所要求的数字量输出。

ADC 转换一般分为采样、保持、量化、编码这 4 个过程。在实际电路中，这些过程有的是合并进行的，例如，采样和保持，量化和编码往往都是在转换过程中同时实现的。采样是按一定时间周期对输入模拟信号进行抽样，形成离散的模拟信号；保持是指将此瞬时采样到的信号保持一定时间不变；量化是将采样/保持的模拟信号电压以近似的方式归化到相应的离散电平上，即数字化；编码即将量化的数字信号以二进制代码表示出来，此代码即 ADC 转换输出的数字量。

众所周知，任何一个数字量的大小只能是某个规定的最小数量单位的整数倍。量化过程中所取的最小数量单位称为量化单位，它是数字信号最低位为 1 时所对应的模拟量，即 1LSB。在量化过程中，因为采样电压往往不是量化单位的整数倍，这就不可避免地存在误差，此误差称为量化误差。它是原理性误差，无法消除。ADC 支持的位数越多，则量化误差越小。

7.2 ADC 数模转换器常用性能指标

对于 MCU 的应用，ADC 有以下常用的性能指标：

（1）分辨率，指数字量变化一个最小量时模拟信号的变化量。通常以 ADC 的位数表示。

（2）转换速率（Conversion Rate），指完成一次从模拟到数字转换所需时间的倒数。通常也称为采样速率。

（3）测量范围，即 ADC 正负参考电压的差值。

（4）精度（误差），一般 MCU 数据手册会提供以下与 ADC 精度有关的误差指标：

① 偏移误差（Offset Error），指 A/D 转换器理想的第一个代码转换点和实际代码转换点之间的电压差值，也称为失调误差。

② 增益误差（Gain Error），指理想的斜率（从零值到满量程范围）与实际所得的斜率（测量的零值到满量程范围）之间的偏差。

③ 微分线性/非线性误差（Differential Linearity Error），指实际码元宽度（两相邻输出码间隔，也称为步距）与理想码宽的差值。它揭示了一个输出码与其相邻码之间的间隔。

④ 积分非线性误差（Integral Non-linearity Error），表示在偏移误差和增益误差调整后，ADC 器件在所有的数值点上对应的理论值和真实值之间误差最大的那一点的误差值。

偏移误差和增益误差可以通过软硬件进行校正。积分非线性误差是所有代码非线性误差的累计效应，在 MCU 的选型和应用中，考虑测得值的实际精度（分辨率/量化误差反映的是理论精度），故主要关注积分非线性误差。

在 MCU 中，对于 ADC 选型和应用，还有其他和 ADC 本身相关的指标需要考虑，如通道数和接口等。这需要根据实际应用作一个整体的评估，不同的应用可能关注的侧重点不一样。而对于模数转换整体性能，则除了考察 ADC 本身，还有相关的因素，如待测信号源等。

7.3 ADC 特性和内部框图

7.3.1 ADC 特性

ADC 的特性如下。

- 12 位逐次逼近型模数转换器。
- 最多 12 路复用输入引脚。
- 测量范围：VREFN 至 VREFP（3V 典型值，不超过 VDDA 电压电平）。
- 5MHz 的转换率/12 位分辨率。通过降低分辨率，可以得到更高转换率，这可配置。
- 两个具有独立触发的可配置转换序。
- 用于单个或多个输入的突发转换模式。
- 同步或异步操作。异步操作可提供选择 ADC 时钟频率的最大灵活性，同步模式可实现最小触发器延迟并可消除不确定性和抖动以响应触发器。ADC 时钟频率最大为 80MHz。
- 温度传感器可连接到 ADC 通道 0，作为其输入。

7.3.2 ADC 内部框图

LPC5411x ADC 内部功能框图如图 7-1 所示。

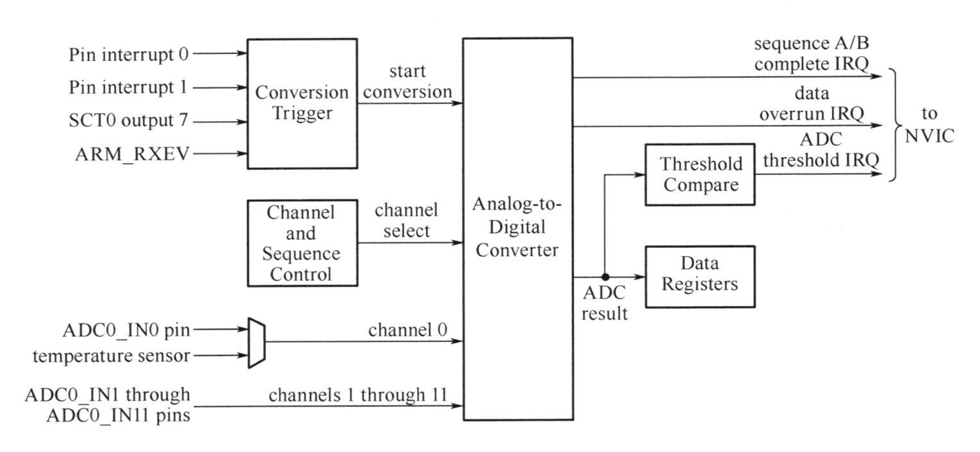

图 7-1　ADC 内部功能框图

此功能框图的中间位置是 LPC5411x ADC 的核心部分，即 A/D 转换器。左边是输入，右边是输出。输入部分包含硬件转换启动触发（包含引脚中断 0/1、SCT0 输出通道 7 和 ARM 核的 ARM_TXEV 信号输入）、通道和序列控制以及通道输入（包括温度传感器的信号复用输入）。输出部分有 ADC 转换结果输出到数据寄存器、中断请求信号产生（包括序列 A/B 的完成中断、数据溢出中断和阈值比较中断）。

这样，LPC5411x ADC 最基本的工作过程就是在选择通道和序列后，由硬件触发（也可以是软件触发）启动转换，转换后将结果输出存入数据寄存器中，同时也可以产生中断信号（如果使能了相应中断的话）。

7.4 ADC 外部引脚描述

ADC 可以测量模拟输入通道上任意输入信号的电压。它涉及的引脚，包括模拟供电电压和基准引脚，模拟输入通道引脚和硬件转换触发引脚。关于 ADC 通用电源和基准引脚的说明如表 7-1 所示。

表 7-1　ADC 通用电源和基准引脚

引　　脚	说　　明
VDDA	模拟供电电压。VREFP 不得超过 VDDA 上的电压电平。如果没有使用 ADC，应该将此引脚连接至 VDD（不要悬空）。备注：供电电压 VDD 必须等于 VDDA
VSSA	模拟接地。如果没有使用 ADC，应该将此引脚连接至 VSS （不要悬空）
VREFP	正基准电压。要以最大采样率在规格范围内操作 ADC，请确保 VREFP = VDDA。如果没有使用 ADC，应该将此引脚连接至 VDD （不要悬空）。 备注：对于一些封装/器件型号，VREFP 会在内部连接（不是通过引脚单独连接）至 VDDA
VREFN	负基准电压。电压电平通常应等于 Vss 和 Vssa。如果没有使用 ADC，应该将此引脚连接至 VSS（不要悬空）。 备注：对于一些封装/器件型号，VREFN 会在内部连接（不是通过引脚单独连接）至 VSSA
ADC0_0~ADC0_11	模拟输入通道 0～11
任意 port0/1 引脚	来自引脚中断 0 或 1 的触发输入
PIO1_4/ PIO1_14	来自 SCT0 output 7 的触发

7.5　ADC 功能说明

前面介绍 ADC 功能模块时提到，ADC 最基本的工作过程简单来说就是在选择通道和序列后，由软/硬件触发启动转换，转换后将结果输出存入数据寄存器中，同时也可以产生中断信号。现在展开一层具体介绍其基本过程及相关基本概念（想了解更多细节，请参阅 LPC5411x 用户手册）。希望读者通过此处 ADC 功能说明，能更好地理解 SDK 的实现。

7.5.1　ADC 时钟

ADC 时钟可以使用两种时钟源，ADC 时钟框图如图 7-2 所示。相应地，可以分为同步模式和异步模式。同步时钟模式即结合内部可编程分频器来使用系统时钟。此模式的优点在于确定性，即 ADC 采样启动总是跟随在任何 ADC 触发后固定数目的系统时钟之后。异步时钟模式是使用独立的时钟源。在此模式下，用户拥有更大的灵活性来选择 ADC 时钟频率以便更好地实现最大 ADC 转换速率，而不限制其他外设的时钟速率。使用这种模式的代价是在响应硬件触发方面具有更长延迟和更大的不确定性。

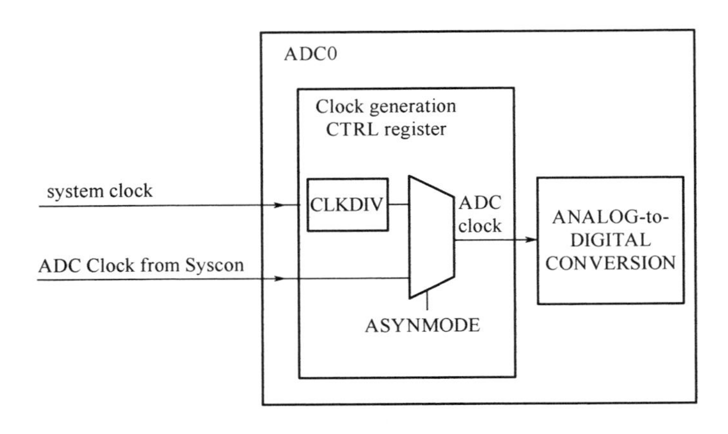

图 7-2 ADC 时钟框图

如 7.3.1 节 ADC 特性中提到，ADC 的转换率（转换时间）是和分辨率有关的，是可配置的。对于 12bit 分辨率，ADC 转换时间 = 15 个 ADC 时钟+采样周期（默认最小为 2.5 个 ADC 时钟）。而采样周期和很多因素有关，包括操作条件、ADC 时钟频率、分辨率和模拟信号源输出阻抗。具体可参阅 LPC5411x 用户手册的 ADC 章节。

7.5.2 转换序列

转换序列（conversion sequence）是理解 LPC5411x ADC 工作过程的关键概念。ADC 通道上的转换都是通过转换序列来进行的，转换序列是指在选定的一套 ADC 通道上执行的一系列转换，执行一次转换序列亦即遍历了一次在选定的一套 ADC 通道上执行的一系列转换。每次触发从选定了的最低次序的通道开始依次转换。LPC5411x 提供了 2 个独立的软件可配置的转换序列：A 序列和 B 序列。转换需要软/硬件触发来启动。

7.5.3　触发转换

启动转换序列的触发分为软件触发和硬件触发两类。

软件触发有两种方式：

（1）Start 位。在相应的寄存器（SEQn_CTRL）中设置 START 位，对其响应等同于该序列发生了一次硬件触发。

（2）突发模式。在寄存器（SEQn_CTRL）中设置 BURST 位，只要该位为 1，转换序列就会连续重复循环执行。该序列上一切新的软件或硬件触发都将被忽略。

硬件触发方式也可以在相关寄存器中进行配置，可选方式见 7.3.2 节内部框图提到的那样。

7.5.4　转换模式

转换模式有 3 种：

（1）默认模式。触发启动一次，执行一次转换序列的转换。

（2）单步骤（single-step）模式。每触发启动一次，依次执行下一个通道上的一次转换。这个转换序列中所有通道的转换都完成了，则随后的触发又会从第一个使能的通道开始新一轮转换。

（3）突发（burst）模式。触发启动一次，则持续不断地循环执行转换序列的转换。可以通过清除 BURST 位来停止此模式的转换，在转换被终止前，当前进行中的转换会先完成。

7.5.5 转换输出

转换输出涉及两个方面，一是转换结果的保存，二是转换结果的读取。

有两类寄存器来保存转换输出结果：

（1）序列全局数据寄存器。对应 2 个转换序列，包括 2 个寄存器，SEQA_GDAT 和 SEQB_GDAT。用来保存每个转换序列下最近一次完成的转换结果。

（2）通道数据寄存器。每个通道对应一个此寄存器，即 DAT[0：11]，它们保存的是每个 ADC 通道上最后一次完成的转换结果。

相应地，一般有以下两种读取数据的方式：

（1）在每次 ADC 转换结束后，通过序列全局数据寄存器读取结果。

（2）在整个转换序列完成后，通过通道数据寄存器来读取结果。

建议对于某个转换序列使用同一方式读取数据，不要中途改变方式。另外，通过序列全局数据寄存器来读取结果在结合 DMA 操作时很有用，特别是当所选通道不连续时，因为通道数据寄存器的地址是不连续的，这使得 DMA 引擎寻址很麻烦。

对于转换输出结果的读取，有 3 种常用的方式，即查询、中断和 DMA。这里主要介绍有关正常完成的中断和 DMA 方式。

（1）转换完成和序列完成中断。顾名思义，所谓转换完成中断是指当转换序列中每个 ADC 转换执行结束时，中断生效。序列完成中断是指整个转换序列完成时，中断生效。而这两个中断是可通过软件配置寄存器来二选一的，即两种中断方式不能同时使用。当选择转换完成中断，中断标志会反映到序列全局数据寄存器中，读取此寄存器会自动清除此中断标志位；而如果选择序列完成中断，必须向此中断标志位软件写 1 来清除它。

（2）对应于完成中断也可以通过 DMA 传送触发。DMA 触发产生条件和中断产生条件一样。当然，若使用 DMA，则相应中断必须禁能。对于 DMA 方式，只支持突发模式。

7.5.6　偏移误差校准

A/D 转换器包含内置自校准模式，可用于最大限度地减小偏移误差。对于不关注偏移误差的应用，也可以将其关闭。如果启用此模式，则必须在芯片上电（包括退出深度睡眠模式或深度掉电模式）后即执行校准周期，然后才能使用 ADC。

如果温度或电压操作条件发生变化（包括芯片较长时间处于低功耗模式），建议重新校准。如果 ADC 时钟速率发生变化，也应重新校准。

一次校准周期约需耗时 81 个 ADC 时钟。在校准期间，不可发动正常的 ADC 转换，且不可写入 ADC 控制寄存器。如果不需要偏移误差校准，应关闭它，然后再调用 AP 例程，以免浪费时间在不必要的校准周期上。

7.6　ADC 模块的 SDK 驱动介绍

ADC 模块的驱动函数相对还是比较简单的，对应于前面章节提到的基本功能，主要实现了对 ADC 模块的初始化、转换序列 A/B 的配置和使能、软/硬件触发、中断使能及标志获取、读取转换结果以及自我校准等。相关的驱动函数在 fsl_adc.h 文件中定义，有些只是单纯对寄存器的操作也以内联函数形式在此头文件中实现，如使能中断。而相对复杂的操作则在 fsl_adc.c 文件中实现。这两个文件与其他模块的驱动文件一样都放在\devices\ LPC54114\driver 路径下。

一般地，驱动部分除了实现驱动函数 API，都需要定义一些数据结构。

1. 数据结构

在驱动的实现中用到了结构体来表示相关数据，这些数据结构主要是对ADC配置属性的抽象，方便用户根据应用灵活配置。

1）ADC属性配置结构体

```
typedef struct _adc_config
{
    adc_clock_mode_t clockMode;              /*时钟模式*/
    uint32_t clockDividerNumber;             /*时钟分频数。仅用于同步时钟模式*/
    adc_resolution_t resolution;             /*转换位数*/
    bool enableBypassCalibration;            /*偏差误差校准机制开启或关闭*/
    uint32_t sampleTimeNumber;               /*采样时间数*/
} adc_config_t
```

2）ADC转换序列配置结构体

```
typedef struct _adc_conv_seq_config
{
    uint32_t  channelMask;/*转换序列中的通道掩码:bit0 对应于通道 0,bit1 对应于通道 1，依此类推;设置为 1 表示开启此通道*/
    uint32_t triggerMask;/*硬件触发源*/
    adc_trigger_polarity_t triggerPolarity;/*选中的硬件触发源极性*/
    bool  enableSyncBypass;/*使能或旁路触发同步(影响触发信号和转换启动间的时间)*/
    bool enableSingleStep;/*使能单步模式*/
    adc_seq_interrupt_mode_t interruptMode;/*正常完成时的中断或DMA方式:转换完成或序列完成*/
} adc_conv_seq_config_t;
```

这两个数据结构体在fsl_adc.h文件中定义。

2. API 函数

API 各个函数和功能描述说明如表 7-2 所示。

表 7-2　ADC API 函数列表

序号	函数名列表	函数功能描述
1	ADC_Init(ADC_Type *base,const adc_config_t *config)	初始化 ADC 模块
2	ADC_Deinit(ADC_Type *base)	取消初始化 ADC 模块
3	ADC_GetDefaultConfig(adc_config_t *config)	获取 ADC 模块初始化的默认配置值
4	ADC_DoSelfCalibration(ADC_Type *base)	做 ADC 自我校准
5	ADC_SetConvSeqAConfig(ADC_Type *base,const adc_conv_seq_config_t *config)	配置转换序列 A
6	ADC_SetConvSeqBConfig(ADC_Type *base,const adc_conv_seq_config_t *config)	配置转换序列 B
7	ADC_GetConvSeqAGlobalConversionResult(ADC_Type *base,adc_result_info_t *info)	从序列 A 全局数据寄存器获取转换结果
8	ADC_GetConvSeqBGlobalConversionResult(ADC_Type *base,adc_result_info_t *info)	从序列 B 全局数据寄存器获取转换结果
9	ADC_GetChannelConversionResult(ADC_Type *base,uint32_t channel,adc_result_info_t *info)	从通道数据寄存器获取转换结果
10	ADC_EnableTemperatureSensor(ADC_Type *base,bool enable)	使能内部温度传感器测量
11	ADC_EnableConvSeqA(ADC_Type *base,bool enable)	使能转换序列 A
12	ADC_DoSoftwareTriggerConvSeqA(ADC_Type *base)	软件触发启动序列 A 转换
13	ADC_EnableConvSeqABurstMode (ADC_Type *base,bool enable)	使能序列 A 突发模式
14	ADC_SetConvSeqAHighPriority(ADC_Type *base)	设置序列 A 为转换高优先级
15	ADC_EnableConvSeqB(ADC_Type *base,bool enable)	使能转换序列 B
16	ADC_DoSoftwareTriggerConvSeqB(ADC_Type *base)	软件触发启动序列 B 转换
17	ADC_SetThresholdPair0(ADC_Type *base,uint32_t lowValue,uint32_t highValue)	设置比较阈值对 0 的低、高阈值
18	ADC_SetThresholdPair1(ADC_Type *base,uint32_t lowValue,uint32_t highValue)	设置比较阈值对 1 的低、高阈值
19	ADC_SetChannelWithThresholdPair0(ADC_Type *base,uint32_t channelMask)	设置某个通道转换结果和比较阈值 0 的阈值进行比较

续表

序号	函数名列表	函数功能描述
20	ADC_SetChannelWithThresholdPair1(ADC_Type *base,uint32_t channelMask)	设置某个通道转换结果和比较阈值 1 的阈值进行比较
21	ADC_EnableInterrupts(ADC_Type *base,uint32_t mask)	使能 ADC 中断
22	ADC_DisableInterrupts(ADC_Type *base,uint32_t mask)	禁能 ADC 中断
23	ADC_EnableShresholdCompareInterrupt(ADC_Type *base,uint32_t channel,adc_threshold_interrupt_mode_t mode)	使能通道阈值比较中断
24	uint32_t ADC_GetStatusFlags(ADC_Type *base)	获取状态标志
25	ADC_ClearStatusFlags(ADC_Type *base,uint32_t mask)	清除状态标志

7.7 实例：使用 ADC 测量内部温度

为运行 ADC 实例，首先必须搭建好软硬件环境。

7.7.1 环境准备

1）硬件环境

- LPCXpresso54114 开发评估板；
- Micro USB 线；
- PC；
- 板子无须任何配置。因为所有实例都使用内部温度传感器作为通道输入，且采用软件触发方式（没有硬件触发输入），所以对于输入通道没有设计相关外围电路，只是在板子上预留 Arduino 扩展模拟接口。模拟电源 VDDA/VSSA 及基准电压 VREFP/VREFN 电路设计可参考 ADC 电源和基准电压电路设计图，如图 7-3 所示。

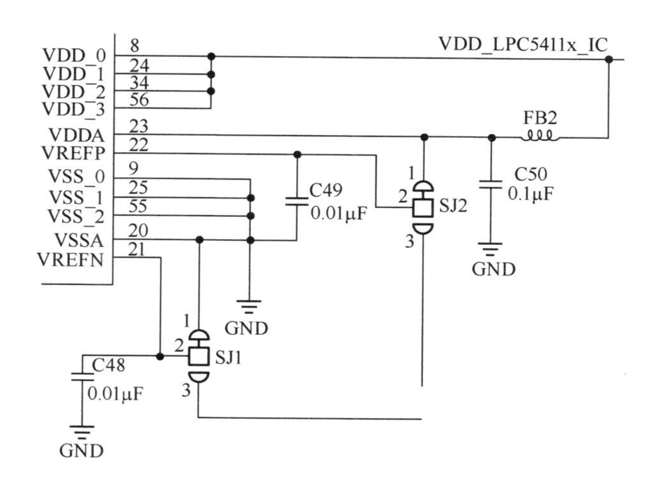

图 7-3　ADC 电源和基准电压电路设计图

2）软件环境

- MCUXpresso IDE；
- 串口调试/通信终端。

3）搭建运行环境

- 将 Micro USB 线连接 PC 和 LPCXpresso54114 开发评估板的 J7 USB 端口；
- 打开 PC 端串口终端 PuTTy，配置为 115200 baud rate + 8 data bits + 1 stop bit。

7.7.2　代码分析

为方便客户快速上手，LPC SDK 代码中针对 ADC 提供了丰富的示例代码，包括查询方式、突发模式、中断方式以及与 DMA 结合的例程。这些例程集中放在 SDK 软件包的\boards\lpcxpresso54114\driver_examples\adc 路径下，每个实例对应一个工程，共 4 个工程。可通过 MCUXpresso IDE 将这 4 个例程工程导入，每个例程工程下有个 doc 目录，其中有 readme.txt，此文档描述了当前例子实现了什么、运行环境配置及搭建以及运行结果。

下面具体介绍查询方式和中断方式实例是如何调用 ADC API 来实现的。更多细节，可以参阅相应的 SDK 开发包。

1. 查询方式

此实例工程名为：lpcxpresso54114_driver_examples_adc_lpc_adc_basic。例程实现在工程的 source 目录下的 fsl_adc_basic.c 中。从 main()函数开始解读，代码如下：

代码清单 7-1

```
int main(void)
{
    adc_result_info_t adcResultInfoStruct;
    /* Initialize board hardware. */
    /* attach 12 MHz clock to FLEXCOMM0 (debug console)*/
    CLOCK_AttachClk(BOARD_DEBUG_UART_CLK_ATTACH);
    BOARD_InitPins();//初始化引脚
    BOARD_BootClockFROHF48M();//配置主时钟为 48MHz
    BOARD_InitDebugConsole();//初始化调试串口
    /* Enable the power and clock for ADC. */
    ADC_ClockPower_Configuration();
    PRINTF("ADC basic example.\r\n");
    /* Calibration after power up. */
    if (ADC_DoSelfCalibration(DEMO_ADC_BASE))
    {
PRINTF("ADC_DoSelfCalibration()Done.\r\n");
    }
    else
    {
```

```
    PRINTF("ADC_DoSelfCalibration()Failed.\r\n");
      }
      /* Configure the converter and work mode. */
      ADC_Configuration();
      PRINTF("Configuration Done.\r\n");
      while (1)
      {
    /* Get the input from terminal and trigger the converter by software. */
    GETCHAR();
    ADC_DoSoftwareTriggerConvSeqA(DEMO_ADC_BASE);
    /* Wait for the converter to be done. */
while(!ADC_GetChannelConversionResult(DEMO_ADC_BASE,DEMO_ADC_SAMPLE_C
HANNEL_NUMBER,&adcResultInfoStruct))
    {
    }
    PRINTF("adcResultInfoStruct.result              = %d\r\n",adcResultInfoStruct.result);
        PRINTF("adcResultInfoStruct.channelNumber                              =
%d\r\n",adcResultInfoStruct.channelNumber);
       PRINTF("adcResultInfoStruct.overrunFlag                                 =
%d\r\n",adcResultInfoStruct.overrunFlag ? 1U :0U);
    PRINTF("\r\n");
      }
    }
```

实现过程：首先，Main()函数初始化板级硬件，包括相关引脚，主频和调试串口（这也是系统初始化通用流程）。之后，调用 ADC_ClockPower_Configuration()（此函数是在 fsl_adc_basic.c 中实现的）使能 ADC 相关 power（包括 ADC 本身，模拟电源，基准电压源和温度传感器的 power）

和时钟，接着在自我校准后，调用 ADC_Configuration()（此函数是在 fsl_adc_basic.c 中实现的，代码后面列举）进行 ADC 模块的配置。至此，相关初始化配置完成，开始在 while（1）循环中反复执行 ADC 触发转换和以查询方式读取转换结果并打印输出到串口调试终端。其过程如下：首先，为了方便演示，会等待使用者在 PC 键盘上输入任意按键以启动演示例程，这样当接收到从串口终端发过来的任意字节后，主函数通过软件触发 ADC 转换序列 A，然后查询等待转换结束并从通道数据寄存器读取结果。整个实现过程还是蛮简单的，这里，主要工作是根据应用做好 ADC 的初始化配置，这个过程反映在 ADC_Configuration()中。它的代码如代码清单 7-2 所示。

代码清单 7-2

```
static void ADC_Configuration(void)
{
    adc_config_t adcConfigStruct;
    adc_conv_seq_config_t adcConvSeqConfigStruct;
    /* Configure the converter. */
    adcConfigStruct.clockMode = kADC_ClockSynchronousMode;//使用同步时钟模式
    adcConfigStruct.clockDividerNumber = 1;                    //分频数为 2
    adcConfigStruct.resolution = kADC_Resolution12bit;         //分辨率 12bit
    adcConfigStruct.enableBypassCalibration = false;           //校准机制开启
    adcConfigStruct.sampleTimeNumber  =  0U;                   //采样时间为 2.5 个 ADC
时钟
    ADC_Init(DEMO_ADC_BASE,&adcConfigStruct);
    /* Use the temperature sensor input to channel 0. */
    ADC_EnableTemperatureSensor(DEMO_ADC_BASE,true);
    /* Enable channel 0's conversion in Sequence A. */
    adcConvSeqConfigStruct.channelMask = (1U << 0);//选择通道 0
    adcConvSeqConfigStruct.triggerMask = 0U;
```

```
        adcConvSeqConfigStruct.triggerPolarity = kADC_TriggerPolarityNegativeEdge;
        adcConvSeqConfigStruct.enableSingleStep = false;
        adcConvSeqConfigStruct.enableSyncBypass = false;
        adcConvSeqConfigStruct.interruptMode = kADC_InterruptForEachSequence;//序列完
成中断
        ADC_SetConvSeqAConfig(DEMO_ADC_BASE,&adcConvSeqConfigStruct);
        ADC_EnableConvSeqA(DEMO_ADC_BASE,true);
    }
```

2. 中断方式

此实例工程名为：lpcxpresso54114_driver_examples_adc_lpc_adc_interrupt。例程实现在工程的 source 目录下的 fsl_adc_interrupt.c 中。中断方式的主函数实现和查询方式大同小异（详情参见 fsl_adc_interrupt.c），就是在系统和 ADC 初始化配置完成后，增加了 ADC 序列 A 的中断的使能（调用 ADC_EnableInterrupts()和 NVIC_EnableIRQ()）。然后在等待转换结束标志全局变量 gAdcConvSeqAIntFlag 置位后，打印转换结果。即获取结果是在中断服务程序中完成的，此 ISR 也在 fsl_adc_interrupt.c 文件中实现。具体代码如代码清单 7-3 所示。

代码清单 7-3

```
    void DEMO_ADC_IRQ_HANDLER_FUNC(void)
    {
      if (kADC_ConvSeqAInterruptFlag == (kADC_ConvSeqAInterruptFlag &
                                        ADC_GetStatusFlags(DEMO_ADC_BASE)))
      {//如果使能的中断已产生(中断状态标志位置起),则从通道数据寄存器获取转换结果
       ADC_GetChannelConversionResult(DEMO_ADC_BASE,
                                      DEMO_ADC_SAMPLE_CHANNEL_NUMBER,
                                      gAdcResultInfoPtr);
       ADC_ClearStatusFlags(DEMO_ADC_BASE,kADC_ConvSeqAInterruptFlag);// 清除状
态位
```

```
    gAdcConvSeqAIntFlag = true;//置起转换结束标志全局变量
  }
}
```

7.7.3 现象描述

对于 ADC 查询方式的实例，编译链接成功，然后下载，按下复位键运行，串口终端打印出 ADC 查询方式实例运行初始界面，如图 7-4 所示。

```
COM15 - PuTTY
ADC basic example.
ADC_DoSelfCalibration() Done.
Configuration Done.
```

图 7-4 ADC 查询方式实例运行初始界面

接着，在 PC 键盘上按下任何键后，ADC 将通过内部温度传感器转换出内部温度值，所得结果相关信息将打印到串口终端，ADC 查询方式实例运行结果图如图 7-5 所示。

```
adcResultInfoStruct.result          = 762
adcResultInfoStruct.channelNumber = 0
adcResultInfoStruct.overrunFlag    = 0
```

图 7-5 ADC 查询方式实例运行结果图

对于中断方式的实例，下载运行后，串口终端打印出 ADC 中断方式实例运行初始界面，如图 7-6 所示。

```
ADC interrupt example.
ADC_DoSelfCalibration() Done.
Configuration Done.
```

图 7-6 ADC 中断方式实例运行初始界面

输入任意键后，串口终端打印 ADC 中断方式实例运行结果，如图 7-7 所示。

```
gAdcResultInfoStruct.result        = 677
gAdcResultInfoStruct.channelNumber = 0
gAdcResultInfoStruct.overrunFlag   = 0
```

图 7-7　ADC 中断方式实例运行结果

7.8　小结

本章首先介绍了微控制器广泛采用的逐次逼近型 ADC 的原理和工作过程以及常用的性能指标，然后说明了 LPC5411x 系列微控制器上内置的 ADC 控制器的特性、架构、引脚定义以及主要功能，最后列举了 SDK 开发包的 ADC 驱动函数用到的主要数据结构和 API，并详细分析了其中的两个 ADC 应用实例的实现，即采用查询方式和中断方式测量内部温度。

第 8 章
Chapter 8

USART 异步串行通信接口原理与应用

8.1 USART 控制器概述

对于所有嵌入式开发者来说，异步串行通信接口（Universal Synchronous Asynchronous Receiver Transmitter，USART）简称串口，是最基本的模块，也是每个开发者一定会使用到的功能。有资料统计表明，工程师在拿到一块新的开发板以后，除了 GPIO 以外，第一个要看的例程，一定是串口的例程，这也间接说明了串口的使用有多么的广泛。

在本章的最开始，我们简单再提一下串口的基本协议与原理。首先是 USART 的帧格式，在通信的过程中，数据线空闲时的状态为高电平“1”，串口通过发送一个“0”作为开始位表示数据开始发送，接着是若干位的数据位，其中可以包含奇偶校验位，在每一帧的最后，再发送 1 或 2 位的停止位表示一帧数据发送结束，具体如图 8-1 所示。

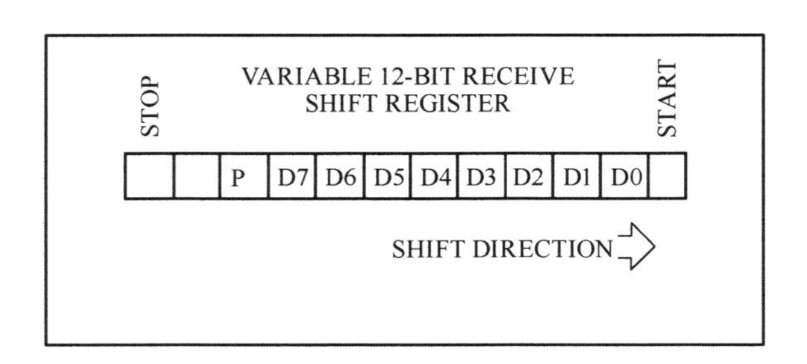

图 8-1 USART 的帧结构

说到 USART，就不能不提波特率，单位为 bps（bit per second），表示串行通信每秒传送数据的位数，常见的波特率为 9600，19200，38400，57600，115200 等。波特率越高，每位数据的时间长度越短，就越容易受到电磁干扰导致通信不可靠。当然，通信距离会导致信号的衰减，因此在用于短距离通信时可以适当提高波特率。这里有一个误区需要纠正一下，在实际应用中，我们用得最多的波特率就是 115200bps，很多工程师都认为这也就是串口最大的通信速率。实际上这种理解是完全错误的，在最新的一些 MCU 中，由于工艺、设计等技术的进步，波特率可以远远高于这个值，笔者在实际的项目中，波特率可以稳定工作在几兆 bps 下。

LPC5411x 系列 MCU 可通过配置支持最多 8 个 USART，在实际使用中，也是按照顺序配置数据长度、波特率等基本参数的。

8.2　USART 模块特性和内部框图

8.2.1　LPC5411x USART 特性

不同半导体厂商的 USART 模块，会有各自不同的特色，对于广大开发人员而言，大家一定会浏览一下相关外设的手册。我们简单地看一眼 LPC5411x 串口章节的用户手册，不难发现这个 USART 功能非常强大，例如：

- 支持 7、8、9 长度的数据位，支持 1、2 长度的停止位；
- 支持同步模式，包括主从操作，支持数据相位检测和连续时钟选项；
- 可以使能 RS-485 收发器输出功能；
- 软件配置可以支持过采样；
- 支持 RTS/CTS 硬件流控；
- 可以启用自动波特率检测模式；
- USART 的接收和发送都可以启用 DMA。

还有很多非常高级的功能，就不一一罗列了，对于大多数读者来说，可能最关心的还是基本的收发功能，8.5 节会详细说明。

8.2.2 LPC5411x USART 内部框图

图 8-2 是一个典型的 USART 内部功能框图。

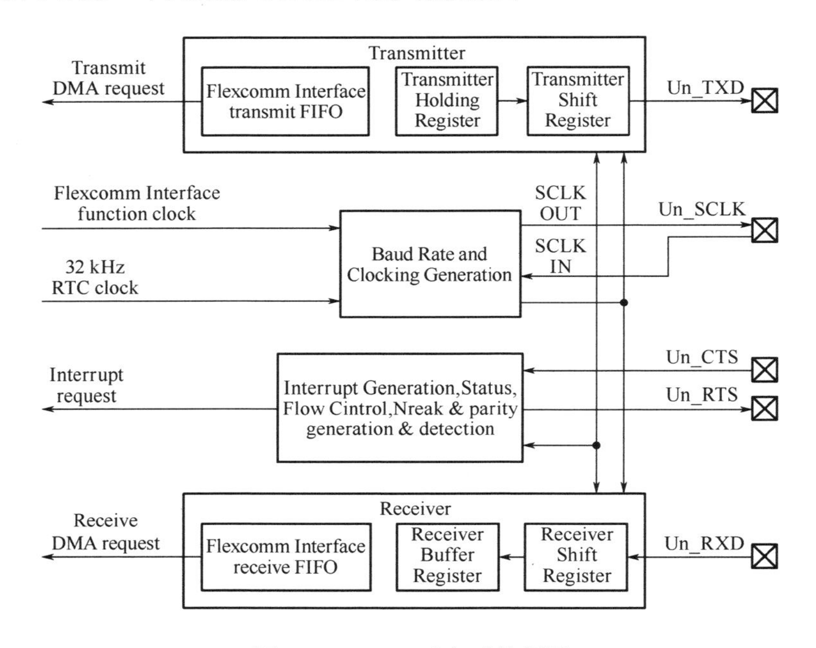

图 8-2 USART 内部功能框图

8.3 Flexcomm 接口概述

在讲解 LPC5411x 的 USART 之前，我们有必要先对 Flexcomm 做一下简要的说明。在 LPC5411x 的芯片设计中，所有的串行通信外设，比如 USART、SPI 等，都是通过 Flexcomm 这个简单的模块映射到芯片的物理管脚的，任何通信功能都绕不开 Flexcomm 的话题。本小节对 Flexcomm 做一个简单的介绍，方便读者能够快速领悟 USART 章节，以及后续的 SPI 等通信外设章节。

8.3.1　Flexcomm 功能说明

作为通信模块对外的输出，Flexcomm 提供了一个接口的功能，供开发者选择具体使用什么功能。每一个 Flexcomm 都从若干个可选择的外设功能中，提供一种外设选择，用户可以自行决定使用哪一个。举例来说，同样一个 Flexcomm，提供了若干个管脚可以使用，通常会有 USART、I2C 和 SPI 等外设，实际挂接到 Flexccomm 上面，在使用的时候，用户可以选择具体使用哪一个功能。

最后，有一点还要说明一下，在 LPC5411x 中，一共有 8 个 Flexcomm，因此最大支持 8 个独立功能的外设，其中有两个 Flexcomm 甚至支持 I2S 通信。

8.3.2　Flexcomm 内部框图

图 8-3 是 Flexcomm 功能框图。

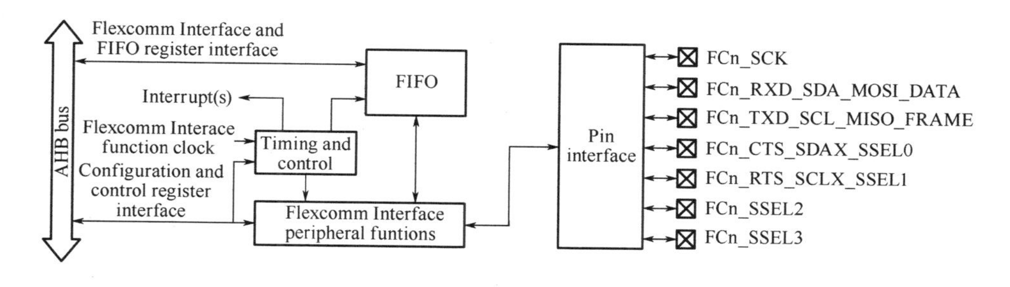

图 8-3　Flexcomm 功能框图

从图中可以简单看出，每一个 Flexcomm 复用了多个通信模块的功能，用户可以根据自己的需求，灵活配置。每一个 Flexcomm 中都会包含相关的寄存器，用来配置当前的 Flexcomm 具体使用哪一种外设的功能。关于具体的寄存器描述，本书不做具体的讲解，但在后面的 SDK 章节中，会结合例程，说明如何进行配置。

8.4 USART 外部引脚描述

8.4.1 USART 模块引脚功能定义

表 8-1 是 USART 外部引脚描述。在 LPC5411x 内部，USART 的各个信号在物理上可以灵活地分配给 Flexcomm 的各个接口，用户可以在使用时通过 IOCON 寄存器灵活配置，将 USART 各个信号分配至芯片的物理引脚。

表 8-1 USART 外部引脚描述

USART 信号名称	类型	物理引脚名称	说　明
TXD	O	FCn_TXD_SCL_MISO_WS	Flexcomm 接口 n 上的 USART 发送输出引脚
RXD	I	FCn_RXD_SDA_MOSI_DATA	Flexcomm 接口 n 上的 USART 接收输入引脚
RTS	O	FCn_RTS_SCL_SSEL1	Flexcomm 接口 n 上的请求发送引脚。在具有硬件流控的串口通信中，该引脚与对端设备的 CTS 相连，该信号有效表示目前能够接收数据，请求对端设备发送数据。在 RS-485 收发的应用中，这个信号也可以用来作为输出使能
CTS	I	FCn_CTS_SDA_SSEL0	Flexcomm 接口 n 上的清除发送引脚。该信号低有效。当对端设备拉低该信号，表示对端设备已经准备好接收数据了，此时 LPC5411x 的 USART 才会发送数据出去。在 LPC5411x 中，如果对面设备突然无效这个信号，USART 模块不会立即停止，会把当前正在发送的数据发送完成，然后再停下来等待 CTS 有效
SCLK	I/O	FCn_SCK	Flexcomm 接口 n 上的 USART 串行时钟信号。在 USART 同步模式下，会用到这个信号。 标注：当 USART 工作在同步模式下，并且作为主机时，此时 SCK 是输出，这种情况下该引脚必须实际连接到一个物理引脚上，否则 USART 不能正常工作

8.4.2　USART 引脚配置说明

8.4.1 节介绍了 USART 各个引脚的功能，但是在实际使用中，还有一个地方需要特别注意，那就是芯片引脚的物理配置。我们都知道，引脚有一些参数，如上下拉电阻、斜率控制等，这些如果配置不当，会导致串口不能正常地收发数据，引起误码。对于每一个嵌入式开发者来说，这里都需要特别的注意。

在 LPC5411x 中，与 USART 模块所有相关的引脚，都有一套推荐的配置，每一个配置都可以在 IOCON 寄存器中设置，具体如表 8-2 所示。

表 8-2　推荐的 USART 引脚设置

IOCON 位定义	引脚的配置	建议的设置
10	OD：开漏模式	设为 0，如果没有开漏的特殊要求，建议采用推挽输出
9	SLEW：斜率控制	设为 0，标准模式，使能斜率控制
8	FILTEROFF：输入毛刺滤波	设为 1，一般不需要这个功能
7	DIGIMODE：模拟/数字功能选择	设为 1，数字模式
6	INVERT：输入极性	设为 0，输入不反转
5	预留位	未使用，建议设为 0
4：3	Mode：管脚模式	建议设为 0，不使能内部上拉和下拉。但是如果管脚有可能浮空，也可以使能
2：0	FUNC：管脚功能	一定要注意，务必选择对应的管脚功能

8.5　USART 基本功能说明

经过上面的介绍，读者能够对 LPC5411x 的整个 USART 功能有一个大致的了解。但是这个串口确实很复杂，初次接触难免会认为有难度。对于一般的嵌入式开发人员来说，只需要了解最基本的几个点，模块初始化，波特率设置，串口收发工作逻辑，其他一些高级功能，可以在有实际需求的时候，再去查阅手册。

本书的目的是面向绝大多数读者，力争通过简短的篇幅，给读者呈现出基于串口使用的一般流程，使读者能够快速上手，快速完成串口主要功能的开发。

8.5.1 USART 模块初始化

前面已经提到，串口的通信协议，里面包含了很多不同的配置信息，比如数据位的长度，停止位的长度，是否启用奇偶校验，是否使用流量控制等。对于嵌入式开发稍微有些经验的工程师，应该都能猜到，对于任何封装的 SDK 来说，一定会提供相关的配置 API。LPC5411x 也不例外，SDK 会封装各种初始化的结构体，结构体的那些成员变量都是定义好的枚举类型，用来控制这些参数。后面章节，会结合代码呈现更详细的说明。

除了 USART 模块本身以外，USART 对外的物理连接是使用 Flexcomm 接口，因此也同样需要对 Flexcomm 进行初始化配置。Flexcomm 是所有通信模块的接口，除了 USART 外，SPI、I2C 等通信模块也使用 Flexcomm 对外连接，因此需要在 Flexcomm 中选择具体使用了哪个功能。

8.5.2 USART 的时钟源与波特率配置

USART 模块，利用了 Flexcomm 的时钟源，通过对这个时钟源进行分频，确定自己的工作频率，并计算波特率。USART 接口的时钟频率取决于输入 Flexcomm 接口时钟 FCLK 和 USART 内部分频寄存器的值。首先我们介绍最常用的场合，即异步模式正常波特率，实际的 USART 波特率 = [FCLK/（OSRVAL + 1）] /（BRGVAL + 1）。

首先是 Flexcomm 接口的时钟 FCLK，这个也就是 FCLK 的频率，直接决定了 USART 模块的工作时钟。在 LPC5411x 中，FCLK 可以在多种输入时钟里面选择，这可以通过 FCLKSELn[0：2]寄存器进行配置，每个具体选项的值和含义如表 8-3 所示。

表 8-3　FCLK 输入时钟源配置选项

FCLKSEL[0：2]的值	输入时钟源描述
0x0	FRO 12MHz（fro_12m）
0x1	FRO 96 或 48 MHz （fro_hf）
0x2	系统 PLL 输出 （pll_clk）
0x3	在 IOCON （mclk_in）中选定时，MCLK 引脚输入
0x4	FRG 时钟，小数速率发生器输出 （frg_clk）
0x7	无，不需要输出时可选择此值以降低功耗
	其他值都是保留设置

其次是芯片的波特率分频值 BRGVAL，这个值是表示对 FCLK 进行的分频，最大可以配置为 0xFFFF。还有过采样选择值 OSRVAL，这个是在异步模式下利用过采样减少误码率的方法，最大值为 0xF。这两个值都是芯片内部直接的寄存器，具体细节读者可以查阅芯片的手册。

除了异步模式，LPC5411x 的 USART 也支持同步模式，在同步模式下，波特率计算公式稍有不同，波特率为 FCLK /（BRGVAL + 1）。

此外，LPC5411x 的串口，还有一些其他的工作模式，比如不使用 FCLK 而是采用 32kHz 的 RTC 时钟作为时钟源，时钟的小数倍分频等。限于篇幅，本书不做详细的说明，具体细节读者可以查阅 LPC5411x 的芯片手册。

通过上面的分析，波特率的配置方法也很清楚了。最后需要说明的一点是，各位工程师实际在利用 SDK 的开发过程中，并不需要对寄存器级别的底层结构非常清晰，也不需要对 USART 各种时钟模式非常清楚。LPC5411x 的 SDK 在这里做了很好的封装，提供了一个统一函数供开发者调用，其中一个输入参数就是波特率，用户在使用时直接传入需要的波特率值即可，比如

115200。SDK 的底层代码会自动去获取当前的 USART 工作状态，并计算各个寄存器应该填什么值，从而完整波特率的设置。这点大大减少了开发的工作量，具体的函数调用方法，会在后面结合实验内容，详细分析。

8.5.3 收发控制

首先从串口最基本的原理说起，无论描述得多么天花乱坠，都不外乎这个最基本的功能，即发送时，把写在寄存器中需要发送的数据转换成单线的输出；接收时，把外部单线输入的数据，转换成整个数据块，呈现在寄存器中，供用户读取。

与此相对应，USART 也一定会有状态寄存器，发送时能够查询发送寄存器是否为空，写进去待发送完成的数据是不是发送完成；接收时能够查询，当前是否有数据可以接收，接收缓存是不是已经满了。对于程序来说，所做的工作就是查询各个状态寄存器的值，同时读/写收发寄存器的值。

LPC5411x 的 USART 也不例外，如图 8-2 所示，USART 内部通过两个移位寄存器完成数据的发送和接收，波特率产生器负责时钟的处理，以及过采样。LPC5411x 的 USART 通过 STAT 寄存器查询各种状态，FIFOWR 寄存器将写入的数据发送出去，FIFORD 寄存器用来读取接收到的数据。这里也同样说明，USART 的所有收发控制及状态维护，都是使用 SDK 中提供的函数来实现的，本书将着重 SDK 的函数说明，而不会具体分析这些寄存器的读/写。

8.5.4 低功耗模式下 USART 的唤醒

LPC5411x 的 USART 还提供了一个非常实用的功能，可以通过 USART 将整个系统从低功耗模式中唤醒。这是一个非常有用，并且在很多场合大量使用的功能。在实际的项目中，很多时候整个系统都是处在低功耗模式下，直到某些事件触发，进而唤醒整个系统。在这样的使用背景下，USART 作为唤醒源，是一个很好的选择。

LPC5411x 有多种低功耗模式，其中 USART 可以从 Sleep 和 deep sleep 两种模式中唤醒整个系统。在 sleep 模式下，sleep 模式属于睡得比较浅的模式，唤醒也比较容易。所以在 sleep 模式下，任何 USART 中断都能唤醒整个系统。配置 USART 从 sleep 模式唤醒的步骤只有两步：首先需要在内核的 NVIC 中使能整个 USART 的中断，然后再具体使能相关的中断，比如发送缓存空，接收缓存满等。

在 deep sleep 模式下，由于 USART 的主时钟 FCLK 是关闭的，所以唤醒相对来说会复杂一些。如果确实是使用 FCLK 作为 USART 模块的时钟源，那么只有在同步模式下，并且 USART 工作在从机状态下，才可以唤醒。此时尽管没有时钟源，但是 USART 收到主机发来的信号后，仍然可以产生中断，只要主机发送了数据，最多一个 Byte 的数据可以接收到，并且在 RXDAT 寄存器中可以读取。后续的中断就会进一步唤醒整个系统，最常见的情况就是收到了起始位，或者接受到了完整的数据。

还有一种情况是 USART 也可以使用 32 kHz 的 RTC 时钟作为时钟源，此时在 deep sleep 模式下，USART 的时钟源没有关闭，因此在异步模式下，USART 仍然可以正常工作，并且产生中断。

8.6　USART 模块的 SDK 驱动介绍

LPC5411x 系列芯片的 USART SDK 函数是对芯片底层硬件寄存器的封装，涵盖了 LPC5411x USART 外设所有的相关功能，并针对实际的典型应用提供了丰富的示例代码，方便用户快速上手应用。直接使用 SDK 进行开发，能够让用户将更多的精力放在用户应用程序的开发上，加快产品的开发速度，而不用浪费大量的时间去研究每个寄存器具体的描述，也方便了不同平台之间的代码移植。

根据 USART 模块的 SDK 驱动函数功能和实现方法的不同，可以把 USART 的所有函数分为三大类：①USART 模块的基础功能 API 驱动函数；②USART 模块的数据传输 API 驱动函数；③与 FreeRTOS 相结合的驱动函数。

1．USART 模块的结构体定义

在介绍 USART 模块相关的 SDK 驱动函数之前，有必要先介绍一下驱动函数用到的一些结构体，这些结构体主要是对 USART 各种配置参数的抽象定义，通过将寄存器的定义配置，对应为一些简单的变量与枚举定义，方便用户根据实际需求，灵活配置，避免反复查阅手册。

1）USART 属性配置结构体（见代码清单 8-1）

代码清单 8-1

```
typedef struct _usart_config
{
    uint32_t baudRate_Bps;                          /* USART 波特率   */
    usart_parity_mode_t parityMode;                 /* 奇偶校验 */
    usart_stop_bit_count_t stopBitCount;            /* 停止位长度 */
    usart_data_len_t bitCountPerChar;               /* 数据位长度 - 7 bit 还是 8 bit   */
    bool loopback;                                  /* 使能自回环 */
    bool enableRx;                                  /* 使能接收 */
    bool enableTx;                                  /* 使能发送 */
    usart_txfifo_watermark_t txWatermark;           /* 发送 FIFO 水印 */
    usart_rxfifo_watermark_t rxWatermark;           /* 接收 FIFO 水印 */
} usart_config_t;
```

从这个属性定义中可以看到，串口常用的几个配置，波特率、起始位长度、停止位长度都包含在了这个定义中。我们也可以很容易地联想到，在 SDK

提供的 API 中，初始化函数会使用这个结构体定义的变量，直接由这些成员的赋值来初始化 USART。

2）USART 句柄配置结构体（见代码清单 8-2）

代码清单 8-2

```
struct _usart_handle
{
    uint8_t *volatile txData;          /* 尚未发送数据的地址 */
    volatile size_t txDataSize;        /* 尚未发送数据的长度 */
    size_t txDataSizeAll;              /* 总的发送数据长度 */
    uint8_t *volatile rxData;          /* 剩余接收数据的地址 */
    volatile size_t rxDataSize;        /* 剩余接收数据的长度 */
    size_t rxDataSizeAll;              /* 总的接收数据长度 */

    uint8_t *rxRingBuffer;             /* 接收环形缓冲区的起始地址 */
    size_t rxRingBufferSize;            /* 环形缓冲区的大小 */
    volatile uint16_t rxRingBufferHead;      /* 环形缓冲区存入新数据的索引 */
    volatile uint16_t rxRingBufferTail;             /* 从环形缓冲区取数据的索引 */

    usart_transfer_callback_t callback;             /* 回调函数 */
    void *userData;                                 /* 回调函数的参数 */

    volatile uint8_t txState;                  /* TX 的状态 */
    volatile uint8_t rxState;                  /* RX 的状态 */

    usart_txfifo_watermark_t txWatermark;  /* tx FIFO 的水印   */
    usart_rxfifo_watermark_t rxWatermark;  /* rxFIFO 的水印   */
};
```

这个结构体用来记录当前 USART 模块的工作状态，并且存储一些传输过程中用到的变量。大多数情况下，这个结构体里面记录的数据内容，开发者不用关心，SDK 的代码会自动维护的。

3）USART 配置枚举变量（见代码清单 8-3）

代码清单 8-3

```
typedef enum _usart_parity_mode
{
    kUSART_ParityDisabled = 0x0U,  /* 关闭奇偶校验 */
    kUSART_ParityEven = 0x2U,      /* 使能,偶校验 */
    kUSART_ParityOdd = 0x3U,       /* 使能,奇校验 */
} usart_parity_mode_t;

typedef enum _usart_stop_bit_count
{
    kUSART_OneStopBit = 0U,        /* 1 bit 停止位 */
    kUSART_TwoStopBit = 1U,        /* 2 bit 停止位 */
} usart_stop_bit_count_t;
```

在传统的嵌入式开发中，通常都是直接对寄存器进行操作来进行配置的，这就导致开发人员在实际应用中，不得不去反复查询芯片的手册，弄清楚每一个 bit 表示什么意思。而在 SDK 中，对这类配置预先进行了枚举定义，用户可以很直观地了解如何对 USART 进行配置，通过变量名字就能很容易地理解变量表示的意思。比如 USART 的模块、奇偶校验、停止位等配置，都是通过这种方式进行的。

2. USART 模块的基础功能 API

SDK 对底层的寄存器操作代码进行了高度的封装，提供了功能非常全面的驱动函数。USART 模块的驱动函数，涵盖了对 USART 模块的初始化、波特率设置、中断使能、DMA 使能以及数据读/写等各个方面，相关的驱动函数在 drivers 目录下的 fsl_usart.h 文件中定义。

在 SDK 中，USART 模块驱动又进一步划分为了两种不同类型的 API 驱动函数：基础功能 API（Functional API）和数据传输 API（Transactional API），这两种不同类型的函数是各自独立的，可以单独使用其中的某一个完成代码的开发。当然我们也不能把基础功能 API 和数据传输 API 完全孤立开，用户可以将两者结合在一起混合使用，很多时候能最大限度地简化代码，提高使用效率。本小节主要介绍基础功能 API，有关数据传输 API，则会放到下一小节介绍。

基础功能 API，英文名 Functional API，主要是对 USART 特性/属性的底层驱动函数，实现了对 USART 的初始化、配置以及收发操作等几乎所有的外设功能，基础功能 API 更偏向于底层，主要是对寄存器级别的代码操作进行封装，适合几乎所有的应用场合，尤其是一些功能要求灵活、对代码大小以及执行效率要求比较高的场合。

USART 模块的基础功能 API 函数列表如表 8-4 所示。

表 8-4　USART 模块的基础功能 API 函数列表

函数名	函数功能描述
USART_GetDefaultConfig	获取 USART 的默认属性配置
USART_Init	USART 初始化
USART_GetDefaultConfig	获取 USART 的默认属性配置
USART_SetBaudRate	设置 USART 的波特率
USART_Deinit	反初始化 USART
USART_GetStatusFlags	USART 获取状态标识
USART_ClearStatusFlags	USART 清除状态标识
USART_EnableInterrupts	使能 USART 中断
USART_DisableInterrupts	关闭 USART 中断
USART_EnableTxDMA	使能/关闭 USART 发送 DMA 请求
USART_EnableRxDMA	使能/关闭 USART 接收 DMA 请求
USART_WriteByte	USART 发送一个 Byte
USART_ReadByte	USART 接收一个 Byte
USART_WriteBlocking	USART 阻塞发送
USART_ReadBlocking	USART 阻塞接收

3. USART 模块的数据传输 API

相比于基础功能 API，数据传输 API 则是一种更高阶的 API 函数，建立在基础功能 API 之上，其对外设的操作以句柄 handle 为对象，适合有 Linux/Window 开发经验的用户使用。数据传输 API 的代码风格，更接近于 Linux 的驱动代码。对于不习惯使用句柄 handle 操作方式的大多数嵌入式工程师来说，笔者建议客户更多地使用基础功能 API 函数，而对于那些有 Linux/Window 开发经验的工程师，可以尝试使用数据传输 API。

USART 模块的数据传输 API 函数列表如表 8-5 所示，所有数据传输 API 的函数，函数名中都会有 Transfer 字样。

表 8-5　USART 模块的数据传输 API 函数列表

函数名	函数功能描述
USART_TransferCreateHandle	创建 USART 传输句柄
USART_TransferSendNonBlocking	USART 以非阻塞方式发送数据
USART_TransferStartRingBuffer	为指定的 USART 句柄创建接收环形缓存区
USART_TransferStopRingBuffer	终止目前的传输，并卸载环形缓存区
USART_TransferAbortSend	退出 USART 发送
USART_TransferGetSendCount	获取 USART 已经发送的字节数
USART_TransferReceiveNonBlocking	USART 以非阻塞方式接收数据
USART_TransferAbortReceive	退出 USART 接收
USART_TransferGetReceiveCount	获取 USART 已经收到的字节数
USART_TransferHandleIRQ	USART 发送和接收句柄的中断服务函数

4. USART 模块的 DMA 数据传输 API

USART DMA 相关的 API 驱动，主要实现了 USART 模块与 DMA 相结合时的数据传输。

由于 DMA 本身的功能相对来说比较复杂，涉及非常多的配置，同时还需要维护很多 DMA 传输的各种状态量，因此 LPC5411x 的 SDK 中虽然将

DMA 的使用封装成各种 API，但由于 DMA 和 USART 是独立的，因此结合使用 DMA 和 USART，对初学者依然是一件比较困难的事。

针对这个问题，在 LPC5411x 的 SDK 中，不光提供了单独的 USART 和 DMA 驱动 API，同时提供了整合两者的统一 API，能够供用户直接使用，快速完成使用 DMA 传送数据的 USART 收发代码。除此之外，SDK 还专门提供了大量 DMA 相关的例程，供用户参考。

最后还需要指出的一点是，所有 DMA 相关的 API 都是数据传输 API 具体的驱动结构体和函数，定义在 fsl_spi_dma.h 文件中，如表 8-6 所示。

表 8-6　USART 模块的 DMA 数据传输 API 列表

函数名	函数功能描述
USART_TransferCreateHandleDMA	创建 USART 通过 DMA 传输的相关句柄
USART_TransferSendDMA	USART 通过 DMA 发送数据
USART_TransferReceiveDMA	USART 通过 DMA 接收数据
USART_TransferAbortSendDMA	退出 USART 数据发送
USART_TransferAbortReceiveDMA	退出 USART 数据接收
USART_TransferGetReceiveCountDMA	USART 获取已通过 DMA 收到数据的个数

8.7　USART 数据收发

本节选取 SDK 开发包中的 USART 官方例程 interrupt，在软硬件多个方面，从启动代码到初始化，包括整个 main 函数，详细地进行讲解，力求通过典型的例程，使用户熟悉 SDK 中 USART 的开发方法，并对整体的代码结构有深入的了解。读者可以很容易地举一反三，拓展出 USART 模块的不同使用方法。

本节的代码分析说明，会综合运用上一章定义的各种结构体和函数，建议读者在阅读前，初步浏览一下 USART 模块的各种 SDK 定义。

8.7.1 环境准备

1）实验综述

本实验演示了使用 LPC54114 芯片的 USART 接口最基本收发功能，在代码中 MCU 首先对外发送一串指示字符串，说明本程序的最基本功能。然后利用主循环和 USART 中断服务函数，将接收到的数据存储在一个圆环形缓冲区中，同时按照顺序将环形缓冲区中的数据再发送出去。

2）硬件电路说明

本实验使用了 LPC5411x 的 USART0，只包含两个引脚，分别是：

- P0_0，FC0_RXD_SDA_MOSI，即 Flexcomm0 中的 USART0_Rx；
- P0_1，FC0_TXD_SCL_MISO，即 Flexcomm0 中的 USART0_Tx。

3）LPC5411x 的 SDK 驱动库

SDK 驱动库是指 SDK 中提供的现成代码和 API，这些是所有项目公用的代码，一般都是各个模块的底层驱动代码，内部完成寄存器级别的操作。对于绝大多数用户来说，一般不用关心这些代码具体是怎么实现的，只需要按照自己的要求进行调用就行。当然 SDK 是完全开源的，对于高级用户来说，有特别需求的时候，也可以修改 SDK 的驱动库代码。

- drivers\fsl_clock.c
- drivers\fsl_common.c
- drivers\fsl_flexcomm.c
- drivers\fsl_gpio.c
- drivers\fsl_usart.c
- startup\system_LPC54114_cm4.h

4）开发板级相关代码（BSP）

这一部分是与开发板相关的配置和代码，针对用户当前开发板而言，一般包括具体的管脚复用设置、时钟设置等。

- board\board.c
- board\clock_config.c
- board\pin_mux.c

5）用户代码

用户自己实际编写的代码。

- source\usart_interrupt.c

8.7.2　代码分析

软件结构设计如表 8-7 所示。

表 8-7　软件结构设计

<table>
<tr><td colspan="4">用户应用层</td></tr>
<tr><td colspan="4">main.c（本例中为 usart_interrupt.c）</td></tr>
<tr><td colspan="4">CMSIS 层</td></tr>
<tr><td>Cortex-M4 内核外设访问层</td><td colspan="3">LPC5411x 外设 SDK 驱动</td></tr>
<tr><td>core_cm4.h
core_cmfunc.h
core_cminstr.h</td><td>启动代码
system_LPC54114_cm4.s</td><td>内部寄存器头文件
fsl_device_registers.h</td><td>System 初始化
system_LPC54114_cm4.c
system_LPC54114_cm0plus.c</td></tr>
<tr><td colspan="4">硬件外设层</td></tr>
<tr><td>时钟控制驱动库</td><td>打印 UART 串口</td><td>引脚链接配置
驱动库</td><td>GPIO 模块配置驱动库</td></tr>
<tr><td>clock_config.c/clock_config.h
fsl_clock.c/fsl_clock.h</td><td>fsl_debug_console.c
fsl_debug_console.h</td><td>pin_mux.c
pin_mux.h</td><td>fsl_gpio.c
fsl_gpio.h</td></tr>
<tr><td>Flexcomm 外设驱动库</td><td>USART 外设驱动库</td><td>Flexcomm 外设
驱动库</td><td>其他代码</td></tr>
<tr><td>fsl_flexcomm.c
fsl_flexcomm.h</td><td>fsl_usart.c
fsl_usart.h</td><td>fsl_flexcomm.c
fsl_flexcomm.h</td><td>本例中未使用，在其他应用中会有，比如特定 SPI Flash 驱动</td></tr>
</table>

1）Main 函数

介绍前面主要的代码结构，我们先从 main 函数开始。在 main 函数中，主要完成芯片内部时钟初始化、USART 外部引脚初始化、GPIO 配置等预备工作。

与此同时，main 函数还完成了 USART 模块的初始化工作。USART 初始化主要是完成对 USART 属性、波特率以及奇偶校验等的配置，用户只需要根据实际应用配置 usart_config_t 结构体的成员变量，并调用 USART_Init 进行初始化即可。

本例程的主要功能之一，即 USART 的发送也是在 main 中完成的（见代码清单 8-4）。

代码清单 8-4

```
int main(void)
{
    usart_config_t config;

    /* 将 12 MHz 时钟源分配给 Flexcomm 0 模块 */
    CLOCK_AttachClk(BOARD_DEBUG_UART_CLK_ATTACH);

    /* 复位 FLEXCOMM */
    RESET_PeripheralReset(kFC0_RST_SHIFT_RSTn);

    BOARD_InitPins();
    BOARD_BootClockFROHF48M();
    BOARD_InitDebugConsole();

    /* 默认的 USART 配置,填充配置结构体
     * config.baudRate_Bps = 115200U;
     * config.parityMode = kUSART_ParityDisabled;
     * config.stopBitCount = kUSART_OneStopBit;
     * config.loopback = false;
```

```
        * config.enableTx = false;
        * config.enableRx = false;
        */
        USART_GetDefaultConfig(&config);
        config.baudRate_Bps = BOARD_DEBUG_UART_BAUDRATE;
        config.enableTx = true;
        config.enableRx = true;
    /* 初始化 USART */
        USART_Init(DEMO_USART,&config,DEMO_USART_CLK_FREQ);

        /* 将 g_tipString 数组中的数通过 USART 发送出去 */
        USART_WriteBlocking(DEMO_USART,g_tipString,sizeof(g_tipString)/
sizeof(g_tipString[0]));

        /* 使能 RX 接收中断 */
        USART_EnableInterrupts(DEMO_USART,kUSART_RxLevelInterruptEnable |
kUSART_RxErrorInterruptEnable);
        EnableIRQ(DEMO_USART_IRQn);

        while (1)
        {
    /* 条件判断,在 USART Tx 发送寄存器为空,且环形缓冲区有数据时,才发送数据 */
            while ((kUSART_TxFifoNotFullFlag & USART_GetStatusFlags(DEMO_
USART))&& (rxIndex != txIndex))
            {
                USART_WriteByte(DEMO_USART,demoRingBuffer[txIndex]);
                txIndex++;   /* 环形缓冲区的索引加一 */
                txIndex %= DEMO_RING_BUFFER_SIZE; /* 索引越界则归零 */
            }
        }
    }
```

2）USART 的中断服务程序

在本例程中，USART 的接收功能是在中断服务程序中完成的（见代码清单 8-5）。

代码清单 8-5

```
void DEMO_USART_IRQHandler(void)
{
    uint8_t data;

    /* 通过查询标志位,判断有数据收到 */
    if ((kUSART_RxFifoNotEmptyFlag | kUSART_RxError)& USART_GetStatusFlags
(DEMO_USART))
    {
        data = USART_ReadByte(DEMO_USART);
        /* 判断环形缓冲区是否满,如果没满就将接收到的数据填入环形缓冲区. */
        if (((rxIndex + 1)% DEMO_RING_BUFFER_SIZE)!= txIndex)
        {
            demoRingBuffer[rxIndex] = data;
            rxIndex++;
            rxIndex %= DEMO_RING_BUFFER_SIZE;
        }
    }
}
```

3）环形缓冲区说明

本实验使用了一个环形缓冲区保存 USART 中传送的数据。环形缓冲区如图 8-4 所示。

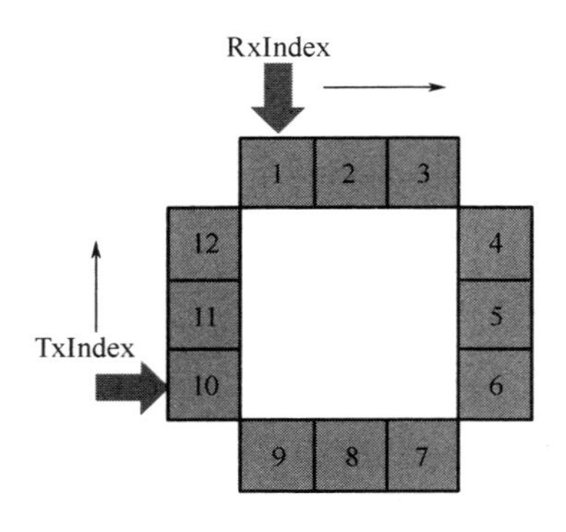

图 8-4 环形缓冲区

整个缓冲区由圆环形构成，并使用两个标志来进行收发的区分，分别是发送标志 txIndex 和接收标志 rxIndex。在代码执行的过程中，每发送一个字节，txIndex 就会前移一位，表示一个数据发送出去，空出一个字节空间留给接收使用。同时每接收到一个字节的数据，rxIndex 就会前移一位，表示收到的数据写入环形缓冲区的当前位置。这种做法，将一个缓冲区循环使用，每次收到的数据，就按照顺序替换掉最早的数据，填入最早空出来的位置中。

8.7.3 现象描述

将代码编译通过后，下载到开发板上运行。随意打开一个串口工具，选择波特率 115200bps，就可以观察实验现象了。如图 8-5 所示，在本实验中，串口会返回接收的数据。

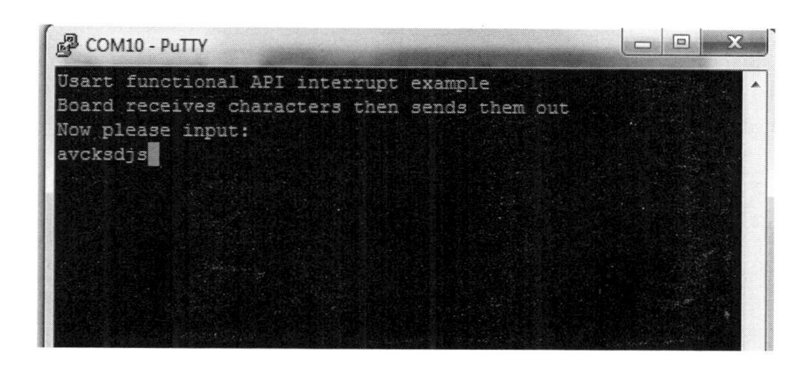

图 8-5 USART 实验总结

8.8 小结

本实验通过一个简单的例程，展示了 USART 模块的基本功能，以及使用 USART 的基本流程、包括初始化、波特率设置、中断设置等。读者可以基于这个基本例程，研究更高级的用法。

第 9 章
Chapter 9

SPI 同步串行通信接口原理与应用

9.1 SPI 控制器概述

串行外设接口 SPI 是一种高速同步全双工串行通信接口，可用于连接 ADC、串行 Flash、传感器以及 Audio 编解码器等。在同一个总线上支持连接多个主机或从机，通信由主机负责发起，通过片选选择不同的从机设备，在同一次数据传输过程中，总线上只能有一个主机和一个从机通信。在数据传输过程中，主机会向从机发送时钟，并发送一帧 8 到 16 位的数据，从机同时也会向主机返回一帧数据。

LPC5411x 系列 MCU 可通过配置 Flexcomm 模块支持最多 8 个 SPI 串行端口控制器，分别支持 SPI 主机模式和从机模式。在主机模式下，LPC54114 最大的数据传输速率为 71Mbit/s，从机模式下最大的数据传输速率为 15 Mbit/s。

9.2 SPI 特性和内部框图

9.2.1 LPC5411x SPI 特性

LPC5411xSPI 的特性如下：

- 最多支持 8 个 SPI 接口，分别支持主机和从机操作模式；

- 支持 4～16 位长度的数据发送，也可通过软件或者 DMA 灵活配置以支持长度更大的数据帧传输；
- SPI 模块具有独立的发送 FIFO 和接收 FIFO，各自用于接收和发送，每个 FIFO 的深度为 8；
- 支持与 DMA 结合的数据传输，SPI 发送与接收功能可独立配合 DMA 控制器使用，从而可最大限度地提高传输效率；
- 支持控制信息和待发送数据共同传输，可以在不重新对控制寄存器进行配置的条件下，实现一帧任意长度（1～16 位）数据的传输；
- 每个 SPI 模块支持 4 个从机片选，支持四种常见的采样时钟和相位极性配置；
- 在从机模式下，支持从 deep sleep 深度睡眠模式下唤醒。

注：LPC5411x 不支持 Texas Instruments SSI 和 National Microwire 模式。

9.2.2　SPI 内部框图

SPI 内部功能框图如图 9-1 所示，可以看到主要包括外部信号引脚、时钟分频器、发送/接收移位寄存器、发送/接收数据 FIFO 以及 SPI 中断控制器等几个部分。

MISO 数据线将接收到的数据经过接收移位寄存器后转移到接收 FIFO，然后这些数据由用户的软件从接收缓冲区读出。当需要发送数据时，用户将数据写入到发送 FIFO，硬件会自动将数据通过发送移位寄存器输出到 MOSI 数据线。SCK 的信号时钟波特率由 SPI 时钟源和时钟分频器决定，时钟源 FCLK 可以通过配置 FCLKSEL 寄存器选择，时钟分频可以通过 DIV 寄存器来配置。发送和接收数据 FIFO 的长度是 8，相互独立，并且支持在数据发送和接收的 DMA 请求，用户可以灵活配置，能最大限度地提高 SPI 数据传输的吞吐速度和效率。

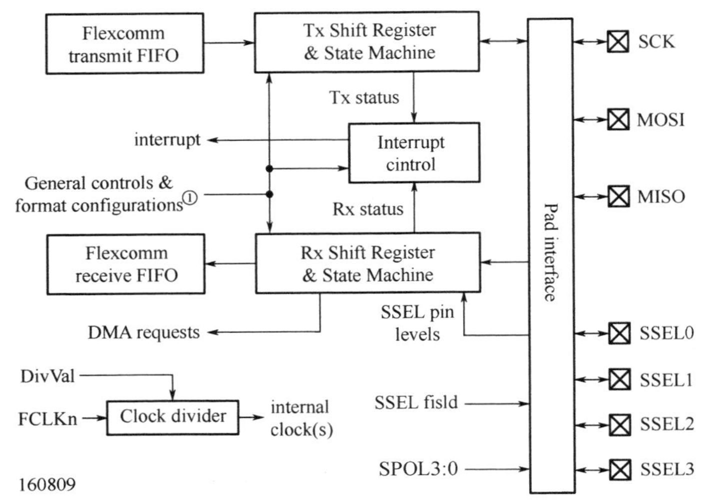

① 包括CPOL、CPHA、LSBF、LEN、Master、Enable、transfer_delay、frame_delay、pre_delay、post_dealy、SOT、EOT、EOF、RXIGNORE、独立中断使能。

图 9-1 SPI 内部功能框图

9.3 SPI 外部引脚描述

SPI 信号线外部引脚描述如表 9-1 所示，包括四条信号线，分别为 SSEL、SCK、MOSI、MISO。LPC5411x 芯片的 SPI 各个信号在物理上和 Flexcomm 接口支持的 I2C、USART 引脚共用，用户在使用时可以在软件上通过 IOCON 寄存器灵活配置，将 SPI 各个信号分配至需要的外部物理引脚。这样设置的好处在于，一方面可以根据实际应用灵活选择某个端口的数量，另一方面方便用户硬件布线。

表 9-1　SPI 信号线外部引脚描述

SPI 信号名称	类型	物理引脚名称	引脚功能说明
SCK	I/O	FCn_SCK	Flexcomm 接口 n 上的 SPI 串行时钟。SCK 是用于同步数据传输的时钟信号，由主机产生，从机接收，可编程为高电平有效或低电平有效，它只有在数据传输时被激活，其他时候都是处于非激活态或者三态
MOSI	I/O	FCn_RXD_SDA_MOSI 或 FCn_RXD_SDA_MOSI_DATA	Flexcomm 接口 n 上的 SPI 主机输出从机输入。MOSI 信号将串行数据从主机传输到从机。当 SPI 为主机时，串行数据从该信号输出，当 SPI 为从机时，串行数据从该引脚输入。当从机没有被选择时，从机将该引脚置为高阻态
MISO	I/O	FCn_TXD_SCL_MISO 或 FCn_TXD_SCL_MISO_WS	Flexcomm 接口 n 上的 SPI 主机输入从机输出。MISO 信号将串行数据由从机传输到主机。当 SPI 为主机时，串行数据从该信号输入，当 SPI 为从机时，串行数据从该信号输出。当 SPI 模块使能，CFG 中的 Master 位等于 0 且从机由一个或多个 SSEL 信号选择时，MISO 被激活
SSEL0	I/O	FCn_CTS_SDA_SSEL0	Flexcomm 接口 n 上的 SPI 从机选择 0。当 SPI 接口为主机时，它会在串行数据启动前驱动 SSEL 信号至有效状态，并在串行数据发送后释放该信号，使之变为无效状态。默认情况下，此信号为低电平有效，但可以选定并以高电平有效工作。当 SPI 为从机时，任意有效状态的 SSEL 表示该从机正在被寻址。如果传输过程中，SSEL 引脚变为高电平，数据传输将会被中断
SSEL1	I/O	FCn_RTS_SCL_SSEL1	Flexcomm 接口 n 上的 SPI 从机选择 1
SSEL2	I/O	FCn_SSEL2	Flexcomm 接口 n 上的 SPI 从机选择 2
SSEL3	I/O	FCn_SSEL3	Flexcomm 接口 n 上的 SPI 从机选择 3

这里需要指出的是，在很多实际的应用场合用得更多的是由软件控制某些 GPIO 引脚作为片选信号，去替代硬件自动控制的引脚 SSELn，这样做的好处在于使用起来更加灵活，但是需要用户在使用时将该引脚配置为输入/输出模式，并根据所配置的 SPI 模式正确设定 IO 口的默认有效电平。

9.4　SPI 功能说明

9.4.1　SPI 工作模式

LPC5411x SPI 接口支持四种常见的数据传输模式，区别主要在于 SPI

时钟极性（CPOL）和时钟相位（CPHA）配置，如表 9-2 所示。用户可以在软件中通过 SPICFG 配置寄存器配置时钟极性 CPOL 和时钟相位 CPHA 位来匹配连接的外部 SPI 器件。其中，时钟极性是指 SPI 通信设备处于空闲状态时 SCK 信号线的电平信号，时钟相位是指 SPI 通信时数据采样的时刻。

表 9-2　SPI 工作模式

时钟极性	时钟相位	SPI 模式	SPI 传输数据和时钟配合时序描述	SCK 空闲状态	SCK 数据变化边沿	SCK 数据采样边沿
0	0	0	SPI 在传输的第一个时钟沿跳变时捕捉串行数据，在下一个边沿改变数据	低电平	下降沿	上升沿
0	1	1	SPI 在传输的第一个时钟沿跳变时改变串行数据，在下一个边沿捕捉数据	低电平	上升沿	下降沿
1	0	2	与 SCK 反相时的模式 0 相同	高电平	上升沿	下降沿
1	1	3	与 SCK 反相时的模式 1 相同	高电平	下降沿	上升沿

对应于以上四种 SPI 模式的数据传输时序图如图 9-2 所示，包含了时钟极性 CPOL 设置为 0 和 1 的情况。此处以 CPOL=0 为例说明，这种配置下，总线在空闲期间，CLK 信号强制为低，SSEL 强制为高，发送 MOSI/MISO 管脚处于高阻态。如果 SPI 使能且发送 FIFO 含有有效数据时，则 SSEL 信号被主机驱动为低电平，指示数据开始。此时从机启动将数据传输到主机的 MISO 引脚上，主机启动将数据传输到 MOSI 管脚上。

在 1/2 个 SCK 周期后，有效的主机数据被传输到 MOSI 管脚，从机数据也被发送到 MISO 引脚上，再过 1/2 个 SCK 周期，SCK 主机时钟管脚电平切换为高电平。此时，数据在 SCK 信号的上升沿被捕捉，并一直保持到 SCK 的下降沿。然后主机和从机在 SCK 电平为低时分别改变 MOSI 和 MISO 引脚上的电平。再然后依次发送其他的数据位，在所有位发送结束，最后一个数据位被捕获的一个 SCK 周期后，SSEL 返回到指示空闲的高电平状态，而其他三种 SPI 模式的时序大体类似，不再赘述。

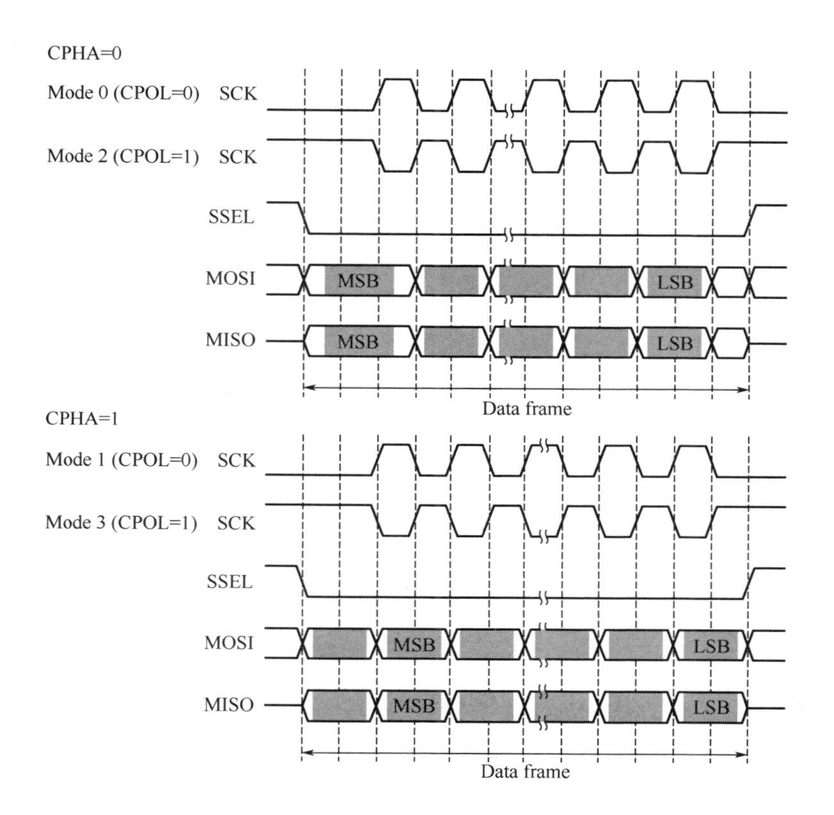

图 9-2 SPI 四种工作模式传输时序图

9.4.2 SPI 时钟源和数据传输速率

在主机模式下，SPI 接口的时钟频率取决于输入 Flexcomm 接口时钟 FCLK 和 SPI 分频寄存器 DIVVAL 的值，实际的 SPI 传输速率= FCLK/DIVVAL。其中，SPI 时钟分频器 DIVVAL 是一个整数值，最大值为 65535，所以 SPI 的最大速度就取决于 FCLK 的值。而 Flexcomm 接口时钟 FCLK 的大小又取决于所选择的输入时钟，可以通过 FCLKSELn[0：2]寄存器进行配置，每个具体选项的值和输入时钟源描述如表 9-3 所示。

表 9-3 FCLK 输入时钟源配置选项

FCLKSEL[0：2]值	输入时钟源描述
0x0	FRO 12MHz（fro_12m）
0x1	FRO 96 或 48 MHz（fro_hf）
0x2	系统 PLL 输出（pll_clk）
0x3	在 IOCON（mclk_in）中选定时，MCLK 引脚的输入时钟
0x4	FRG 时钟，小数速率发生器之后的时钟输出（frg_clk）
0x7	无，不需要输出时可选择此值以降低功耗
	其他值都是保留设置

对于 SPI 从机模式而言，时钟来自外部主机的 SCK 输入，直接用来驱动发送和接收移位寄存器和其他逻辑，与 FCLK 和 DIVVAL 的设置值无关。除此之外，SPI 的实际传输速率还受外部电路的走线、SPI 外围器件速度以及 PCB 容性负载等的影响，在实际电路中需要综合考虑。

9.4.3 超出 16 位的数据传输

LPC5411X 系列 MCU 的 SPI 接口支持直接处理 4 至 16 位的数据帧尺寸。对于大于 16 位的数据块，可以事先将数据块拆分为最多 16 位一组或更低的数据帧，然后再进行分别传输。例如一个 24 位数据的传输，可以拆成一组 16 位和 8 位的数据，或者一组两个 12 位的数据来实现传输。同样的方式可以支持任何块尺寸，包括 32 位以上的数据。

在一定程度上，如何处理更大的数据宽度取决于其他 SPI 配置选项，会对 SPI 的传输速率有一定的影响。例如，如果置位 EOT，使能连续传输的数据帧之间使用从机选择 SSEL 失效来处理，那么当长度更大的数据块拆分为多个数据帧进行传输时，在每两个数据帧之间会插入 SSEL 无效的时间（具体两个数据帧传输之间插入的时间长度，取决于 FRAME_DELAY 的配置）。所以在连续的高速数据传输时，建议在不使能两个数据帧之间使用从机选择

SSEL 失效来处理，即不置位 EOT，而置位 EOF，这样避免了两个数据之间的 SSEL 无效时间，能最大限度地提高传输效率。

9.4.4 低功耗模式下 SPI 唤醒

在睡眠模式中，可以通过寄存器配置，使能触发 SPI 中断的任何信号唤醒 MCU 器件（假设 INTENSET 寄存器和 NVIC 已使能中断）。无论 SPI 模块是在主机或从机模式下配置，只要 SPI 时钟配置为在睡眠模式下被激活，SPI 都可以独立唤醒器件。

配置 SPI 从睡眠模式唤醒的步骤有两个：首先在 SPI 主机或从机模式下正确配置 SPI，其次在 NVIC 中使能 SPI 模块的中断。之后，任何已使能的 SPI 中断都可以将芯片从睡眠模式中唤醒。

在深度睡眠模式下，SPI 模块的时钟输入被关闭。但是，LPC MCU 依然支持在从机模式下被唤醒。因为在从机模式下，SPI 的时钟信号由外部主机提供，可通过配置 SPI 模块使能在从机模式下创建异步中断并唤醒器件。当然，在使能 MCU 进入睡眠前需要在 SPI 和 NVIC 中使能正确的中断。

配置 SPI 从深度睡眠模式唤醒的步骤有三个：首先在 SPI 从机模式下正确配置 SPI 模块寄存器，其次在 STARTER0 寄存器和 NVIC 中使能 SPI 中断，最后使能唤醒所需的 SPI 中断事件即可。唤醒事件可以是 SPI 片选 SSEL 引脚状态的改变，也可以是数据的接收事件或者接收 FIFO 的溢出事件。

9.4.5 SPI 数据帧延迟

为支持不同速度的器件型号和提高传输效率，LPC5411X 系列 MCU 支持为 SPI 数据帧传输指定多种延迟设置，包括以下几种 delay 设置。

- Pre_delay：SSEL 生效后数据时钟开始前的延迟。
- Post_delay：SSEL 解除生效前数据帧结束后的延迟。
- Frame_delay：SSEL 未解除生效时数据帧之间的延迟。
- Transfer_delay：两次传输之间 SSEL 处于解除生效状态的最短持续时间。

Pre_delay 和 Post_delay 的含义如图 9-3 所示，Pre_delay 值控制 SSEL 生效和后续数据帧开始之间的时间量，Post_delay 值控制数据帧结束和 SSEL 解除生效之间的时间量。

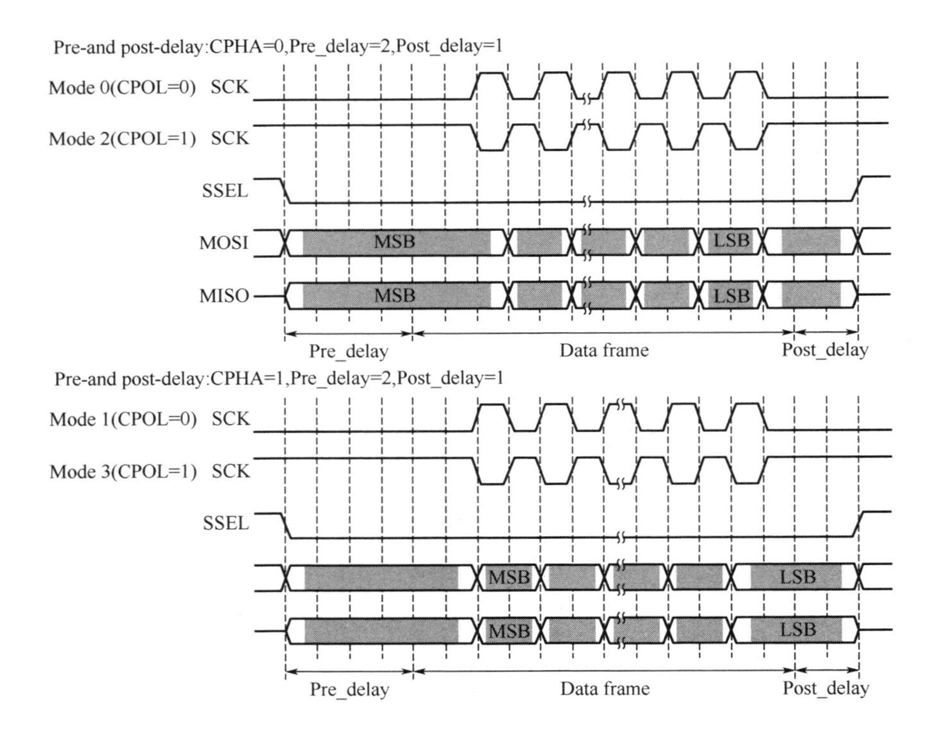

图 9-3　Pre_delay 和 Post_delay 的含义

Frame_delay 值控制用于第一个数据帧结束后、第二个数据帧开始之间的时间延迟量，当 EOF 位= 1 时，该延迟被插入，Frame_delay 由图 9-4 中的示例予以解释。需要注意的是，帧边界仅在指定处出现。这是因为数据帧尺寸可以是任何尺寸，包含多次数据写操作。

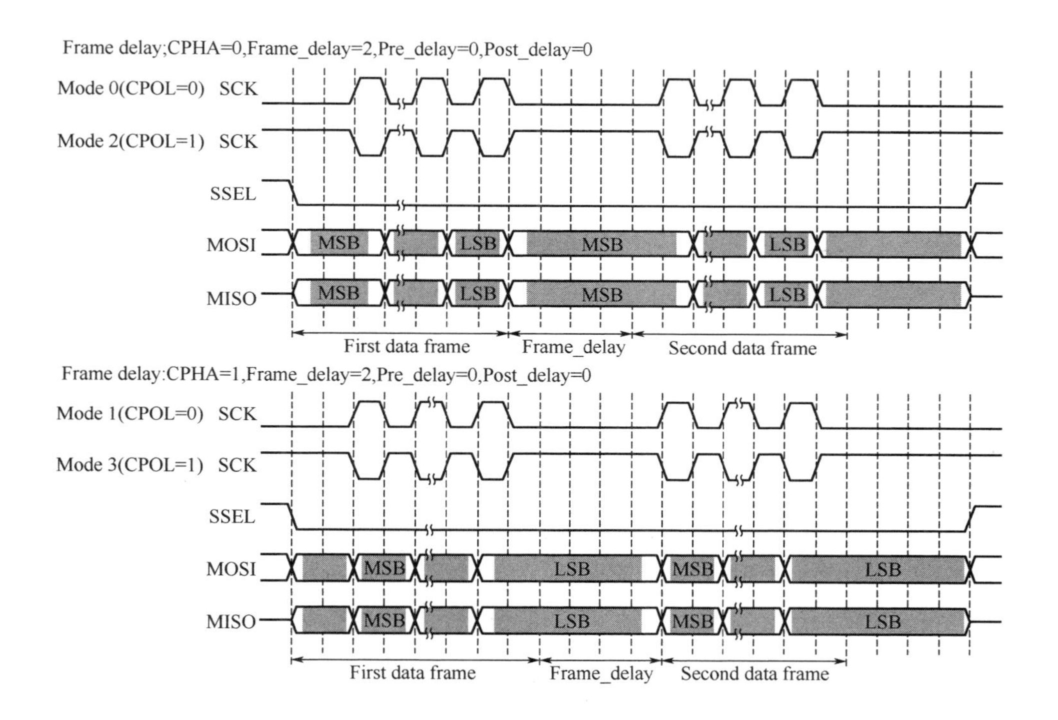

图 9-4　SPI Frame_delay 延迟示意图

Transfer_delay 值控制 SSEL 在两次传输之间处于无效状态的最小时间量，此时 EOT 位=1。当 Transfer_delay=0 时，SSEL 可处于无效状态最短一个 SPI 时钟的时间，Transfer_delay 由图 9-5 中的示例予以解释。

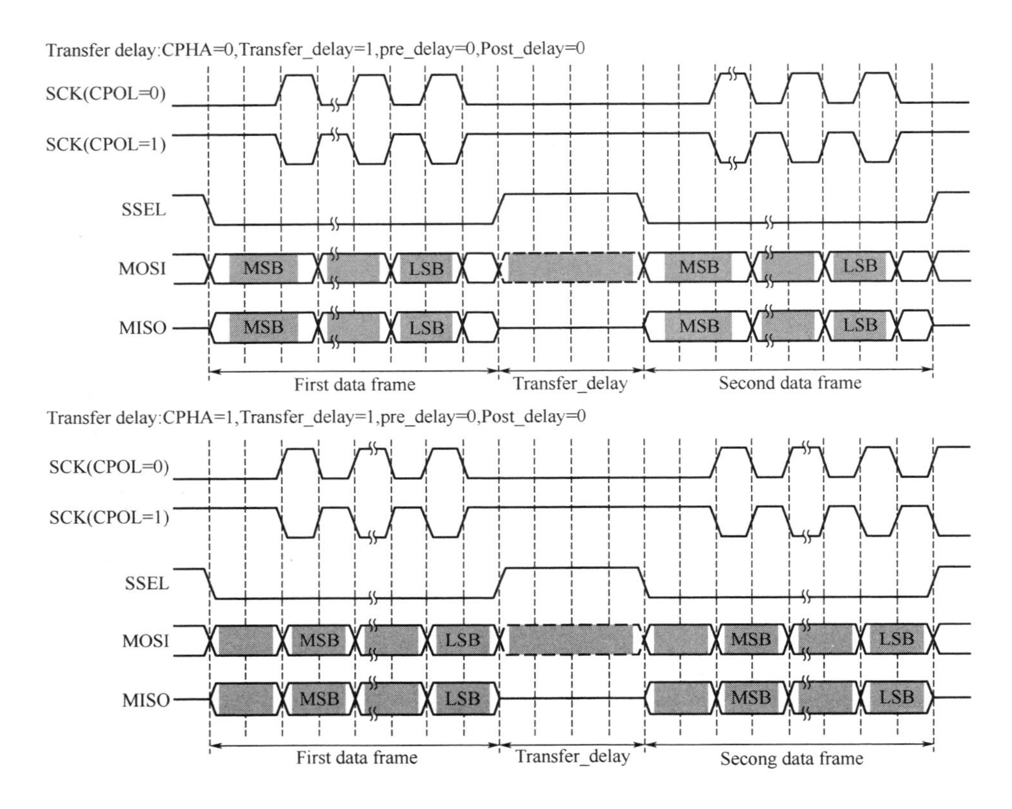

图 9-5　SPI Transfer_delay 延迟示意图

9.5　SPI 模块的 SDK 驱动介绍

LPC5411x 系列芯片的 SPI SDK 驱动函数是对芯片底层硬件寄存器的封装，涵盖了 LPC5411x SPI 外设所有的相关功能，并针对实际的典型应用提供了丰富的示例代码，方便用户快速上手应用，而将更多的精力放在用户应用程序的开发，加快产品的开发速度。

SPI 模块的 SDK 驱动函数分为三大类：①SPI 模块的驱动函数；②SPI DMA 数据传输的驱动函数；③SPI FreeRTOS 的驱动函数，下面分别予以介绍。

1. SPI 模块的驱动函数

SPI 模块的驱动函数主要实现了对 SPI 模块的初始化、波特率设置、中断使能、DMA 使能以及数据读/写等几个方面，相关的驱动函数在 fsl_spi.h 和 fsl_spi.c 文件中定义。SPI 模块驱动又包含两种不同类型的 API 驱动函数：基础功能 API（Functional API）和数据传输 API（Transactional API）。基础功能 API 主要是对 SPI 特性/属性的底层驱动函数，实现了对 SPI 的初始化、配置以及收发操作等几乎所有的 SPI 外设功能，适合几乎所有的应用场景，尤其是一些功能要求灵活、对代码大小以及执行效率要求比较高的场合。而数据传输 API 是一种更高阶的 API 函数，建立在基础功能 API 之上，对外设的操作以句柄 handle 为对象，适合有 Linux/Window 开发经验的用户使用。对于不习惯使用句柄 handle 操作方式的嵌入式工程师来说，笔者建议客户使用基础功能 API 函数，对于那些有 Linux/Window 开发经验的工程师，可以尝试使用数据传输 API。当然基础功能 API 和数据传输 API 也并非独立的，两者可以结合在一起使用，能最大限度地简化代码，提高使用效率。

在介绍相应的驱动函数之前，此处有必要先介绍一下驱动函数用到的以下 4 种结构体，这些结构体主要是对 SPI 配置属性的抽象，方便用户根据应用灵活配置。用户只需要以该配置结构体作为参数，调用 SPI 的初始化函数即可完成对 SPI 模块的初始化配置。

1）SPI 主机模式下属性配置结构体

该结构体是 SPI 主机模式下 SPI 模块属性的集合，包括 SPI 模块的使能、时钟极性、时钟相位、传输波特率、数据宽度、数据位传输顺序 MSB/LSB、从机 CS 片选选择以及发送和接收 FIFO Watermark 等，这个结构体的配置值会在 SPI_MasterInit 函数中被调用，从而完成对在主机模式下 LPC5411x SPI 模块的配置。

```
typedef struct _spi_master_config
{
    bool enableLoopback;                    /*!< Enable loopback for test purpose */
    bool enableMaster;                      /*!< Enable SPI at initialization time */
    spi_clock_polarity_t polarity;          /*!< Clock polarity */
    spi_clock_phase_t phase;                /*!< Clock phase */
    spi_shift_direction_t direction;        /*!< MSB or LSB */
    uint32_t baudRate_Bps;                  /*!< Baud Rate for SPI in Hz */
    spi_data_width_t dataWidth;             /*!< Width of the data */
    spi_ssel_t sselNum;                     /*!< Slave select number */
    spi_txfifo_watermark_t txWatermark;/*!< txFIFO watermark */
    spi_rxfifo_watermark_t rxWatermark;/*!< rxFIFO watermark */
} spi_master_config_t;
```

2）SPI 从机模式下属性配置结构体

该结构体是 SPI 从机模式下 SPI 模块属性的集合，包括 SPI 模块的使能、时钟极性、时钟相位、数据宽度、数据位传输顺序 MSB/LSB 以及发送和接收 FIFO Watermark 等，这个结构体的配置值会在 SPI_SlaveInit 函数中被调用，从而完成对在从机模式下 LPC5411x SPI 模块的配置。

```
typedef struct _spi_slave_config
{
    bool enableSlave;                       /*!< Enable SPI at initialization time */
    spi_clock_polarity_t polarity;          /*!< Clock polarity */
    spi_clock_phase_t phase;                /*!< Clock phase */
    spi_shift_direction_t direction;        /*!< MSB or LSB */
    spi_data_width_t dataWidth;             /*!< Width of the data */
    spi_txfifo_watermark_t txWatermark;/*!< txFIFO watermark */
    spi_rxfifo_watermark_t rxWatermark;/*!< rxFIFO watermark */
} spi_slave_config_t;
```

3）SPI 数据传输配置结构体

该结构体用于指定 SPI 进行数据传输时发送数据指针、接收数据指针以及数据传输的长度，在代码中会被 SPI_MasterTransferBlocking 或者

SPI_MasterTransferNonBlocking 函数调用，从而以阻塞或者非阻塞的方式将 txdata 指针指向的数据发出，并将接收的数据存放在 rxdata 指向的地址单元中，总的传输数据长度取决于 datasize 的设置。

```
typedef struct _spi_transfer
{
    uint8_t *txData;         /*!< Send buffer */
    uint8_t *rxData;         /*!< Receive buffer */
    uint32_t configFlags;/*!< Additional option to control transfer */
    size_t dataSize;         /*!< Transfer bytes */
} spi_transfer_t;
```

4）SPI 主机句柄配置结构体

该结构体用于调用数据传输 API 以句柄为对象进行数据传输时，对数据收发的传输属性的配置和状态监测，包括发送数据指针、接收数据指针、数据传输的长度、传输的数据宽度、片选选择、传输总字节数等的参数配置以及已发送/接收字节数、SPI 内部状态等的状态参数反馈，使用时会被 SPI_MasterTransferBlocking 和 SPI_MasterTransferNonBlocking 函数调用。

```
struct _spi_master_handle
{
    uint8_t *volatile txData;              /*!< Transfer buffer */
    uint8_t *volatile rxData;              /*!< Receive buffer */
    volatile size_t txRemainingBytes;/*!< Number of data to be transmitted [in bytes] */
    volatile size_t rxRemainingBytes;/*!< Number of data to be received [in bytes] */
    volatile size_t toReceiveCount;    /*!< Receive data remaining in bytes */
    size_t totalByteCount;                  /*!< A number of transfer bytes */
    volatile uint32_t state;              /*!< SPI internal state */
    spi_master_callback_t callback;    /*!< SPI callback */
    void *userData;                              /*!< Callback parameter */
    uint8_t dataWidth;                         /*!< Width of the data [Valid values:1 to 16] */
```

```
    uint8_t sselNum; /*!< Slave select number to be asserted when transferring data */
    uint32_t configFlags;/*!< Additional option to control transfer */
    spi_txfifo_watermark_t txWatermark;/*!< txFIFO watermark */
    spi_rxfifo_watermark_t rxWatermark;/*!< rxFIFO watermark */
};
```

（1）基础功能 API 函数介绍。

如前面提到，基础功能 API 主要是对 SPI 特性/属性的底层驱动函数，实现了对 SPI 的初始化、配置以及收发操作等几乎所有的 SPI 外设功能，基础功能 API 各个函数和功能描述说明如表 9-4 所示。从函数名称可以看到基础功能 API 更接近于芯片底层，参数比较简单，所以适用于一些功能要求灵活、对代码大小以及执行效率要求比较高的场合。

表 9-4　SPI 基础功能 API 函数列表

SPI 基础功能 API 函数原型	函数功能描述
void SPI_MasterGetDefaultConfig (spi_master_config_t * config)	获取 SPI 主机的默认属性配置
status_t SPI_MasterInit (SPI_Type * base,const spi_master_config_t * config,uint32_t srcClock_Hz)	SPI 主机初始化
void SPI_SlaveGetDefaultConfig (spi_slave_config_t * config)	获取 SPI 主机的默认属性配置
status_t SPI_SlaveInit (SPI_Type * base,const spi_slave_config_t * config)	SPI 从机初始化
void SPI_Deinit (SPI_Type * base)	SPI 反向初始化，恢复 SPI 到复位状态
static void SPI_Enable (SPI_Type * base,bool enable)	SPI 模块使能
static uint32_t SPI_GetStatusFlags (SPI_Type * base)	SPI 获取状态标志
static void SPI_EnableInterrupts (SPI_Type * base,uint32_t irqs)	使能 SPI 中断
static void SPI_DisableInterrupts (SPI_Type * base,uint32_t irqs)	关闭 SPI 中断
void SPI_EnableTxDMA (SPI_Type * base,bool enable)	使能/关闭 SPI 发送 DMA 请求
void SPI_EnableRxDMA (SPI_Type * base,bool enable)	使能/关闭 SPI 接收 DMA 请求
status_t SPI_MasterSetBaud (SPI_Type * base,uint32_t baudrate_Bps,uint32_t srcClock_Hz)	SPI 主机设置波特率，被函数 SPI_MasterInit 调用
void SPI_WriteData (SPI_Type * base,uint16_t data,uint32_t configFlags)	SPI 发送数据
static uint32_t SPI_ReadData (SPI_Type * base)	SPI 接收数据

（2）数据传输 API 函数介绍。

SPI 数据传输 API 函数列表如表 9-5 所示，相对于上面提到的基础功能 API，数据传输 API 是一种更高阶的 API 函数，建立在基础功能 API 之上，对外设的操作以句柄 handle 为对象，参数相对复杂，适合于有 Linux/Window 开发经验的用户使用。

表 9-5　SPI 数据传输 API 函数列表

SPI 数据传输 API 函数原型	函数功能描述
status_t SPI_MasterTransferCreateHandle (SPI_Type *base, spi_master_handle_t * handle,spi_master_callback_t callback,void * userData)	创建 SPI 主机发送句柄
status_t SPI_MasterTransferBlocking (SPI_Type * base,spi_transfer_t * xfer)	SPI 主机以阻塞方式发送数据
status_t SPI_MasterTransferNonBlocking (SPI_Type * base, spi_master_handle_t * handle,spi_transfer_t * xfer)	SPI 主机以非阻塞方式发送数据
status_t SPI_MasterTransferGetCount (SPI_Type * base,spi_master_handle_t *handle,size_t * count)	SPI 主机获取已发送数据长度
void SPI_MasterTransferAbort (SPI_Type * base,spi_master_handle_t * handle)	退出 SPI 主机发送
void SPI_MasterTransferHandleIRQ (SPI_Type * base,spi_master_handle_t *handle)	SPI 主机发送句柄中断服务函数
static status_t SPI_SlaveTransferCreateHandle (SPI_Type * base, spi_slave_handle_t * handle,spi_slave_callback_t callback,void * userData)	创建 SPI 主机发送句柄
static status_t SPI_SlaveTransferNonBlocking (SPI_Type * base, spi_slave_handle_t * handle,spi_transfer_t * xfer)	SPI 从机以非阻塞方式发送数据
static status_t SPI_SlaveTransferGetCount (SPI_Type * base,spi_slave_handle_t * handle,size_t * count)	SPI 从机获取已发送数据长度
static void SPI_SlaveTransferAbort(SPI_Type * base,spi_slave_handle_t *handle)	退出 SPI 从机发送
static void SPI_SlaveTransferHandleIRQ(SPI_Type * base,spi_slave_handle_t *handle)	SPI 从机发送句柄中断服务函数

2. SPI 与 DMA 相关的驱动函数

SPI DMA 相关的 API 驱动主要实现了 SPI 模块与 DMA 相结合时的传输

配置，包括创建 SPI 的 DMA 传输通道、通过 DMA 发送数据、查询 DMA 传输状态、退出 DMA 等几个方面，相关的驱动结构体和函数在 fsl_spi_dma.h 文件中定义。SPI DMA 相关 API 函数列表如表 9-6 所示。

表 9-6　SPI DMA 相关 API 函数列表

SPI DMA 数据传输 API 函数原型	函数功能描述
status_t SPI_MasterTransferCreateHandleDMA (SPI_Type * base,spi_dma_handle_t * handle,spi_dma_callback_t callback,void * userData,dma_handle_t * txHandle,dma_handle_t * rxHandle)	创建 SPI 主机通过 DMA 进行传输的相关句柄
status_t SPI_MasterTransferDMA (SPI_Type * base, spi_ dma_ handle_t * handle,spi_transfer_t * xfer)	SPI 主机通过 DMA 收发数据
Static status_t SPI_SlaveTransferCreateHandleDMA (SPI_Type * base,spi_dma_handle_t * handle,spi_dma_callback_t callback,void * userData,dma_handle_t * txHandle,dma_handle_t * rxHandle)	创建 SPI 从机通过 DMA 进行传输的相关句柄
static status_t SPI_SlaveTransferDMA (SPI_Type * base, spi_ dma_handle_t *handle,spi_transfer_t * xfer)	SPI 从机通过 DMA 收发数据
void SPI_MasterTransferAbortDMA (SPI_Type * base,spi_dma_ handle_t *handle)	SPI 主机退出 DMA 数据传输
status_t SPI_MasterTransferGetCountDMA (SPI_Type * base,spi_dma_handle_t * handle,size_t * count)	SPI 主机获取已通过 DMA 传输数据的个数
static void SPI_SlaveTransferAbortDMA (SPI_Type * base,spi_dma_handle_t *handle)	SPI 从机退出 DMA 数据传输
static status_t SPI_SlaveTransferGetCountDMA (SPI_Type * base,spi_dma_handle_t * handle,size_t * count)	SPI 从机获取已通过 DMA 传输数据的个数

9.6　实例：SPI 读/写外部 Flash

为方便客户快速上手应用，LPC SDK 代码中针对 SPI 模块提供了丰富的示例代码，包括查询方式、中断方式以及与 DMA 结合的例子。本章以 SPI 轮询方式读取外部 SPI NOR Flash 的代码为例，讲解 LPC5411x 芯片 SPI 模块的使用。

9.6.1　实验目的和环境准备

1. 实验描述

在本实验中用到了 SYSCON、Flexcomm、USART 以及 SPI 模块，演示了如何使用 LPC54114 芯片的硬件 SPI 接口读/写外部的 SPI Flash，在代码中 MCU 向外部的 SPI Flash 的固定地址写入用户通过串口输入的数据，然后再通过 SPI 接口读出，最后进行逐一比较，并通过串口打印校验结果。

2. 硬件电路设计

在介绍硬件电路之前，首先介绍一下板载 MX25R6435FM2IL0 存储器的芯片结构和器件引脚。该器件是一款 4 线制、兼容 SPI 接口的高速 SPI NOR Flash，容量为 64Mbit，该器件的特性如下：

- 64M bit 的存储空间；
- 2.7～3.6V 单电源读和写操作；
- SPI 总线接口，兼容模式 0 和模式 3；
- 最大 50M 的高速时钟频率；
- 灵活的擦除能力，支持 4KB 扇区擦除、32KB 及 64KB 块擦除；
- 快速字节编程能力，单字节编程时间的典型值是 12μs，page 编程时间的典型值是 0.7ms；
- 快速擦除能力，整片擦除时间为 20s，64K 块擦除时间为 0.25s，4K 的扇区擦除时间为 30ms；
- 卓越的可靠性，10 万次的擦除/编程次数，数据保存期限至少是 20 年。

MX25R6435FM2IL0 常用 SOP-8 和 WSON-8 封装，其外部引脚排列示意如图 9-6 所示。

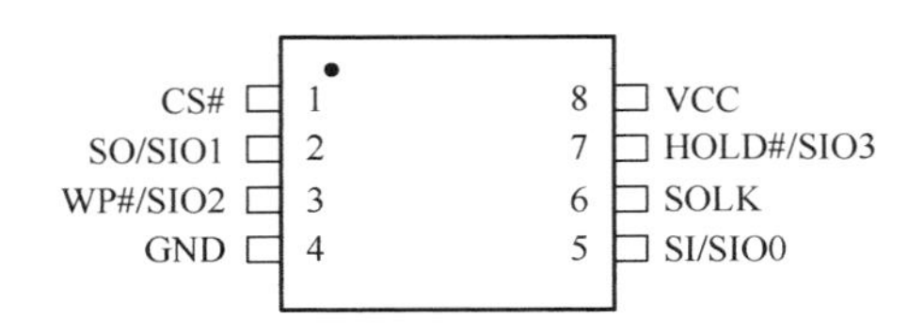

图 9-6　SPI Flash 外部引脚分布

LPCXpresso54114 板与外部 SPI Flash 的硬件连接电路图如图 9-7 所示，微控制器的 SPI 引脚分别连接到 MX25R6435FM2IL0 存储器的片选 CS、串行时钟 SCK、串行数据输入信号 D1/IO0、串行数据输出信号 DO/IO1，WP 引脚直接连接至 VDD 3V 电源，写保护功能未使用。

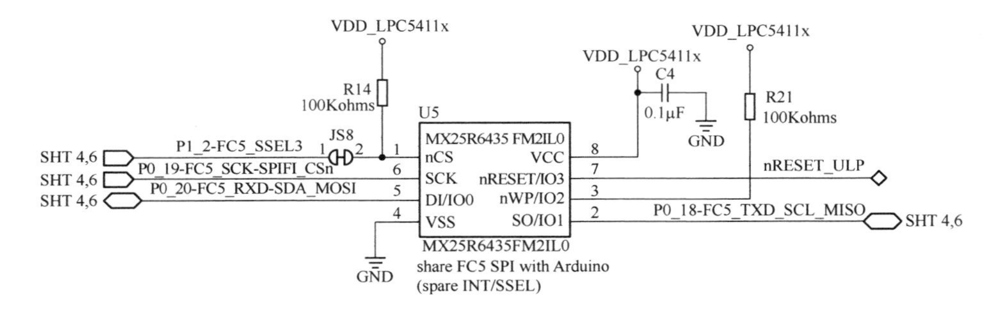

图 9-7　SPI Flash 硬件连接电路图

9.6.2　代码分析

本实例的程序设计所涉及的软件设计结构如表 9-7 所示，主要程序设计文件功能说明如表 9-8 所示。

表 9-7　软件设计结构

用户应用层			
main.c			
CMSIS 层			
Cortex-M4 内核外设访问层	LPC5411x 外设 SDK 驱动		
core_cm4.h core_cmfunc.h core_cminstr.h	启动代码 system_LPC54114_cm4.s	内部寄存器头文件 fsl_device_registers.h	System 初始化 system_LPC54114_cm4.c system_LPC54114_cm0plus.c

续表

硬件外设层			
时钟控制驱动库	打印 UART 串口	引脚链接配置驱动库	GPIO 模块配置驱动库
clock_config.c/clock_config.h fsl_clock.c/fsl_clock.h	fsl_debug_console.c fsl_debug_console.h	pin_mux.c pin_mux.h	fsl_gpio.c fsl_gpio.h
Flexcomm 外设驱动库	SPI 外设驱动库	MX25R6435FM2IL 驱动函数	
fsl_flexcomm.c fsl_flexcomm.h	fsl_spi.c fsl_spi.h	mx25r_flash.c mx25r_flash.h	

表 9-8　程序设计文件功能说明

文件名称	程序设计文件功能说明
main.c	用户程序，SPI 外设驱动 SPI Flash 读/写操作的主程序
mx25r_flash.c	用户程序，SPI 存储器操作功能函数
fsl_spi.c	公有程序，SPI 外设模块驱动库
fsl_flexcomm.c	公有程序，flexcomm 外设驱动库
clock_config.c	公有程序，时钟控制驱动库
pin_mux.c	公有程序，引脚配置驱动库
fsl_gpio.c	公有程序，GPIO 设置驱动库
fsl_debug_console.c	公有程序，打印串口驱动代码
system_LPC54114_cm4.s	启动代码文件

从表 9-8 中可以看到，只有 main.c 文件和 mx25r_flash.c 是用户程序，是会有差异化的地方，其他的代码文件大多是公有程序，用户可以直接调用这些函数来完成个性化的应用。用户程序本质上也是对公有程序的调用，下面就以用户程序为对象来分析实际应用中对 SDK SPI 驱动代码的调用关系。

在对以上实验目的、硬件连接以及代码结构有认识之后，我们从 main 函数开始分别讲解 SPI 驱动代码的调用顺序。在 main 函数中，首先完成芯片内部时钟初始化、SPI 外部引脚初始化、SPI 模块输入时钟选择和打印串口初始化等预备工作，然后在 app 函数中完成对外部 SPI Flash 的读/写以及数据校验操作，完整的主程序如代码清单 9-1 所示。

代码清单 9-1

```
int main(void)
{
    /* Init the boards */
    CLOCK_AttachClk(BOARD_DEBUG_UART_CLK_ATTACH);/*选择 UART 时钟源,
选择 FRO 12M 作为输入*/

    CLOCK_AttachClk(kFRO12M_to_FLEXCOMM5); /*选择 FRO12M 作为 SPI5 时钟源输
入*/
    RESET_PeripheralReset(kFC5_RST_SHIFT_RSTn);  /*复位 FlexCOMM5 寄存器,用作 SPI*/

    BOARD_InitPins(); /*初始化 SPI5 和 USART0 使用的引脚*/
    BOARD_BootClockRUN(); /*初始化芯片时钟主时钟为 48M,并设置 FLASH 等待周期*/
    BOARD_InitDebugConsole(); /*初始化打印输出所用到的 USART0*/
    PRINTF("*****app*start***** \r\n");

    if (0 == app()) /*执行对外部 SPI Flash 的初始化,数据读/写以及校验判断*/
    {
      PRINTF("Write succeed,please restart the board to see the written message \r\n");
    }
    else
    {
      PRINTF("Write failed \r\n");
    }
    PRINTF("*****app*end***** \r\n");
    while (1){}
}
```

接着，我们分析 app 函数，该函数主要完成对外部 SPI Flash 的初始化以及读/写操作，实现过程如代码清单 9-2 所示。

代码清单 9-2

```
    int app(void)
    {
```

```
    int status;
    if (mx25r_err_ok != flash_init()) /* SPI Flash 初始化*/
    {
        return -1;
    }
    status = flash_read_buffer(SECTOR_ADDR,g_buffer,BUFFER_SIZE);/*从 0x00 地址连续读取 64 字节数据 */
    if (mx25r_err_ok != status)
    {
    return status;
    }
    if (flash_is_buffer_empty(g_buffer,BUFFER_SIZE))/*判断 0x00 地址起始 64 字节数据是否为空 */
    {
     PRINTF("Flash at 0x%x of size %d B is empty \r\n",SECTOR_ADDR,
BUFFER_SIZE);
    }
    else
    {
    PRINTF("Flash at 0x%x of size %d B has message '%s' \r\n",SECTOR_ADDR,
BUFFER_ SIZE,g_buffer);
     }

    PRINTF("Write new message (max %d chars)to flash:\r\n",BUFFER_SIZE - 1);
    read_string(g_buffer,BUFFER_SIZE);/*通过串口获取用户要写入的数据串,以回车作为结束标志*/
    PRINTF("\r\nmessage is:'%s' \r\n",g_buffer);
    if (!flash_is_buffer_empty(g_buffer,BUFFER_SIZE)) /* 判断 0x00 开始的 64 个字节是否为空*/
    {
    status = flash_erase_sector(SECTOR_ADDR);   /*如果不是空,先擦除 0x00 起始的 sector*/
     if (mx25r_err_ok != status)
     {
        return status;
     }
```

```
        }
        status = flash_write_buffer(0x0,g_buffer,BUFFER_SIZE); /*将串口获取的数据写
入到 SPI Flash*/
        if (mx25r_err_ok != status)
        {
            return status;
        }
        return 0;
        }
```

这个例程 main 函数很长，因为有很多和实验验证有关的测试代码，并对每步的结果都进行了错误判断。实际应用中，使用 SPI 读/写 Flash 可以写得十分简洁，此处沿着 mian 函数的流程走一遍：

（1）调用 CLOCK_AttachClk 选择 USART 和 SPI 5 的时钟源输入；

（2）调用 BOARD_InitPins 初始化用到的 USART 和 SPI 引脚；

（3）调用 BOARD_BootClockRUN 初始化系统时钟到 FRO 48M，并设置 Flash 等待周期；

（4）调用 BOARD_InitDebugConsole 初始化打印输出所用到的串口；

（5）调用 flash_init 函数中对外部 SPI Flash 进行初始化，该函数实际上调用了 SPI_MasterInit 初始化 SPI 模块，包括 SPI 传输波特率、数据宽度、时钟极性/相位、SSEL 引脚以及主机/从机模式等；

（6）调用 flash_read_buffer 函数中从外部 SPI Flash 的 0x00 地址中读取 64 个字节，该函数实际上调用了 SPI_MasterTransferBlocking 函数，以阻塞的方式完成数据的读取；

（7）调用 flash_is_buffer_empty 函数判断读取的数据是否为 0xFF，即 SPI Flash 已经擦除；

（8）调用 read_string 读取用户要写入到 SPI Flash 的数据；

（9）调用 flash_is_buffer_empty 判断 SPI Flash 指定地址是否已经擦除（连续读出数据为 0xFF），如果未擦除，调用 flash_erase_sector 函数擦除 SPI Flash 相应的 sector 块；

（10）调用 flash_write_buffer 函数向 SPI Flash 指定地址写入第（6）步中用户输入的数据，如果写入成功，打印“write succeed”信息，否则打印“Write failed”。

至此，整个 main 函数执行完成，接下来我们详细分析 main 函数调用的以上用户函数是怎样编写的。

1．SPI Flash 初始化

flash_init 函数是对 SPI Flash 的初始化函数，如代码清单 9-3 所示，其中调用 SPI_MasterInit 函数完成了对 SPI 模块的初始化，包括对 SPI 数据发送顺序、工作模式、波特率以及片选信号的配置，用户只需要根据应用配置 spi_master_config_t 结构体即可。

代码清单 9-3

```
int flash_init(void)
{
    spi_master_config_t masterConfig = {0}; /*SPI 配置结构体*/

    SPI_MasterGetDefaultConfig(&masterConfig); /*获取默认配置*/
    masterConfig.direction  =  kSPI_MsbFirst;   /*修改数据位发送的顺序,MSB 或者
LSB*/
    masterConfig.polarity  =  kSPI_ClockPolarityActiveHigh;  /*配置时钟极性为高电
平有效*/
    masterConfig.phase = kSPI_ClockPhaseFirstEdge; /*配置时钟相位为第一个边沿
采样*/
    masterConfig.baudRate_Bps = 90000; /*配置 SPI 时钟波特率为 100kHz*/
    masterConfig.sselNum = (spi_ssel_t)FLASH_SPI_SSEL; /*配置 SPI 片选为 CS3*/
    SPI_MasterInit(EXAMPLE_SPI_MASTER,&masterConfig,LOCK_GetFreq(EXA
```

```
MPLE_SPI_MASTER_CLK_SRC)); /*使用 masterConfig 的配置对 SPI 模块初始化*/

        mx25r_init(&mx25r,flash_transfer_cb,EXAMPLE_SPI_MASTER); /* SPI FLASH 初
始化*/
        return mx25r_err_ok;
    }
```

2. SPI Flash 数据擦除

flash_erase_sector 函数主要完成对外部 SPI Flash sector 的擦除，函数中会首先检查要擦除的 Flash 地址是否对齐，然后调用用户函数 mx25r_cmd_sector_erase 发送擦除指令，擦除指定区域，如代码清单 9-4 所示。

代码清单 9-4

```
    int flash_erase_sector(uint32_t address)
    {
        /* check sector alignement */
        int status = flash_is_sector_aligned(address); /*确认要擦除的 Flash 地址是否对
齐*/
        if (mx25r_err_ok != status)
        {
        return status;
        }
        /* erase command */
        status = mx25r_cmd_sector_erase(&mx25r,address); /*SPI Flash 擦除*/
        if (mx25r_err_ok != status)
        {
          PRINTF("'mx25r_cmd_sector_erase' failed \r\n");
        }
         return status;
    }
```

3. SPI Flash 数据读取

flash_read_buffer 函数主要完成对外部 SPI Flash 数据的读取，函数中会首先检查要擦除的 Flash 地址是否对齐，然后调用用户函数 mx25r_cmd_read 发送读取指令，从指定地址读取指定长度的数据到预先定义的 buffer 区域，在 mx25r_cmd_read 函数中实际是调用 SPI_MasterTransferBlocking 函数将数据分别读出的，如代码清单 9-5 所示。

代码清单 9-5

```
int flash_read_buffer(uint32_t address,char *buffer,char size)
{
    /* check sector alignement */
    int status = flash_is_sector_aligned(address);/*确认要读取的 Flash 地址是否对齐*/
    if (mx25r_err_ok != status)
    {
        return status;
    }
    /* read command */
    status = mx25r_cmd_read(&mx25r,address,(uint8_t *)buffer,size);/*SPI Flash 数据
读取*/
    if (mx25r_err_ok != status)
    {
        PRINTF("'mx25r_cmd_read' failed \r\n");
    }
    return status;
}
```

4. SPI Flash 数据发送

flash_write_buffer 函数主要完成对外部 SPI Flash 数据的写入，函数中同样也会首先检查要写入的 Flash 地址是否对齐，然后调用用户函数 mx25r_cmd_write 发送数据写入指令，向指定地址写入指定长度的数据，在

x25r_cmd_write 函数中实际是调用 SPI_MasterTransferBlocking 函数将每帧数据发送出去的，如代码清单 9-6 所示。

代码清单 9-6

```
int flash_write_buffer(uint32_t address,char *buffer,char size)
{
    /* check sector alignement */
    int status = flash_is_sector_aligned(address);/*确认指定的 Flash 地址是否对齐*/
    if (mx25r_err_ok != status)
    {
        return status;
    }
    /* write command */
    status = mx25r_cmd_write(&mx25r,address,(uint8_t *)buffer,size);/*SPI Flash 数据
写入*/
    if (mx25r_err_ok != status)
    {
      PRINTF("'mx25r_cmd_write' failed \r\n");
    }
    return status;
}
```

9.6.3 实验现象

将 USB 线插到标注有 CN1 EMUL 的 USB 接口，打开串口调试助手，找到对应的虚拟串口，并配置为“115200 8-N-1”。将编译好的 SPI 示例程序 polling_flash 下载到开发板，单击运行程序，即可看到串口助手打印出如图 9-8 所示信息。

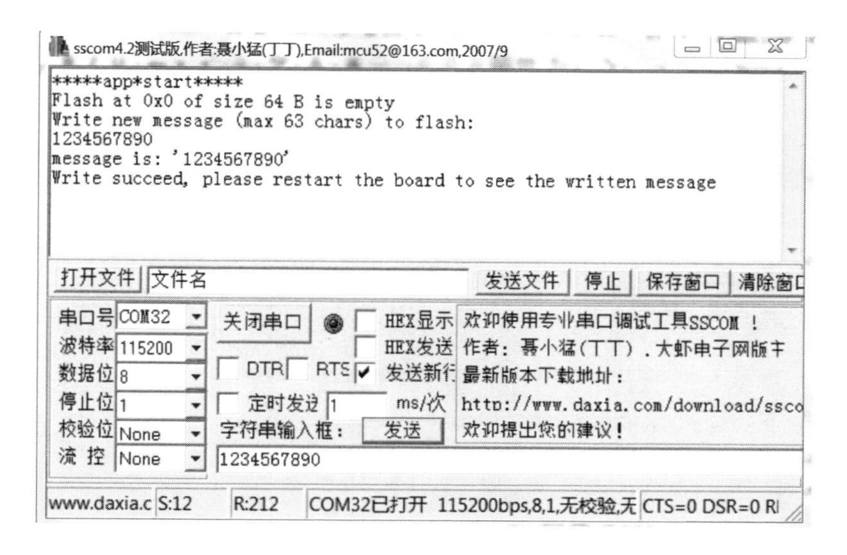

图 9-8　SPI Flash 读/写代码运行结果

9.7　小结

本章首先介绍了 LPC5411x 系列微控制器的 SPI 外设的特性、内部框图、外部引脚和工作模式，并对 SPI 数据传输速率、超出 16 位的数据传输、低功耗模式下 SPI 唤醒以及 SPI 数据帧延迟等与实际应用息息相关的技术细节进行了全面讨论，让读者对 LPC5411x 系列微控制器的 SPI 硬件有个基本认识。然后重点介绍了 LPC5411x SDK 驱动代码库中 SPI 相关的驱动函数，包括基础功能 API 和数据传输 API，两种驱动 API 函数的区别以及应用场合。最后以 SPI 轮询方式读/写外部 SPI Flash 的实例为对象，按照例程代码的执行流程，分别对 main 主程序、SPI Flash 初始化、SPI Flash 擦除、SPI Flash 读/写代码进行了剖析，并运行代码，给出实验结果。

第 10 章
Chapter 10

I2C 总线接口与应用

10.1 I2C 控制器概述

I2C 是一种高速同步全双工串行通信接口，I2C 总线协议于 20 世纪 80 年代早期由 NXP 半导体公司开发，广泛应用在连接诸如 ADC、温度传感器、RTC 芯片以及 LCD 控制器等外设的场合。I2C 在同一个总线上支持连接多个主机或从机，但在同一次数据传输过程中，总线上只能有一个主机和一个从机通信，时钟信号都是由主机产生发送到从机，数据线是双向通信的。由于可能会有多个主机同时访问总线，且在主机和从机之间可能存在速度不匹配的问题，所以 I2C 协议也规定了总线仲裁和时钟延伸的握手协议来解决这些问题。

LPC5410x 系列 MCU 可通过配置 Flexcomm 支持最多 8 个 I2C 串行端口控制器，可通过软件配置为主机、从机或者主/从机，并具有多种地址识别和监控模式。支持多种速度模式：Standard mode (100kbit/s)、Fast mode (400kbit/s)、Fast-Mode Plus mode（1Mbit/s）以及 High speed mode（3.4Mbit/s），其中对于最后两种快速传输模式，只有在特定的两组真开漏的引脚 PIO0_23/PIO0_24 和 IO0_25/IO0_26 上才支持。

10.2　I2C 特性和内部框图

10.2.1　LPC5411x I2C 特性

LPC5411x I2C 特性如下。

- 最多支持 8 个 I2C 接口，分别支持主机、从机功能。
- 硬件支持配置为多个 I2C 从机地址以及 10 bit 从机地址。
- 支持多主机和带从机功能的多主机，以及系统管理总线（SMBus）。
- 可通过 1 个位屏蔽或 1 个地址范围选择一个从机地址，从而响应多个 I2C 总线地址。
- 支持在睡眠模式和深度睡眠模式下唤醒，以及从机地址匹配唤醒。
- 支持多种总线速度，以最大限度地匹配连接的外部设备：
- 标准模式，最高 100 kbit/s。
- 快速模式，最高 400 kbit/s。
- 超快速模式，最高 1Mbit/s（仅在引脚 PIO0_23 和 24 或 PIO0_25 和 26 上支持该模式）。
- 高速模式，最高 3.4 Mbit/s（仅在引脚 PIO0_23 和 24 或 PIO0_25 和 26 上支持该模式）。
- 支持自动 ACK 功能，在一些用例中可以减少软件开销。

10.2.2　I2C 内部框图

LPC5411x 的 I2C 内部功能框图如图 10-1 所示，可以看到主要包括时钟发生器、主/从机功能模块、监控功能模块、超时控制模块、外部信号引脚以及 I2C 中断和 DMA 请求控制器等几个部分。

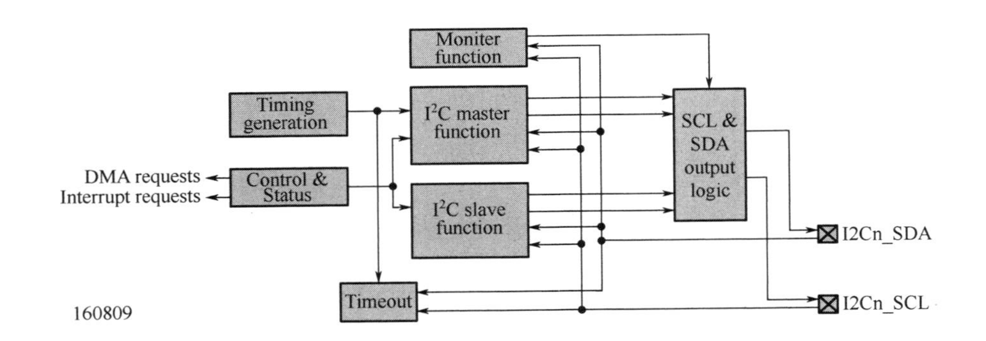

图 10-1　I2C 内部功能框图

时钟发生器用于提供 SCL 时钟脉冲，其输出频率和占空比可以通过 I2C 时钟控制寄存器 I2CLH 和 I2CLL 设置，I2C 总线上的 SCL 时钟是由主机提供的，所以当 I2C 模块处于从机时，时钟发生器会被关闭。主/从机功能模块和 SCL/SDA 输出逻辑模块用于提供移位寄存器、产生和检测 START 和 STOP 信号、接收和发送应答位、控制主机/从机模式、中断和 I2C 总线状态监测等功能。

10.3　I2C 外部引脚描述

表 10-1 是 I2C 信号线外部引脚描述，包括两个信号线，分别为时钟线 SCL 和数据线 SDA，LPC5411x 芯片的 I2C 各个信号引脚在物理上和 Flexcomm 接口支持的 SPI、USART 的引脚复用，用户在使用时可以在软件上通过 IOCON 寄存器灵活配置，将 I2C 的各个信号分配至外部物理引脚。这样设置的好处在于，一方面可以灵活选择某个端口的数量，另一方面方便用户硬件布线。

表 10-1　I2C 信号线外部引脚描述

函数	类型	数据手册引脚描述中使用的引脚名称	说明
SCL	I/O	FCn__TXD__SCL__MISO、FCn__TXD__SCL__MISO__WS 或 FCn__RTS__SCL_ SSEL1	I^2C 串行时钟
SDA	I/O	FCn__RXD__SDA__MOSI、FCn__RXD__SDA__MOSI__DATA 或 FCn__CTS__SDA SSEL0	I^2C 串行数据

需要指出的是，对于超快速模式（最高 1Mbit/s）和高速模式（最高 3.4Mbit/s），仅在 PIO0_23 和 24 或 PIO0_25 和 26 两组引脚上有支持。并且，在 I2C 不同的速度模式下，使用时需要通过 I2C 功能的 ICCON 寄存器合理配置输入滤波使能、引脚模式、驱动能力以及 I2C 引脚的翻转速度等选项，具体的设置如表 10-2 所示。

表 10-2　I2C 不同速度模式下对应 ICCON 寄存器位配置

模式	IOCON 寄存器位					
	10: 12CFILTER	9: 12CDRIVE	8: FILTEROFF	7: DIGIMODE	6: INVERT	5: 12CSLEW
GPIO 4 Ma 驱动	0	0	0[1]	0[2]	0	1
GPIO 20 mA 驱动	0	1	0[1]	1[2]	0	1
快速/标准模式 I2C	0	0	1	1	0	0
超快速 I2C 模式	1	1	1	1	0	0
高速从机 I^2C	1	1	1	1	0	0

10.4 I2C 功能说明

10.4.1 I2C 协议简介

I2C 协议是飞利浦公司提出的一种支持多主机的串行总线协议，从 1992 年该公司发布 I2C 总线规范 Version 1.0 到 2001 年发布的总线规范 Version 2.1，I2C 总线的功能得到不断的完善和扩展，目前最大支持到 3.4Mbit/s 的高速传输模式，总线寻址也由 7 位寻址发展到 10 位寻址，满足了更大寻址空间的需求，目前已被大多数的芯片厂家广泛采用，如 TI、Maxim、Intel、Atmel 及 Infineon 等。

在硬件结构上，I2C 采用 SCL 和 SDA 两根线来完成数据的收发和外围器件的扩展，两根线都是双向线路的，需要外接上拉电阻接到正电平，通常来说，总线上的负载越大，所需要的上拉电阻越小，从而增大总线上的驱动电流。当总线空闲时，这两个线路都是高电平，总线上的每个器件都有唯一的识别地址，而且根据器件类型的不同，可以被配置为发送器或接收器，由器件的功能决定。

由于 I2C 支持多主机的总线架构，总线上的器件需要支持多个器件的“线与”功能，所以 I2C 总线的器件输出必须是漏极开路或集电极开路的。如果两个或多个主机尝试发送信息到总线，由于“线与”功能的存在，在其他主机都产生“0”的情况下，首先产生一个“1”的主机将丢失仲裁，仲裁时的时钟信号是用“线与”连接到 SCL 线的主机产生的时钟。除此之外，在 I2C 总线协议中有几个常见的术语，如表 10-3 所示。

表 10-3 I2C 总线协议中的常见术语

I2C 术语	功 能 描 述
主机	I2C 总线中负责检测和协调数据收发，提供 SCL 时钟信号、START 起始信号和 STOP 停止信号的器件。在一次数据传输过程中，只有一个器件担任主机

续表

I2C术语	功能描述
从机	被主机寻址的器件，负责对主机的信号作出ACK/NACK回应
发送器	发送数据到总线的器件
接收器	从总线接收数据的器件
地址	I2C器件的寻址地址，在从机模式下使用，用于被主机寻址
仲裁	在有多个主机同时尝试控制I2C总线时，只允许其中一个主机最终获得总线控制权，而使报文不被破坏的过程
同步	又称为时钟延伸，匹配主机和从机SCL速度的过程

更多关于I2C协议的部分，可以参考NXP UM10204--I2C-bus specification and user manual手册，其包含对I2C协议、电气特性和应用信息的详细介绍。下面对I2C实际使用过程中经常遇到的一些功能分别进行介绍。

10.4.2 I2C总线速率和时钟延伸

1. I2C总线速率

在I2C总线中，主机负责提供时钟信号，总线波特率也是由主机的寄存器配置决定的。I2C接口的时钟频率取决于输入Flexcomm接口时钟FCLK、I2C的分频寄存器DIVVAL的值，以及MSTTIME寄存器中SCL高电平时间和低电平时间的和。实际的I2C总线通信速率=Flexcomm输入时钟FCLK/I2C时钟分频值DIVVAL/（SCL高电平时间+SCL低电平时间）。其中，I2C时钟分频器DIVVAL是一个整数值，取值范围为1～65536，SCL高/低电平时间的范围为2～9，默认都是9，而具体的配置值需要与从机的时序要求相匹配，所以I2C的默认总线速度就是FCLK/18。

而Flexcomm接口时钟FCLK的大小又取决于所选择的输入时钟，可以通过FCLKSELn[0:2]寄存器进行配置，每个具体选项的值和输入时钟源描述如表 10-4 所示。

表 10-4　FCLK 输入时钟源配置选项

FCLKSEL[0:2]值	输入时钟源描述
0x0	FRO 12MHz（fro_12m）
0x1	FRO 96 或 48 MHz（fro_hf）
0x2	系统 PLL 输出（pll_clk）
0x3	在 IOCON（mclk_in）中选定时，MCLK 引脚输入
0x4	FRG 时钟，小数速率发生器输出（frg_clk）
0x7	无，不需要输出时可选择此值以降低功耗
	其他值都是保留设置

对于 I2C 从机模式而言，时钟来自外部 I2C 主机的 SCL 输入，直接用来运行发送和接收移位寄存器以及其他逻辑，与 FCLK 和 DIVVAL 的设置值无关。

然而，根据 I2C 总线的特性，由于慢速的 I2C 从设备的存在以及 I2C 从机软件处理的耗时都有可能会拉伸 SCL 延长时钟信号，所以通常无法保证 SCL 引脚保持特定的时钟速率。以上的 I2C 总线速率计算也都是理论值，实际传输速率还受 I2C 从设备的速度、外部电路的走线、上拉电阻阻值的选择以及总线最大电容 400pF 等的影响，在实际电路中能达到的总线速度需要综合考虑。

2. I2C 时钟延伸

所谓时钟延伸（Clock Stretching），就是上文提到的“慢速 I2C 从设备的存在以及 I2C 从机软件处理的耗时会拉伸 SCL 延长时钟信号”的行为，这种 I2C 从机主动拉低 SCL 线在规范中是一个合法的行为，也称为时钟同步。这种情况通常会出现在 I2C 主机传输速度快，而从机 I2C 通信速度慢或者软件处理速度慢的场合，如果从机设备希望主机设备降低传送速度，便可以通过将 SCL 引脚主动拉低延长其低电平时间的方法来通知主机设备，当主机设备在准备下一次数据传送时，发现 SCL 的电平被拉低时就会进行等待，直至 I2C 从机设备完成操作并释放 SCL 线的控制权为止。这样一来，I2C 主机发出的时钟信号实际上受到了 I2C 从机设备的时钟控制，从而实现不同速度等级 I2C 主从设备的时钟同步和可靠的数据交互。也就是说，高速的 I2C 设备支持向下兼容快速模式或标准模式的设备，不同速度等级的设备可以在一个混合的总线系统中进行双向通信。

对于 LPC5411x 系列 MCU，会在发生时钟拉伸时置位 I2C 状态寄存器 STAT 中的挂起标志 MSTPENDING 或者 SLVPENDING，如果通过 INTENSET 寄存器使能该标志中断，则会触发中断事件。

10.4.3　I2C 的寻址方式和低功耗唤醒

1．I2C 的寻址方式

在 I2C 系统中，为最大限度地简化总线的连接，在主机和从设备之间没有地址选择线，只有 SCL 时钟线和 SDA 数据线。所以在 I2C 的总线中约定了独特的寻址方式，规定在起始信号后的第一个字节的前 7 位作为寻址字节，用来寻址从设备，并在该字节的最后 1 位约定了数据传输的方向。

当 I2C 主机发送了一个地址后，系统中的每个器件都在起始条件后将前 7 位与自己的地址比较，如果一样，器件会认为它被主机寻址选中。至于是从机接收器还是从机发送器都由最低的 R/W 位决定，如果该最低位是“0”，表示主机会写信息到被选中的从设备，如果该最低位是“1”，表示主机会从从设备读信息。例外的情况是可以寻址所有器件的“广播呼叫”地址 0x00，使用这个地址时，理论上所有器件都会发出一个响应，但是，也可以使器件忽略这个地址。广播呼叫地址的第二个字节定义了要采取的行动。

除此之外，I2C 协议还规范了 10 位地址的寻址方式，10 位寻址和 7 位寻址兼容，两者可以结合使用。图 10-2 是 I2C 主机发送器用 10 位地址寻址从机接收器的时序图，第一个字节的前 7 位是 11110XX 的组合，其中最后两位 XX 是 10 位地址的两个最高位 MSB，第一个字节的第 8 位是 R/W 位，决定了报文的方向，第一个字节的最低位是“0”，表示主机将要写信息到选中的从机，“1”表示主机将向从机读信息

图 10-2　I2C 主机发送器用 10 位地址寻址从机接收器

对于 LPC5411x 系列 MCU 来说，同时支持以上的 7 位和 10 位寻址方式。而且支持最多 4 个独立的从机地址，用户可以通过 SLVADR0-3 寄存器分别配置，从而响应多个独立的多个地址寻址。其中，对于从机地址 0，LPC5411x 还支持通过从机地址 0 限定符寄存器 SLVQUAL0 的限定模式位和限定符位，来设定从机响应多个 I2C 寻址地址或一段连续的寻址范围。表 10-5 是 LPC5411x 作为 I2C 从机时，不同寄存器配置选项和从机地址 0 实际寻址范围的对应关系。

表 10-5　不同寄存器配置选项和从机地址 0 实际寻址范围的对应关系

配置条件	从机地址 0 实际寻址范围
QUALMODE0=0，掩码模式	从机地址限定符字段 SLVQUAL0 和从机地址 0 SADISABLE0 的逻辑掩码
QUALMODE0=1，扩展模式	从 SLVADR0 定义的值延伸到 SLVQUAL0 定义的地址，即当 SLVADR0[7:1]≤接收地址≤SLVQUAL0[7:1]时，地址匹配

2．I2C 的低功耗唤醒

根据用户应用的功耗需求，LPC5411x 系列 MCU 提供了多种不同的低功

耗模式，包括睡眠模式、深度睡眠模式以及深度掉电模式。用户可通过 SYSCON 模块中的寄存器设置、电源 API 控制的稳压器设置以及 CPU 的工作模式来控制电源使用，以最大限度地节省功耗。对应每种低功耗模式，LPC5411x 系列 MCU 也提供了多种唤醒方式，I2C 便是其中之一，但需要强调的是，LPC5411x 系列 MCU 的 I2C 仅支持从睡眠模式和深度睡眠模式唤醒，不支持从深度掉电模式唤醒，以下分别描述在不同低功耗模式下 I2C 的配置方法。

在睡眠模式中，无论 I2C 模块是在主机或从机模式下，只要 Flexcomm 接口时钟在睡眠模式下保持激活，I2C 总线上的触发 I2C 中断的任何事件均可通过适当配置用于独立唤醒器件。配置的步骤主要包括两步：首先在 NVIC 中使能 I2C 的中断，其次灵活配置 I2C INTENSET 寄存器的唤醒事件，对应的唤醒事件包括以下几种：

- 主机挂起；
- 总线状态切换到空闲 idle 状态；
- 开始和停止信号错误；
- 从机挂起；
- 在从机模式下的地址匹配；
- 接收到数据和待发送数据准备完成。

在深度睡眠模式下，I2C 模块如同所有外设时钟一样始终被关闭，但是，如果 I2C 在从机模式下且由 I2C 总线上的外部主机提供同步时钟信号，则从机 I2C 模块依然可以创建异步中断。如果该中断在 NVIC 中断控制器以及在 INTENCLR 寄存器中被使能，则它便可以用于唤醒 MCU 内核，对应的唤醒事件包括以下几种：

- 从机被取消选择；
- 从机挂起（等待读取、写入或 ACK）；

- 从机地址匹配；
- 监控功能数据可用/就绪。

这也意味着，由于 LPC5411x 系列 MCU 在深度睡眠模式下 I2C 模块的时钟被关断，所以在该模式下，I2C 将仅支持从机模式下唤醒，配置的步骤主要包括四步：首先在 NVIC 中使能 I2C 的中断，其次使能 SYSCON 数据块中 STARTER1 寄存器中的 I2C 中断，接着将 I2C 配置为从机模式，最后在 I2C INTENSET 寄存器中使能相应的唤醒事件或者事件的组合。当在 I2C 总线上产生以上事件时，便会产生 I2C 中断，将 MCU 内核唤醒。

10.4.4 I2C 的死锁和超时机制

1. I2C 的死锁

所谓 I2C 死锁，通常表现是 SCL 为高，SDA 一直为低，导致 I2C 总线始终处于 busy 状态。在正常情况下，I2C 总线协议可以保证总线主从设备正常的读/写操作。但是在一些特殊情况下，如 I2C 主机异常复位（如看门狗复位等）、软件模拟的 I2C 主机发送的时序异常等都有可能导致 I2C 总线死锁现象的产生。

图 10-3 是一个典型的 I2C 主机对从设备地址读操作的时序图，读到的数据为 10011000b，MSB 在先也就是 0x98。在图中地址字节的第 9 个 CLK 期间从机拉低 SDA 表示对地址进行应答，在返回的数据字节的第 2、3、6、7、8 几个 CLK 期间从机拉低 SDA 输出逻辑 0 电平。

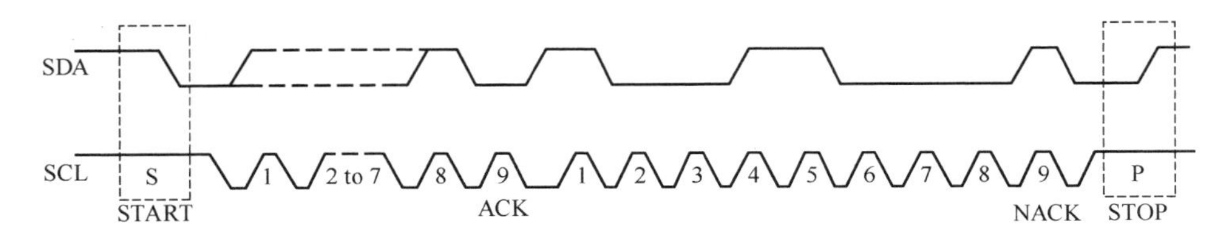

图 10-3　I2C 主机对从设备地址读操作的时序图

根据 I2C 协议规范，在 SCL 为高电平的时候，SDA 电平应保持稳定，而等到 SCL 为低后（也就是下降沿后）才能发生改变。如果在上面几个 CLK 的前半个周期 SCL 拉高后 I2C 主机不再拉低 SCL 的话，从机会是什么状态呢？从机会持续拉低着 SDA，直到收到下一个使它应该输出高电平的下降沿。导致这种情况最常见的情形就是主机在通信的过程中产生了意外的复位，由于复位动作通常会立刻将外设状态机迅速恢复到默认状态，也就无法发出完整的 CLK 了。然后等到主机复位完成回来后，I2C 主机会监测 SCL 和 SDA 信号，如果发现 SDA 信号为低电平，则会认为 I2C 总线一直被占用，随后便会一直等待 SCL 和 SDA 信号变为高电平。这样，I2C 主机等待从设备释放 SDA 信号，而同时 I2C 从设备又在等待主机将 SCL 信号拉低以释放应答信号，两者相互等待，于是 I2C 总线进入死锁状态。

对于这种情况通常有几种建议，首先尽量选择带有复位引脚的 I2C 从设备，其次在 I2C 从设备使能看门狗的功能和超时监测，还有就是 I2C 主机中增加 I2C 总线复位程序。其中又以最后一种方式最为常见，其基本思路是：首先将 I2C 主机的 SDA 和 SCL 引脚复用成 GPIO 功能，然后模拟 I2C 的时序分别给出 SCL 时钟 CLK，并在每个 CLK 时钟后读取 SDA 的电平状态，直到 SDA 恢复为高电平，接着再使用 GPIO 模拟产生一个 STOP 时序结束总线的锁死状态，最后，再将这两个引脚从 GPIO 功能复用回 SDA 和 SCL 功能。除了这些手段外，对于 LPC5411x 系列 MCU，其内部具有丰富的总线状态超时监测机制，可以通过合理配置总线的超时设置来实时监测以上的“锁死”状态，并及时恢复到正常状态。

2. I2C 的超时机制

如上文提到，超时的机制可以用来监测总线锁死的状态，在 LPC5411x 系列 MCU 中提供了两种类型的超时机制，可以通过软件使能监测和中断。

第一种类型是事件超时（EVENT TIMEOUT）监测，指在总线不处于闲置状态时，两个 I2C 事件之间的间隔，这些事件包括开始、停止以及 I2C 时钟（SCL）上的电平改变，当任意两个事件之间的时长间隔大于 TIMEOUT 寄存器配置的时长时，便会被认定为超时，并置位 STAT 寄存器中的 EVENTTIMEOUT 标志，如果 EVENTTIMEOUT 状态标志由 INTENSE 寄存器中的 EVENTTIMEOUTEN 位使能，则可引发中断。这种超时在监控系统中的 I2C 总线时非常有用，能够在发生故障时及时通知 CPU 进行相应的处理，并恢复到正常状态。

第二种类型是 SCL 超时（SCLTIMEOUT）监测，指在总线处于非闲置状态时，I2C 总线 SCL 引脚的超时，当 SCL 信号保持低位的时间大于 TIMEOUT 寄存器配置的时长时，便会产生超时，并置位 STAT 寄存器中的 SCLTIMEOUT 标志，如果 SCLTIMEOUT 状态标志由 INTENSE 寄存器中的 SCLTIMEOUTEN 位使能，用于引发中断，则可引发中断。SCLTIMEOUT 可与 SMBus 超时参数 TTIMEOUT 对应。在这种情况下，如果从机是违规设备，则它可以自行复位其 I2C 接口。如果所有监听从机（包括可定址为从机的主机）均执行此操作，则总线会被释放（除非它是引发故障的当前主机），具体的执行过程和复位机制请参考 SMBus 规格了解更多详情。

上文讲述时钟延伸章节曾提到过，当 I2C 从设备速度相比较主机速度较慢时，从设备会通过将 SCL 引脚主动延长其低电平时间的方法来匹配主机，但是延长多长时间才算合适，避免出现死机的状况，这就需要有一种对 SCL 的监控机制，对应到 LPC5411x 系列 MCU 来说，可以通过合理使能 SCL 超时中断监测（SCLTIMEOUT）来进行监测。同样，对于 I2C 总线死锁导致 SDA 数据线被意外拉低的情况，也需要一种监控机制，对于 LPC5411x 系列 MCU 来说，可以通过使能事件超时监测（EVENT TIMEOUT）来进行监测，然后做相应的处理。总之，在 LPC5411x 系列 MCU 中合理设置超时监测，可以尽可能地避免总线异常复位等导致的死锁情况，尽可能快地恢复总线通信。

10.5　I2C 模块的 SDK 驱动

LPC5411x 系列芯片的 I2C SDK API 函数是对芯片底层硬件寄存器的封装，涵盖了 LPC5411x I2C 外设几乎所有的相关功能，并针对实际的典型应用提供了丰富的示例代码，方便用户快速上手应用，而将更多精力放在用户应用程序的开发，加快产品的开发速度。

I2C 模块的 SDK 驱动函数分为三大类：①I2C 模块的驱动函数；②I2C DMA 的驱动函数；③SPI FreeRTOS 的驱动函数，下面分别予以介绍。

1. I2C 模块的驱动函数

I2C 模块的驱动函数主要实现对 I2C 模块的初始化、波特率设置、超时设置、中断使能、DMA 使能以及数据读/写等几个方面，相关的驱动函数定义在 fsl_i2c.h 文件中。I2C 模块驱动也包含两种类型的 API 驱动函数：基础功能 API（Functional API）和数据传输 API（Transactional API），基础功能 API 主要是对 I2C 特性/属性的底层驱动函数，实现对 I2C 模块的初始化、配置以及收发操作等所有的 I2C 外设功能，适合几乎所有的应用场合，尤其是一些功能要求灵活、对代码大小以及执行效率要求比较高的场合。而数据传输 API 是一种更高阶的 API 函数，建立在基础功能 API 之上，对外设的操作以句柄 handle 为对象，适合有 Linux/Window 开发经验的用户使用。对于不习惯使用句柄 handle 操作方式的嵌入式工程师来说，笔者建议客户使用基础功能 API 函数，对于那些有 Linux/Window 开发经验的工程师，可以尝试使用数据传输 API。当然基础功能 API 和数据传输 API 也并非是独立的，两者可以结合在一起使用，能最大限度地简化代码，提高使用效率。

在介绍相应的驱动函数之前，此处先介绍一下驱动函数用到的一些结构体，这些结构体主要是对 I2C 配置属性的抽象，方便用户根据应用灵活配置。用户只需要以该配置结构体作为参数，调用 I2C 的初始化函数即可完成对 I2C

模块的初始化配置。

1）I2C 主机模式下属性配置结构体

该结构体是主机模式下 I2C 模块属性的集合，包括 I2C 模块主从机模式选择、传输波特率以及是否使能 TIMEOUT 等，这个结构体的配置值会在 I2C_MasterInit 函数中被调用，从而完成对在主机模式下 LPC5411x I2C 模块的配置。

```
typedef struct _i2c_master_config
{
    bool enableMaster;          /*!< Whether to enable master mode. */
    uint32_t baudRate_Bps; /*!< Desired baud rate in bits per second. */
    bool enableTimeout;        /*!< Enable internal timeout function. */
} i2c_master_config_t;
```

2）I2C 从机模式下属性配置结构体

该结构体是从机模式下 I2C 模块属性的集合，包括从机模式使能、I2C 模块从机地址 0～3 的设置、从机地址 0 寻址范围模式选择、从机总线速度选择（标准模式、快速模式、超快速模式和高速模式）等，这个结构体的配置值会在 I2C_SlaveInit 函数中被调用，从而完成对在从机模式下 LPC5411x I2C 模块的配置。

```
typedef struct _i2c_slave_config
{
    i2c_slave_address_t address0;                  /*!< Slave's 7-bit address and disable. */
    i2c_slave_address_t address1;                  /*!< Alternate slave 7-bit address and
disable. */
    i2c_slave_address_t address2;                  /*!< Alternate slave 7-bit address and
disable. */
    i2c_slave_address_t address3;                  /*!< Alternate slave 7-bit address and
disable. */
    i2c_slave_address_qual_mode_t qualMode; /*!< Qualify mode for slave address
0. */
```

```
        uint8_t  qualAddress;                        /*!< Slave address qualifier for
address 0. */
        i2c_slave_bus_speed_t busSpeed;              /*Slave bus speed mode. */
        bool enableSlave; /*!< Enable slave mode. */
    } i2c_slave_config_t;
```

3）I2C 主机数据传输配置结构体

该结构体用于指定 I2C 主机通过数据传输 API 函进行数据传输时所需要的参数，包括要发送的从机地址、读/写方向、要访问的寄存器子地址、寄存器子地址长度、要发送或者存放的数据指针以及要传输的长度，在结构体会被 I2C_RunTransferStateMachine 函数和 I2C_RunTransferStateMachine 函数初始化和调用，然后在该状态机中将 data 指针指向的数据发出，总的传输数据长度取决于 datasize 的设置。

```
    struct _i2c_master_transfer
    {
        uint32_t flags; /*!< Bit mask of options for the transfer. See enumeration_i2c
_master_transfer_flags for available options. Set to 0 or #kI2C_TransferDefaultFlag for
normal transfers. */
        uint16_t slaveAddress;         /*!< The 7-bit slave address. */
        i2c_direction_t direction;     /*!< Either #kI2C_Read or #kI2C_Write. */
        uint32_t subaddress;           /*!< Sub address. Transferred MSB first. */
        size_t subaddressSize; /*!< Length of sub address to send in bytes. Maximum size is
4 bytes. */
        void *data;                    /*!< Pointer to data to transfer. */
        size_t dataSize;               /*!< Number of bytes to transfer. */
    };
```

4）I2C 从机数据传输配置结构体

该结构体用于指定 I2C 从机通过数据传输 API 进行数据传输时所需要的参数，包括从机地址、读/写方向、发送/接收的数据指针、发送/读取数据长度、已传输字节个数以及完成状态等，该结构体最终会被 I2C_Slave

TransferNonBlocking 函数调用，在中断中完成数据的收发。

```
typedef struct _i2c_slave_transfer
{
    i2c_slave_handle_t *handle;         /*!< Pointer to handle that contains this transfer. */
    i2c_slave_transfer_event_t event; /*!< Reason the callback is being invoked. */
    uint8_t receivedAddress;        /*!< Matching address send by master. 7-bits plus R/nW bit0 */
    uint32_t eventMask;                  /*!< Mask of enabled events. */
    uint8_t *rxData;                     /*!< Transfer buffer for receive data */
    const uint8_t *txData;               /*!< Transfer buffer for transmit data */
    size_t txSize;                       /*!< Transfer size */
    size_t rxSize;                       /*!< Transfer size */
    size_t transferredCount;             /*!< Number of bytes transferred during this transfer. */
    status_t completionStatus;           /*!< Success or error code describing how the transfer completed. Only applies for kI2C_SlaveCompletionEvent. */
} i2c_slave_transfer_t;
```

5）I2C 主机句柄配置结构体

该结构体用于主机调用数据传输 API 以句柄为对象进行数据传输时，对传输属性的配置和状态监测，包括发送数据指针、已经传输的数据长度、传输完成的回调函数等，该结构体会被 SPI_MasterTransferBlocking 和 SPI_MasterTransferNonBlocking 函数调用。

```
struct _i2c_master_handle
{
    uint8_t state;               /*!< Transfer state machine current state. */
    uint32_t transferCount;      /*!< Indicates progress of the transfer */
    uint32_t remainingBytes;     /*!< Remaining byte count in current state. */
    uint8_t *buf;                /*!< Buffer pointer for current state. */
    uint32_t remainingSubaddr;
    uint8_t subaddrBuf[4];
```

```
        i2c_master_transfer_t transfer;        /*!< Copy of the current transfer info. */
        i2c_master_transfer_callback_t  completionCallback;      /*!<  Callback  function
pointer. */
        void *userData;                    /*!< Application data passed to callback. */
    };
```

6）I2C 从机句柄配置结构体

该结构体用于从机调用数据传输 API 以句柄为对象进行数据传输时，对传输属性的配置和状态监测，包括上文提到过的 i2c_slave_transfer_t 结构体，从机传送状态机以及从机发送完成回调函数等，该结构体会被 I2C_ Slave TransferNonBlocking 函数作为参数调用。

```
    struct _i2c_slave_handle
    {
        volatile i2c_slave_transfer_t transfer; /*!< I2C slave transfer. */
        volatile bool isBusy;                       /*!< Whether transfer is busy. */
        volatile i2c_slave_fsm_t slaveFsm;          /*!< slave transfer state machine. */
        i2c_slave_transfer_callback_t  callback;  /*!<  Callback  function  called  at  transfer
event. */
        void  *userData;                               /*!<  Callback  parameter  passed  to
callback. */
    };
```

（1）基础功能 API 函数介绍。

如前面提到，基础功能 API 主要是对 I2C 特性/属性的底层驱动函数，实现对 I2C 的初始化、配置以及收发操作等几乎所有的 I2C 外设功能，基础功能 API 各个函数和功能描述说明如表 10-6 所示。从函数名称可以看到基础功能 API 更接近于芯片底层，参数比较简单，所以适用于一些功能要求灵活、对代码大小以及执行效率要求比较高的场合。

表 10-6　I2C 基础功能 API 函数列表

I2C 基础功能 API 函数原型	函数功能描述
void I2C_MasterGetDefaultConfig (i2c_master_config_t * masterConfig)	获取 I2C 主机的默认属性配置
void I2C_MasterInit(I2C_Type * base, const i2c_master_config_t * masterConfig, uint32_t srcClock_Hz)	I2C 主机初始化
void I2C_MasterDeinit (I2C_Type * base)	I2C 主机反向初始化，恢复默认配置
static void I2C_MasterReset (I2C_Type * base)	复位 I2C 模块寄存器到复位状态
static void I2C_MasterEnable (I2C_Type * base, bool enable)	使能 I2C 的主机模式
static uint32_t I2C_GetStatusFlags (I2C_Type * base)	获取 I2C 模块的状态标志
static void I2C_MasterClearStatusFlags	清除 I2C 状态标志
static void I2C_EnableInterrupts (I2C_Type * base, uint32_t interruptMask)	使能 I2C 中断
static void I2C_DisableInterrupts (I2C_Type * base, uint32_t interruptMask)	关闭 I2C 中断
static uint32_t I2C_GetEnabledInterrupts (I2C_Type * base)	获取 I2C 模块的中断配置状态
void I2C_MasterSetBaudRate (I2C_Type * base, uint32_t baudRate_Bps, uint32_t srcClock_Hz)	设置 I2C 主机的波特率
static bool I2C_MasterGetBusIdleState (I2C_Type * base)	I2C 主机查询总线空闲状态
status_t I2C_MasterStart (I2C_Type * base, uint8_t address, i2c_direction_t direction)	I2C 发送 START 信号
status_t I2C_MasterStop (I2C_Type * base)	I2C 发送 STOP 信号
static status_t I2C_MasterRepeatedStart (I2C_Type * base, uint8_t address, i2c_direction_t direction)	I2C 发送重复 START 信号
status_t I2C_MasterWriteBlocking (I2C_Type * base, const void * txBuff, size_t txSize, uint32_t flags)	I2C 主机以阻塞方式发送数据
status_t I2C_MasterReadBlocking (I2C_Type * base, void * rxBuff, size_t rxSize, uint32_t flags)	I2C 主机以阻塞方式读取数据
void I2C_SlaveGetDefaultConfig (i2c_slave_config_t * slaveConfig)	获取 I2C 从机的默认属性配置
status_t I2C_SlaveInit (I2C_Type * base, const i2c_slave_config_t * slaveConfig, uint32_t srcClock_Hz)	初始化 I2C 从机

续表

I2C 基础功能 API 函数原型	函数功能描述
void I2C_SlaveSetAddress(I2C_Type * base, i2c_slave_address_ register_t addressRegister, uint8_t address, bool addressDisable)	设置 I2C 从机地址
void I2C_SlaveDeinit (I2C_Type * base)	I2C 从机反向初始化，恢复默认配置
static void I2C_SlaveEnable (I2C_Type * base, bool enable)	使能 I2C 的从机模式
static void I2C_SlaveClearStatusFlags (I2C_Type * base, uint32_t statusMask)	I2C 从机清除状态标志位
status_t I2C_SlaveWriteBlocking (I2C_Type * base, const uint8_t * txBuff, size_t txSize)	I2C 从机以阻塞方式发送数据
status_t I2C_SlaveReadBlocking (I2C_Type * base, uint8_t * rxBuff, size_t rxSize)	I2C 从机以阻塞方式读取数据

（2）数据传输 API 函数介绍。

I2C 数据传输 API 函数列表如表 10-7 所示，相对于上面提到的基础功能 API，数据传输 API 是一种更高阶的 API 函数，建立在基础功能 API 之上，对外设的操作以句柄 handle 为对象，参数相对复杂，适合于有 Linux/Window 开发经验的用户使用。

表 10-7　I2C 数据传输 API 函数列表

I2C 数据传输 API 函数原型	函数功能描述
void I2C_MasterTransferCreateHandle(I2C_Type *base, i2c_master_handle_t *handle, i2c_master_transfer_callback_t callback, void * userData)	创建 I2C 主机发送句柄
status_t I2C_MasterTransferBlocking (I2C_Type * base, i2c_master_transfer_t *xfer)	I2C 主机以阻塞方式发送数据
status_t I2C_MasterTransferNonBlocking (I2C_Type * base,i2c_master_handle_t *handle, i2c_master_transfer_t * xfer)	I2C 主机以非阻塞方式发送数据
status_t I2C_MasterTransferGetCount (I2C_Type * base, i2c_master_handle_t *handle, size_t * count)	I2C 主机获取已发送数据长度
void I2C_MasterTransferAbort (I2C_Type * base, i2c_master_handle_t * handle)	退出 I2C 主机发送
void I2C_MasterTransferHandleIRQ (I2C_Type * base, i2c_master_handle_t *handle)	I2C 主机以句柄方式发送数据中断服务函数

续表

I2C 数据传输 API 函数原型	函数功能描述
void I2C_SlaveTransferCreateHandle (I2C_Type * base, i2c_slave_handle_t *handle, i2c_slave_transfer_callback_t callback, void * userData)	创建 I2C 从机发送句柄
status_t I2C_SlaveTransferNonBlocking (I2C_Type * base, i2c_slave_handle_t *handle, uint32_t eventMask)	I2C 从机以非阻塞方式发送数据
status_t I2C_SlaveSetSendBuffer (I2C_Type * base, volatile i2c_slave_transfer_t * transfer, const void * txData, size_t txSize, uint32_t eventMask)	I2C 从机启动一个新的 I2C 数据发送过程
status_t I2C_SlaveSetReceiveBuffer (I2C_Type * base, volatile i2c_slave_transfer_t * transfer, void * rxData, size_t rxSize, uint32_t eventMask)	I2C 从机启动一个新的 I2C 数据接收过程
static uint32_t I2C_SlaveGetReceivedAddress (I2C_Type * base, volatile i2c_slave_transfer_t * transfer)	I2C 从机接收到匹配的地址、返回地址和数据传输的方向
void I2C_SlaveTransferAbort (I2C_Type * base, i2c_slave_handle_t * handle)	I2C 从机退出句柄传输
status_t I2C_SlaveTransferGetCount (I2C_Type * base, i2c_slave_handle_t *handle, size_t * count)	获取 I2C 从机已传输的数据字节个数
void I2C_SlaveTransferHandleIRQ (I2C_Type * base, i2c_slave_handle_t *handle)	I2C 从机传输句柄中断函数

2. I2C 与 DMA 相关的驱动函数

I2C DMA 相关的 API 驱动主要实现了 I2C 模块与 DMA 相结合时的传输配置，包括创建 I2C 的 DMA 传输通道、通过 DMA 发送数据、查询 DMA 传输状态、退出 DMA 等几个方面，相关的驱动结构体和函数定义在 fsl_i2c_dma.h 文件中，I2C DMA 相关 API 函数列表如表 10-8 所示。

表 10-8 I2C DMA 相关 API 函数列表

I2C DMA API 函数原型	函数功能描述
void I2C_MasterTransferCreateHandleDMA (I2C_Type * base, i2c_ master_dma_handle_t * handle, i2c_master_dma_transfer_callback_t callback, void * userData, dma_handle_t * dmaHandle)	创建 I2C 主机通过 DMA 进行传输的相关句柄
status_t I2C_MasterTransferDMA (I2C_Type * base, i2c_master_dma_handle_t *handle, i2c_master_transfer_t * xfer)	I2C 主机通过 DMA 收发数据

续表

I2C DMA API 函数原型	函数功能描述
status_t I2C_MasterTransferGetCountDMA (I2C_Type * base, i2c_master_dma_handle_t * handle, size_t * count)	获取 I2C 通过 DMA 已经传输的数据个数
void I2C_MasterTransferAbortDMA (I2C_Type * base, i2c_master_dma_handle_t * handle)	I2C 主机退出 DMA 收发数据传输

10.6　实例：I2C 中断方式实现数据收发

为方便客户快速上手应用，LPC SDK 代码中针对 I2C 模块提供了丰富的示例代码，包括查询方式、中断方式以及与 DMA 结合的例子。本章以 I2C 中断方式实现数据收发为例讲解 LPC5411x 芯片 I2C 模块和驱动的使用。

10.6.1　实验目的和硬件电路设计

1）实验描述

本实验中用到了 SYSCON、Flexcomm、USART 以及 I2C 模块，演示了如何使用 LPC54114 芯片的硬件 I2C 接口和驱动实现一对主机和从机的数据传输，在实验中分别使用 MCU 片上的 I2C4 和 I2C5 作为主机和从机，代码中使用主机的 I2C4 以中断方式连续发送 32 个字节的数据，从机 I2C5 以中断方式分别接收，最后使用从机接收到的数据与主机发送的数据逐一比较，并通过串口打印校验结果。

2）硬件电路设计

在本实验中，I2C4 和 I2C5 都是 MCU 片上资源，硬件上只需要通过跳线将两者的 SCL 和 SDA 线分别相连即可，即将 P0_25(J1 pin1) 和 P0_18(J1 pin11) 相连，将 P0_26(J1 pin3)和 P0_20(J1 pin13)相连。

10.6.2 实例软件设计

本实例的程序所涉及的软件设计结构如表 10-9 所示，主要程序设计文件功能说明如表 10-10 所示。

表 10-9 软件设计结构

用户应用层			
main.c			
CMSIS 层			
Cortex-M4 内核外设访问层	LPC5411x 外设 SDK 驱动		
core_cm4.h core_cmfunc.h core_cminstr.h	启动代码 system_LPC54114_cm4.s	内部寄存器头文件 fsl_device_registers.h	System 初始化 system_LPC54114_cm4.c system_LPC54114_cm0plus.c
硬件外设层			
时钟控制驱动库	打印 UART 串口	引脚链接配置驱动库	GPIO 模块配置驱动库
clock_config.c/clock_config.h fsl_clock.c/fsl_clock.h	fsl_debug_console.c fsl_debug_console.h	pin_mux.c pin_mux.h	fsl_gpio.c fsl_gpio.h
Flexcomm 外设驱动库	I2C 外设驱动库		
fsl_flexcomm.c fsl_flexcomm.h	fsl_i2c.c fsl_i2c.h		

表 10-10 程序设计文件功能说明

文件名称	程序设计文件功能说明
main.c	用户程序，I2C 进行数据收发操作的主程序
fsl_i2c.c	公有程序，i2c 外设模块驱动库

续表

文件名称	程序设计文件功能说明
fsl_flexcomm.c	公有程序，flexcomm 外设驱动库
clock_config.c	公有程序，时钟控制驱动库
pin_mux.c	公有程序，引脚配置驱动库
fsl_gpio.c	公有程序，GPIO 设置驱动库
fsl_debug_console.c	公有程序，打印串口驱动代码
system_LPC54114_cm4.s	启动代码文件

从表 10-10 中可以看到，只有 main.c 文件是用户程序，是会有差异化的地方，其他的代码文件大都是公有程序，用户可以直接调用这些函数来完成个性化的应用。用户程序本质上也是对公有程序的调用，下面就以用户程序为对象来分析实际应用中对 SDK I2C 驱动代码的调用关系。

10.6.3　main 文件

在对以上实验目的、硬件连接以及代码结构有认识之后，我们从 main 函数开始分别讲解 I2C 驱动代码的调用顺序。在 main 函数中，首先完成芯片内部时钟初始化、I2C 外部引脚初始化、I2C 模块输入时钟选择和打印串口初始化等预备工作，然后分别完成对片上 I2C 主机 I2C4 和 I2C 从机 I2C5 的初始化，完整的程序主体如代码清单 10-1 所示。

代码清单 10-1

```
int main(void)
{
    uint32_t i = 0;
```

```
        i2c_slave_config_t slaveConfig;
        i2c_master_transfer_t masterXfer = {0};
        status_t reVal = kStatus_Fail;

        /* Init the boards */
        CLOCK_AttachClk(BOARD_DEBUG_UART_CLK_ATTACH); /*选择 UART 时
钟源,选择 FRO 12M 作为输入*/

        CLOCK_AttachClk(kFRO12M_to_FLEXCOMM4);   /*选择 FRO12M 作为 I2C 主
机时钟源输入*/
        CLOCK_AttachClk(kFRO12M_to_FLEXCOMM5);   /*选择 FRO12M 作为 I2C 从
机时钟源输入*/
        RESET_PeripheralReset(kFC4_RST_SHIFT_RSTn); /*复位 FlexCOMM4 寄存器,
用作 I2C 主机*/
        RESET_PeripheralReset(kFC5_RST_SHIFT_RSTn); /*复位 FlexCOMM5 寄存器,
用作 I2C 从机*/

        BOARD_InitPins();   /*初始化 I2C0 和 USART0 使用的引脚*/
        BOARD_BootClockRUN();   /*初始化芯片时钟主时钟为 48M,并设置 FLASH 等
待周期*/
        BOARD_InitDebugConsole();   /*初始化打印输出所用到的 USART0*/
        PRINTF("\r\nI2C example -- MasterInterrupt_SlaveInterrupt.\r\n");

        I2C_SlaveGetDefaultConfig(&slaveConfig);
        slaveConfig.address0.address = I2C_MASTER_SLAVE_ADDR_7BIT;
        I2C_SlaveInit(EXAMPLE_I2C_SLAVE,   &slaveConfig,   I2C_SLAVE_CLOCK_
FREQUENCY);
        memset(g_slave_buff, 0, sizeof(g_slave_buff));
        I2C_SlaveTransferCreateHandle(EXAMPLE_I2C_SLAVE,   &g_s_handle,   i2c_
slave_ callback, NULL);

        reVal = I2C_SlaveTransferNonBlocking(EXAMPLE_I2C_SLAVE,&g_s_handle,
              kI2C_SlaveReceiveEvent| I2C_SlaveCompletionEvent);
        …………<省略打印 master 待打印输出的数据过程>…………
        i2c_master_config_t masterConfig;
        I2C_MasterGetDefaultConfig(&masterConfig);
```

```
        /* Change the default baudrate configuration */
        masterConfig.baudRate_Bps = I2C_BAUDRATE;

        /* Initialize the I2C master peripheral */
        I2C_MasterInit(EXAMPLE_I2C_MASTER,&masterConfig,
I2C_MASTER_CLOCK_FREQUENCY);
        /* Create the I2C handle for the non-blocking transfer */
        I2C_MasterTransferCreateHandle(EXAMPLE_I2C_MASTER, &g_m_handle, NULL,
NULL);

        /* Setup the master transfer */
        masterXfer.slaveAddress = I2C_MASTER_SLAVE_ADDR_7BIT;
        masterXfer.direction = kI2C_Write;
        masterXfer.subaddress = 0;
        masterXfer.subaddressSize = 0;
        masterXfer.data = g_master_buff;
        masterXfer.dataSize = I2C_DATA_LENGTH;
        masterXfer.flags = kI2C_TransferDefaultFlag;

        /* Send master non-blocking data to slave */
        reVal=I2C_MasterTransferNonBlocking(EXAMPLE_I2C_MASTER, &g_m_ handle,
&masterXfer);
        /* Wait for the transfer to complete. */
            while (!g_slaveCompleted)
            {
            }
        …………<省略数据对比过程>…………
        }
```

这个例程 main 函数很长，因为有很多和实验验证有关的测试代码和代码注释，并对每步的结果都进行了错误判断。实际应用中，使用用户代码可以写得十分简洁，此处沿着 mian 函数的流程走一遍如下：

（1）调用 CLOCK_AttachClk 选择 USART 和 I2C4 和 I2C5 的时钟源输入。

（2）调用 BOARD_InitPins 初始化用到的 USART 和 I2C 主/从机引脚。

（3）调用 BOARD_BootClockRUN 初始化系统时钟到 FRO 48M，并设置 Flash 等待周期。

（4）调用 BOARD_InitDebugConsole 初始化打印输出所用到的串口。

（5）然后，开始配置 I2C 从机。调用 I2C_SlaveInit 函数初始化根据 i2c_slave_config_t 结构体中的配置对 I2C 从机地址、寻址方式、传输速度等参数进行初始化。

（6）调用 I2C_SlaveTransferCreateHandle 函数创建 I2C 从机进行数据传输的句柄，在该函数中指定了 slave 接收到数据的回调函数。

（7）调用 I2C_SlaveTransferNonBlocking 函数设置 I2C 从机以阻塞的方式读取 I2C 总线上的数据，并使能当接收到数据和 SLAVE 发送数据完成的中断。

（8）接着，开始配置 I2C 主机。调用 I2C_MasterInit 按照 i2c_master_config_t 结构体的配置初始化主机，包括波特率以及是否使能 Time Out。

（9）调用 I2C_MasterTransferCreateHandle 函数创建 I2C 主机进行数据传输的句柄。

（10）调用 I2C_MasterTransferNonBlocking 以非阻塞方式按照 i2c_ master_ transfer_t 结构体的配置发送数据到 I2C 数据总线，包括从机地址、要发送的数据以及长度等。

（11）调用 while (!g_slaveCompleted) 等待从机接收到指定数量的数据，该标志会在从机中断回调函数 i2c_slave_callback 中置位。

（12）将 I2C 从机接收到的数据和 I2C 主机发送的数据循环进行对比，如果有差异，会打印输出“error occured”，如果一致则显示“Transfer successful”。

（13）最后，循环打印出 I2C 从机接收到的数据。

至此，整个 main 函数执行完成。

10.6.4　现象描述

将 USB 线插到标注有 CN1 EMUL 的 USB 接口，打开串口调试助手，找到对应的虚拟串口，并配置为“115200 8-N-1”。将编译好的 I2C 示例程序 interrupt_transfer 下载到开发板，单击运行程序，即可看到串口助手打印出如图 10-4 所示信息。

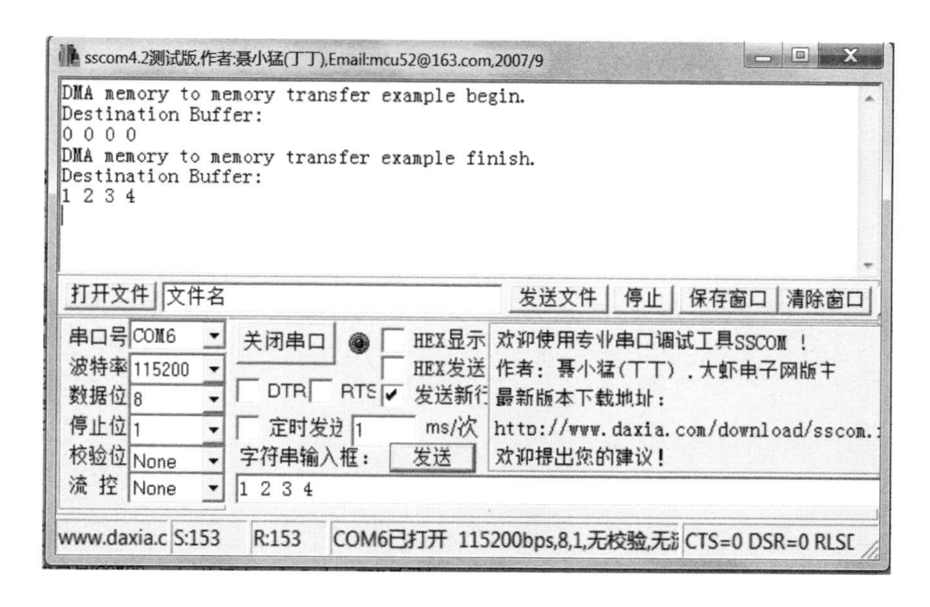

图 10-4　SPI Flash 读/写代码运行结果

10.7　小结

本章首先介绍了 LPC5411x 系列微控制器的 I2C 外设的特性、内部框图、外部引脚，然后简单介绍了 I2C 协议，接着对 I2C 总线速率、时钟延伸、寻址方式、低功耗唤醒、I2C 死锁以及超时监测等与实际应用息息相关的技术细节进行了深入讨论，让读者对 LPC5411x 系列微控制器的 I2C 硬件有个全面认识。然后重点介绍了 LPC5411x SDK 驱动代码库中 I2C 相关的驱动函数，包括基础功能 API 和数据传输 API，两种驱动 API 函数的区别以及应用场合。最后以 I2C 中断方式实现数据收发实例为对象，按照例程代码的执行流程，对 main 主程序代码进行了剖析，并运行代码，给出实验结果。

第 11 章
Chapter 11
I2S 总线协议与应用

集成电路内置音频总线（Inter-IC Sound, I2S），是飞利浦公司为数字音频设备之间的音频数据传输而制定的一种总线标准，即该总线专门用于音频设备之间的数据传输。音响数据的采集、处理和传输是多媒体技术的重要组成部分。消费市场有众多的数字音频系统，例如数字音频录音带、数字声音处理器。对于设备和生产厂家来说，标准化的信息传输结构可以提高系统的适应性。所以，I2S 总线广泛应用于各种多媒体系统，包括嵌入式音频系统应用。

11.1 I2S 总线协议简介

在介绍 I2S 总线协议之前，我们先简单了解下声音的数字化。既然 I2S 总线是负责音频数据的传输，必然在传输前有个声音数字化的过程以得到音频数据，所以本质上就是 A/D 转换过程。它包含三要素：

- 采样频率。指每秒钟抽取声波幅度样本的次数。采样频率越高，声音质量越好。
- 量化位数。指每个采样点用多少二进制位表示数据范围。量化位数越多，音质越好。
- 声道数。指使用声音通道的个数。立体声比单声道的表现丰富。

这样，声音数字化产生的音频数据量＝采样频率（Hz）×量化位数×声道数/8（字节/秒）。比如，采样频率为 44.1kHz，量化位数为 16bit，则对于单声道产生的音频数据量为：

$$44.1\times1000\times16\times1/8 = 88200\text{B/s} = 86.13\text{KB/s}$$

声音的数字化过程就是要尽量保证音质，降低数据量。这就是音频处理中用到的音频压缩编码技术，它包含多种技术标准，比如用于高保真立体声的 MPEG 音频标准，这些技术标准主要涉及的要素有采样频率、量化位数、压缩编码方式、码率等。有压缩编码技术，自然就有解压缩编码技术。通常在嵌入式系统中用于此的有专门的芯片，我们一般称为 CODEC 芯片。

如前所述，I2S 总线是飞利浦公司为数字音频设备之间的音频数据传输而制定的一种总线标准。随着技术发展，如今的 I2S 总线协议出现了不同变体版本。这里从应用角度简单介绍经典的 I2S 总线协议。

I2S 总线拥有三条数据信号线：

（1）串行时钟 SCLK，也叫位时钟 BCLK。即对应数字音频的每一位数据，SCLK 都有 1 个脉冲。SCLK 的频率=2×采样频率×采样位数。

（2）字段（声道）选择 WS，也叫帧时钟 LRCK，对于立体声格式用于切换左右声道的数据。WS 为低表示正在传输的是左声道的数据，为高则表示正在传输的是右声道的数据。WS 的频率=采样频率。

（3）串行数据 SDA。一个 SDA 提供一个音频数据流，它可以有不同的数据格式。I2S 格式的信号无论有多少位有效数据，数据的最高位总是出现在 WS 变化（也就是一帧开始）后的第 2 个 SCLK 脉冲处。这就使得接收端与发送端的有效位数可以不同。如果接收端能处理的有效位数少于发送端，可以放弃数据帧中多余的低位数据；如果接收端能处理的有效位数多于发送端，可以自行补足剩余的位。这种同步机制使得数字音频设备的互连更加方便，而且不会造成数据错位。当然为简单可靠起见，发送端和接收端应该尽量采用相同的数据格式和长度。

有时为了使系统间能够更好地同步，还需要另外传输一个信号 MCLK，称为主时钟，也叫系统时钟（Sys Clock），是采样频率的 256 倍或 384 倍。设备可以用这个时钟来构建位时钟，或者用于内部操作，比如数据滤波。

在 I2S 总线中，任何设备都可以通过提供必需的时钟信号成为系统的主设备（Master），而从设备（Slave）通过外部时钟信号来得到它的内部时钟信号。

11.2 I2S 特性和内部框图

11.2.1 I2S 特性

在 LPC5411x 中，I2S 是在 Flexcomm 接口外设上来实现的功能，其功能包含在 Flexcomm 接口 6 和 Flexcomm 接口 7 中，在使用 I2S 功能前，先需要通过 Flexcomm 接口来配置选择 I2S 功能。I2S 主要特性如下：

- 一个 Flexcomm 接口可以实现一对或多对 I2S 通道，第一对可能用作主机或从机，而余下的则用作从机。所有通道对被一起配置为发送或接收，以及其他共享属性。每个 Flexcomm 接口定义的通道对数，可从 0 对到 4 对。

在一个 Flexcomm 接口中，对于所有通道的可配置数据的大小为 4 位到 32 位。每对通道也可单独配置用作单个通道（相对于立体声操作的单声道）。

- 一个 Flexcomm 接口中的所有通道对都共用单个位时钟（SCK）、字选择/帧触发器（WS）以及数据行（SDA）。
- 供一个 Flexcomm 接口中的所有 I2S 流量使用的数据使用 Flexcomm 接口 FIFO。FIFO 的深度为 8 级。

- 左对齐和右对齐数据模式。
- 采用 FIFO 电平触发的 DMA 支持。
- 支持具备多个立体声插槽和/或单声道插槽的 TDM（分时复用）。每对通道都可作为任意数据插槽使用。在同一 TDM 数据行中，多对通道可作为不同的插槽使用。
- 位时钟和 WS 可配置为反相。
- 支持的采样频率由特定的器件配置和应用限制（例如，系统时钟频率、PLL 可用性等）决定，但通常支持标准音频数据传输速率。

11.2.2　I2S 内部框图

I2S 内部功能框图如图 11-1 所示。

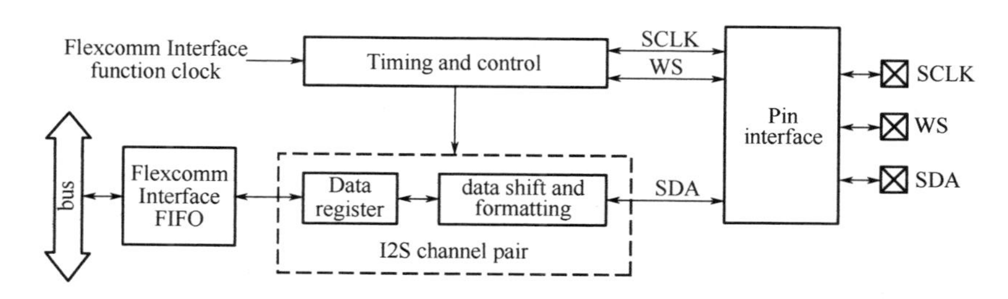

图 11-1　I2S 内部功能框图

I2S 内部功能块包含两部分：一部分是时序和控制模块，它可产生或接受 SCLK 和 WS 信号，这两个信号通过引脚接口模块连接到外部 SCLK 和 WS 引脚上。另一部分为数据存储/处理模块，它可通过引脚接口模块输出数据到外部 SDA 引脚或接收由此引脚输入的数据。正如前面所述，I2S 功能需要经由 Flexcomm 接口来进行配置实现。由图 11-1 可以看出，I2S 的时钟基准是由 Flexcomm 接口提供的，数据也经由 Flexcomm 接口的 FIFO 与内部总线交互。

LPC5411x I2S 最基本的工作过程就是在配置好 I2S 的时钟和控制逻辑后，

在此时序节拍下，进行数据流的传输。输出数据时，内部存储器的数据写入（只支持字写入）Flexcomm 接口的 FIFO，然后送入 I2S 的数据寄存器，在时序和控制逻辑的作用下，数据经过移位/格式化模块转为串行数据，通过引脚接口输出到外部引脚上。反之，输入时，来自外部引脚 SDA 的数据经由引脚接口串行地经过移位/格式化模块转化存入数据寄存器并进入到 Flexcomm 接口的 FIFO，最后读到内部的存储器中。

11.3 I2S 外部引脚描述

基于I2S的规范，LPC5411x I2S安排了4条引脚SCK，WS，SDA和MCLK。I2S 引脚描述具体说明如表 11-1 所示。

表 11-1 I2S 引脚描述具体说明

引脚	类型	说　明
SCK	输入/输出	串行时钟。时钟信号用于同步 SDA 引脚上数据的传输。通常由主机驱动、一个或多个从机接收
WS	输入/输出	字段选择。此信号用于每个数据帧的开始或有些模式下的左右声道数据的同步。通常由主机驱动、一个或多个从机接收
SDA	输入/输出	串行数据。用于在一个或多个 I2S 通道对上传输单一数据流。数据格式可配置。由一个或多个发送器驱动，一个或多个接收器读取
MCLK	输入/输出	主时钟。此信号是可选的，是采样频率的整数倍。由主机提供给系统内其他设备

11.4 I2S 功能说明

前面介绍了 I2S 的基本工作过程。这里具体介绍主要的功能（更多细节请参阅 LPC5411x 用户手册）。希望读者通过此处 I2S 功能说明，能更好地理解 SDK 软件的实现。

11.4.1 I2S 时钟

I2S 的时钟相对简单，当 I2S 作为主机时，它需要 Flexcomm 接口功能的时钟提供基准来运行。作为从机时，则使用外部的时钟，且能够用于从低功耗模式唤醒 CPU。

11.4.2 数据速率

I2S 实际能支持的时钟率、采样率等自然取决于可获得的时钟频率。另外作为从机时还受限于 I2S 的 AC 特性（详情见 LPC5411x 数据手册）。一般来说，LPC5411x I2S 可以支持标准的采样率，比如，16，22.05，32，44.1，48 和 96kHz 等；外部 MCLK 输入最大可达接近 25MHz（96kHz 采样率的 256 倍）。

我们知道，I2S 作为主机时，需要提供相关时钟给其他设备。这就需要进行相关计算来配置产生所需的时钟。因为内部输入给 I2S 的时钟频率一般需要通过分频器分频提供给 I2S 来作为基准频率。所以，输入给 I2S 的时钟频率须为分频输出时钟频率的整数倍，寄存器中需配置的分频值=时钟分频器输入频率/所需的分频器输出频率-1。

而分频器输出频率，即使用者期望提供的时钟频率可按如下公式计算：

所需的分频器输出频率 = 采样（帧）率×一个数据帧里的数据位数

所以，可以根据所需传输的音频数据采样（帧）率和帧数据位数来计算评估需要提供的时钟频率和配置相关寄存器。

举例如下：

例 1

要求：需要通过 I2S 通道对以 96kHz 采样率来传输 32 位数据的立体声音频数据，则需要时钟分频后输出多大的频率。

计算和配置：按要求可知，采样率为96kHz，一个数据帧包含2个32位数据（立体声），根据公式，计算得到此频率为：96000×（2×32）=6.144MHz。然后，根据分频器输入频率，比如为24.576MHz，可计算得到要配置的分频值=24.576/6.144−1=3。

例2

要求：需要通过I2S通道对以50kHz帧率来传输4个16位数据槽的帧数据，则需要时钟分频后输出多大的频率。

计算和配置：按要求可知，帧率为50kHz，一个数据帧包含4个16位数据槽，根据公式，计算得到此频率为：50×（4×16）=3.2MHz。然后，根据分频器输入频率，比如为16MHz，可计算得到要配置的分频值=16/3.2−1=4。

11.4.3 数据帧格式和模式

LPC5411x I2S的数据帧格式和模式涉及数据帧/数据位的长度和位置等信息，因而决定了不同的数据传输时序。它们可由相应寄存器进行配置（详情见LPC5411x用户手册）。下面我们通过相应的波形示意图例子来理解不同模式下的帧格式概念（注意：这些仅仅是例子，并不能代表所有可能的格式，因为数据位置是灵活可配置的）。这些波形示意图例包括经典I2S模式（见图11-2）、图11-3所示的DSP模式（50%占空比的WS）、图11-4所示的DSP模式（1个SCK脉冲的WS）、图11-5所示的DSP模式（1个slot脉冲的WS）、经典I2S模式下的TDM模式（见图11-6）、图11-7所示的DSP（50%占空比的WS）模式下的TDM模式、图11-8所示的DSP（一个SCK脉冲的WS）模式下的TDM模式和图11-9所示的DSP（一个slot脉冲的WS）模式下的TDM模式。

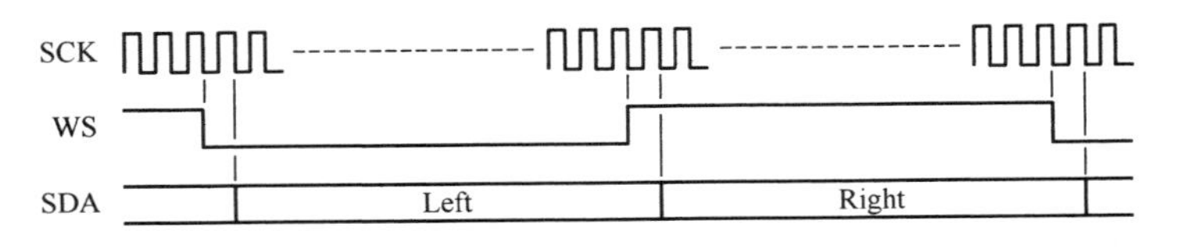

图11-2 经典I2S模式

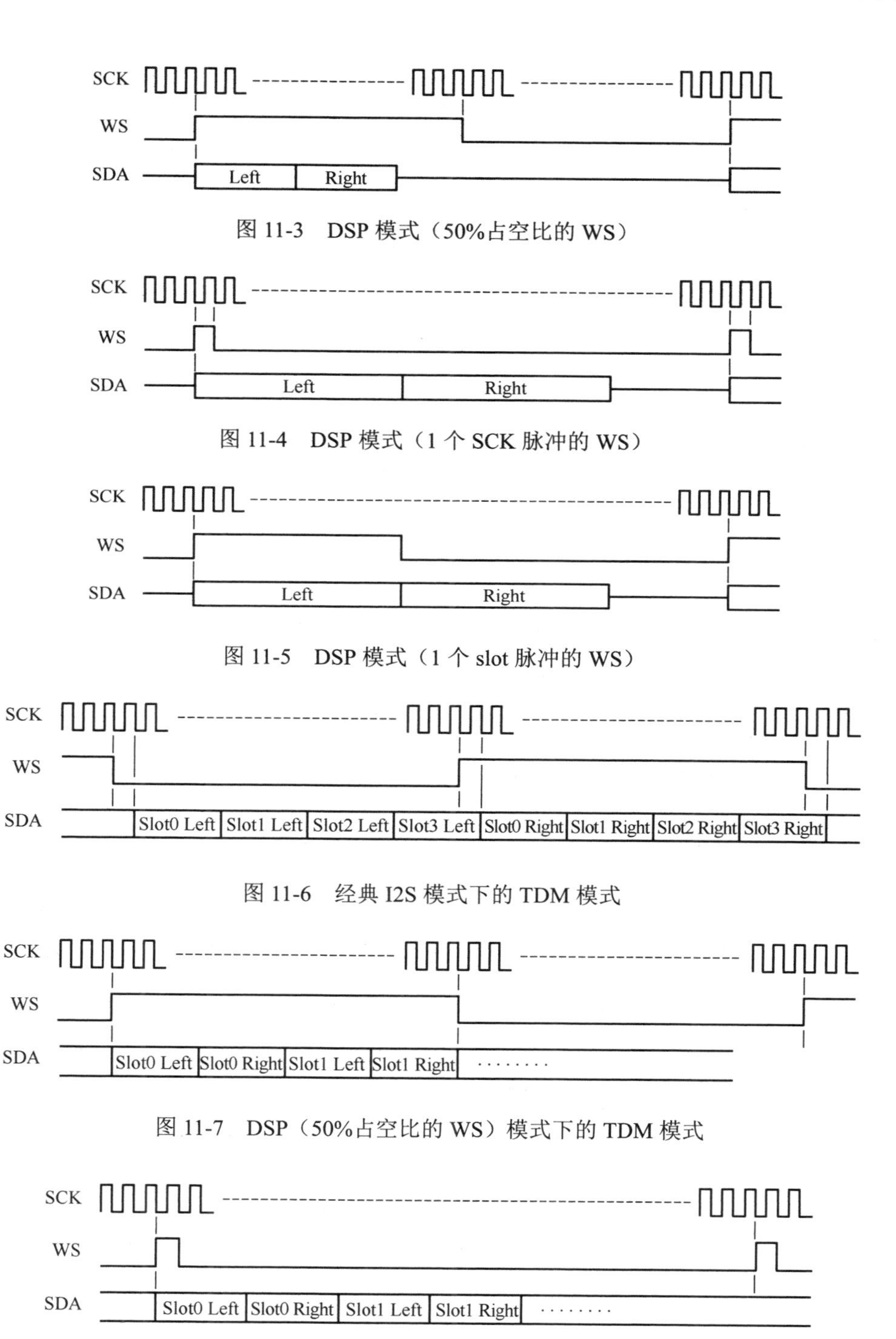

图 11-3　DSP 模式（50%占空比的 WS）

图 11-4　DSP 模式（1 个 SCK 脉冲的 WS）

图 11-5　DSP 模式（1 个 slot 脉冲的 WS）

图 11-6　经典 I2S 模式下的 TDM 模式

图 11-7　DSP（50%占空比的 WS）模式下的 TDM 模式

图 11-8　DSP（一个 SCK 脉冲的 WS）模式下的 TDM 模式

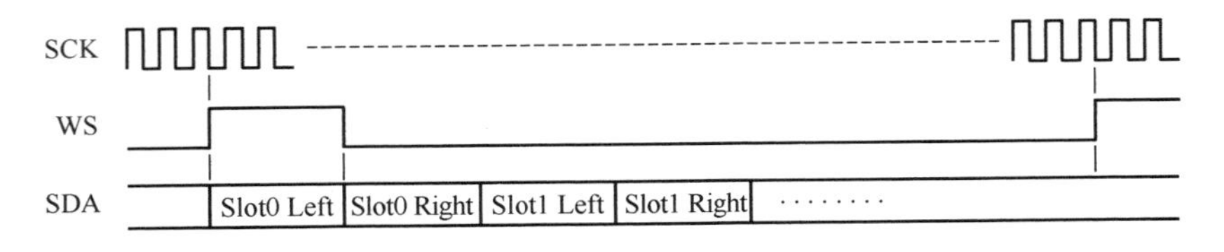

图 11-9 DSP（一个 slot 脉冲的 WS）模式下的 TDM 模式

11.4.4 FIFO 缓冲区的使用方法

FIFO 缓冲区使用方法由 I2S 收发数据位数决定。

（1）如果收发数据位数为 4～16 位，那么：

- FIFO 将被硬件配置为 32 位宽度 8 级深度；
- 根据寄存器配置，每次内部总线和 FIFO 之间的数据传输（32-bit 的字）可以是一对包含左右通道的值，也可以只是一个称为左通道的值。对于左右通道，数据的顺序也是软件可选的。

（2）如果收发数据位数为 17～24 位，那么：

- FIFO 将被硬件配置为 48 位宽度 8 级深度；
- 内部总线和 FIFO 之间的数据传输由寄存器配置决定。一方面和 48 位数据打包配置方法有关，即可以是在分两次传输情况下，每次都是传输所定义的 17 到 24bit 的数据；也可以是第一次传输 32bit 的数据，第二次传输剩下的位数。另一方面和 DMA 使能配置有关，若 DMA 使能，则所有的传输都是在 FIFO 写数据寄存器（32bit FIFOWR）或者 FIFO 读数据寄存器（32bit　FIFORD）中完成；若 DMA 未使能，那么传输是软件可选的，可以在上述 FIFOWR/FIFORD 中完成也可以在另外两个数据读/写寄存器 FIFOWR48H/ FIFORD48H（24bit）中完成。
- 以上所有情况，两次传输可由左右通道的值构成，此时左右通道数据的顺序是软件可配置的。也可配置为只是左通道的值被传输，此时是使用上述的 FIFOWR/FIFORD 读/写数据寄存器来完成的。

（3）如果收发数据位数为 25～32 位，那么：

- FIFO 将被硬件配置为 32 位宽度 8 级深度；
- 每次内部总线和 FIFO 之间的数据传输将只是一个单一的值，若配置为双通道，则先传输左通道，然后是右通道。若配置为单通道，则都只是一个值被传输。

11.5　I2S 模块的 SDK 驱动介绍

I2S 模块的驱动函数 API 主要包括：对 I2S 模块收发的初始化（见 fsl_i2s.c）和基于中断方式和 DMA 方式的数据收发传输。基于中断方式的 API 在 fsl_i2s.c 中实现，主要有：接收/发送传输句柄的创建、非阻塞式的数据接收/发送、数据接收/发送中断服务例程；基于 DMA 方式的 API 在 fsl_i2s_dma.c 中实现，主要有：接收/发送 DMA 传输句柄的创建和 DMA 的数据接收/发送。相关的驱动函数声明分别对应定义在 fsl_i2s.h 和 fsl_i2s_dma.h 文件中，有些只是单纯对寄存器的操作也以内联函数形式在.h 文件中实现，比如，使能中断。而相对复杂的操作则在 fsl_adc.c 文件中实现。这两个文件与其他模块的驱动文件一样都放在\devices\LPC54114\ driver 路径下。

一般来说，驱动部分除了实现驱动函数 API，都需要定义一些数据结构。

1. 数据结构

在驱动的实现中用到了结构体来表示相关数据，这些数据结构主要是对 I2S 配置属性的抽象，方便用户根据应用灵活配置。

1）I2S 属性配置结构体（定义在 fsl_i2s.h 文件中）

```
typedef struct _i2s_config
{
    i2s_master_slave_t   masterSlave; /*主从模式*/
    i2s_mode_t   mode;              /* I2S 模式,例如,经典模式,DSP 模式*/
    bool rightLow;                  /*左右通道数据顺序*/
    bool leftJust;                  /*串行数据流高低位顺序*/
    bool pdmData;                   /*待发送数据来源*/
    bool sckPol;                    /*SCK 时钟极性*/
    bool wsPol;                     /*WS 极性*/
    uint16_t divider;               /*Flexcomm 时钟分频(1~4096)*/
    bool oneChannel;                /*单双通道选择*/
    uint8_t dataLength;             /*数据长度(4~32) */
    uint16_t frameLength;           /*数据帧长度(4~512) */
    uint16_t position;              /*数据在帧中的位置*/
    uint8_t watermark;              /*FIFO 触发阈值*/
    bool txEmptyZero;               /*TX FIFO 变空时发送值的选择*/
    bool pack48;                    /*48bit 数据的打包格式*/
    } i2s_config_t;
```

2）I2S 数据传输句柄结构体（用于中断方式，定义在 fsl_i2s.h 文件中）

```
struct _i2s_handle
{
    uint32_t state;            /*传输状态*/
    i2s_transfer_callback_t completionCallback; /*传输完成回调函数*/
    void *userData;            /*传递给回调函数的应用数据*/
    bool oneChannel;           /*是否单通道*/
    uint8_t dataLength;        /*数据长度(4~32)*/
    bool pack48;               /*48 位数据的打包格式*/
    bool useFifo48H;           /*选择使用 FIFO 数据寄存器 FIFOWR48H 或 FIFOWR */
    volatile i2s_transfer_t i2sQueue[I2S_NUM_BUFFERS]; /*数据传输队列*/
    volatile uint8_t queueUser;      /*用户级队列索引*/
    volatile uint8_t queueDriver;    /*驱动级队列索引 */
    volatile uint32_t errorCount;    /*传输错误计数*/
    volatile uint32_t transferCount;     /*已传输字节数*/
    volatile uint8_t watermark;          /*FIFO 触发阈值*/
}
```

3）I2S DMA 传输句柄结构体（用于 DMA 方式，定义在 fsl_i2s_dma.h 文件中）

```
struct _i2s_dma_handle
{
    uint32_t state;     /*DMA 传输的状态*/
    i2s_dma_transfer_callback_t completionCallback;     /*回调函数*/
    void *userData;  /*传递给回调函数的应用数据*/
    dma_handle_t *dmaHandle;   /*通用 DMA 传输句柄*/
    volatile i2s_transfer_t i2sQueue[I2S_NUM_BUFFERS]; /*传输队列*/
    volatile uint8_t queueUser;     /*用户级队列索引*/
    volatile uint8_t queueDriver;   /*驱动级队列索引*/
};
```

2. API 函数

API 各个函数和功能描述说明如表 11-2 所示。

表 11-2　I2S API 函数列表

序号	函数名	函数功能描述
1	void I2S_TxInit（I2S_Type *base, const i2s_config_t *config）	初始化 I2S 发送模块
2	void I2S_RxInit（I2S_Type *base, const i2s_config_t *config）	初始化 I2S 接收模块
3	void I2S_TxGetDefaultConfig（i2s_config_t *config）	获取 I2S 发送模块初始化的默认配置值
4	void I2S_RxGetDefaultConfig（i2s_config_t *config）	获取 I2S 接收模块初始化的默认配置值
5	void I2S_TxTransferCreateHandle（I2S_Type *base, i2s_handle_t *handle, i2s_transfer_callback_t callback, void *userData）	创建 I2S 发送传输句柄
6	status_t I2S_TxTransferNonBlocking（I2S_Type *base, i2s_handle_t *handle, i2s_transfer_t transfer）;	启动 I2S 非阻塞式的数据发送传输
7	void I2S_TxTransferAbort（I2S_Type *base, i2s_handle_t *handle）	中止 I2S 发送传输

续表

序号	函数名	函数功能描述
8	void I2S_RxTransferCreateHandle（I2S_Type *base, i2s_handle_t *handle, i2s_transfer_callback_t callback, void *userData）	创建 I2S 接收传输句柄
9	status_t I2S_RxTransferNonBlocking（I2S_Type *base, i2s_handle_t *handle, i2s_transfer_t transfer）	启动 I2S 非阻塞式的数据接收传输
10	void I2S_RxTransferAbort（I2S_Type *base, i2s_handle_t *handle）	中止 I2S 接收传输
11	status_t I2S_TransferGetCount（I2S_Type *base, i2s_handle_t *handle, size_t *count）	获取 I2S 传输字节数
12	status_t I2S_TransferGetErrorCount（I2S_Type *base, i2s_handle_t *handle, size_t *count）	获取 I2S 传输错误计数
13	void I2S_TxHandleIRQ（I2S_Type *base, i2s_handle_t *handle）	I2S 发送中断服务例程
14	void I2S_RxHandleIRQ（I2S_Type *base, i2s_handle_t *handle）	I2S 接收中断服务例程
15	void I2S_TxTransferCreateHandleDMA（I2S_Type *base, i2s_dma_handle_t *handle, dma_handle_t *dmaHandle, i2s_dma_transfer_callback_t callback, void *userData）;	创建 I2S 的 DMA 发送传输句柄
16	status_t I2S_TxTransferSendDMA（I2S_Type *base, i2s_dma_handle_t *handle, i2s_transfer_t transfer）	启动 I2S 的 DMA 数据发送传输
17	void I2S_TransferAbortDMA（I2S_Type *base, i2s_dma_handle_t *handle）	中止 I2S 的 DMA 数据传输
18	void I2S_RxTransferCreateHandleDMA（I2S_Type *base, i2s_dma_handle_t *handle, dma_handle_t *dmaHandle, i2s_dma_transfer_callback_t callback, void *userData）	创建 I2S 的 DMA 接收传输句柄
19	status_t I2S_RxTransferReceiveDMA（I2S_Type *base, i2s_dma_handle_t *handle, i2s_transfer_t transfer）	启动 I2S 的 DMA 数据接收传输

11.6　实例：使用 I2S 中断方式传输播放音频

为运行 I2S 实例，首先必须搭建好软硬件环境。

11.6.1　环境准备

1）硬件环境

- LPCXpresso54114 开发评估板。
- NXP Mic/Audio/Oled（MAO）盖板。
- Micro USB 线。
- 3.5mm 立体声插头的耳机。
- PC。

以上硬件环境中提到的盖板，对于 Audio 部分，其实主要包含了一个音频 Codec 芯片（WM8904CGEFL）以及音频输入/输出的插座。我们知道，I2S 接口是用于音频数据传输的总线，对于 MCU 的音频应用中的音频录入和播放，一般需要接入音频 Codec 芯片进行相应的编解码。对于这里用到的音频芯片 WM8904 与 LPC54114 的硬件接口设计，除了 I2S 接口用于传输音频数据，还需要 MCU 通过 I2C 接口来对音频芯片进行控制，包括初始化配置以及获取状态信息。音频芯片 WM8904 硬件接口设计如图 11-10 所示。

2）软件环境

- MCUXpresso IDE。
- 串口调试/通信终端。

3）搭建运行环境

- 将 NXP Mic/Audio/Oled （MAO） 盖板接上 LPCXpresso54114 开发

评估板，并且盖板上的 JP3 的 1-2 要短接。将 3.5mm 立体声插头的耳机插入盖板的 J6“Audio HP/Line-Out”插座。

- 将 Micro USB 线连接 PC 和 LPCXpresso54114 开发评估板的 J7 USB 端口。
- 打开 PC 端串口终端 PuTTy，配置为：115200 baud rate + 8 data bits + 1 stop bit。

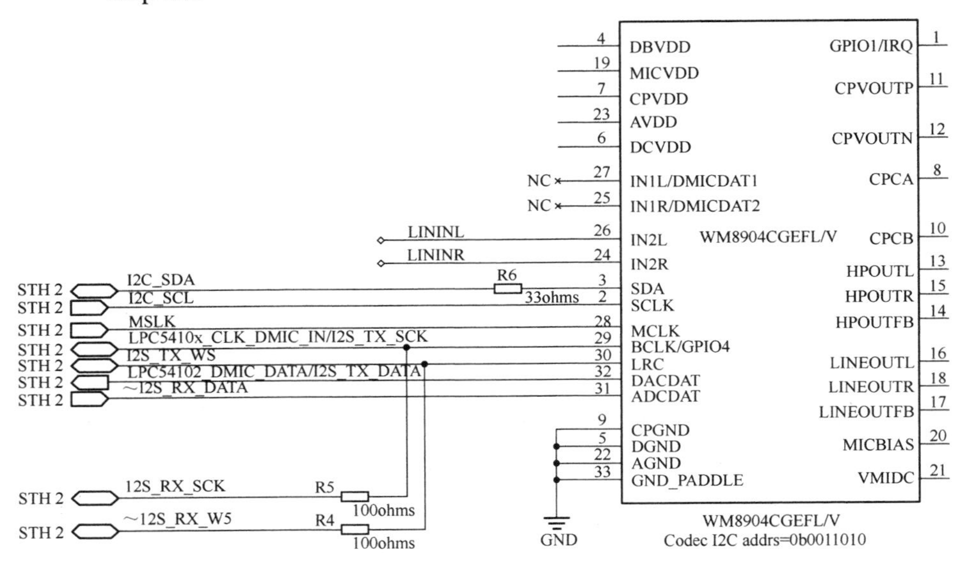

图 11-10　音频芯片 WM8904 硬件接口设计

11.6.2　代码分析

LPC SDK 代码中针对 I2S 提供了包括中断方式和 DMA 方式的例程。这些例程集中放在 SDK 软件包的\boards\lpcxpresso54114\driver_examples\i2s 路径下，每个实例对应一个工程。可通过 MCUXpresso IDE 将例程工程导入，每个例程工程下有个 doc 目录，其中有 readme.txt，此文档描述了当前例子实现了什么、运行环境配置及搭建以及运行结果。

这里只介绍中断方式的实例是如何调用 I2S API 来实现的。更多细节，可以参阅相应 SDK 开发包。

此实例工程名为：lpcxpresso54114_driver_examples_i2s_interrupt_transfer。例程实现在工程的 source 目录下的 i2s_interrupt_transfer.c 中。从 main()函数开始解读，具体代码如代码清单 11-1 所示。

代码清单 11-1

```
int main(void)
{
    i2c_master_config_t i2cConfig;
    wm8904_config_t codecConfig;
    wm8904_handle_t codecHandle;

    const pll_setup_t pllSetup = {
        .syspllctrl = SYSCON_SYSPLLCTRL_BANDSEL_MASK    |
                      SYSCON_SYSPLLCTRL_SELP(0x1FU)                      |
SYSCON_SYSPLLCTRL_SELI(0x8U),
        .syspllndec = SYSCON_SYSPLLNDEC_NDEC(0x2DU),
        .syspllpdec = SYSCON_SYSPLLPDEC_PDEC(0x42U),
        .syspllssctrl = {SYSCON_SYSPLLSSCTRL0_MDEC(0x34D3U)
                        |SYSCON_SYSPLLSSCTRL0_SEL_EXT_MASK,
0x00000000U},
        .pllRate = 24576000U, /* 16 bits * 2 channels * 48 kHz * 16 */
        .flags = PLL_SETUPFLAG_WAITLOCK};

    CLOCK_EnableClock(kCLOCK_InputMux);
    CLOCK_EnableClock(kCLOCK_Gpio0);
    CLOCK_EnableClock(kCLOCK_Gpio1);
    /* USART0 clock */
    CLOCK_AttachClk(BOARD_DEBUG_UART_CLK_ATTACH);
    /* I2C clock */
    CLOCK_AttachClk(kFRO12M_to_FLEXCOMM4);
    /* Initialize PLL clock */
    CLOCK_AttachClk(kFRO12M_to_SYS_PLL);
```

```
        CLOCK_SetPLLFreq(&pllSetup);
        /* I2S clocks */
        CLOCK_AttachClk(kSYS_PLL_to_FLEXCOMM6);
        CLOCK_AttachClk(kSYS_PLL_to_FLEXCOMM7);
        /* Attach PLL clock to MCLK for I2S, no divider */
        CLOCK_AttachClk(kSYS_PLL_to_MCLK);
        SYSCON->MCLKDIV = SYSCON_MCLKDIV_DIV(0U);
        SYSCON->MCLKIO = 1U;

        /* reset FLEXCOMM for I2C */
        RESET_PeripheralReset(kFC4_RST_SHIFT_RSTn);
        /* reset FLEXCOMM for I2S */
        RESET_PeripheralReset(kFC6_RST_SHIFT_RSTn);
        RESET_PeripheralReset(kFC7_RST_SHIFT_RSTn);
        /* Enable interrupts for I2S */
        EnableIRQ(FLEXCOMM6_IRQn);
        EnableIRQ(FLEXCOMM7_IRQn);
        /* Initialize the rest */
        BOARD_InitPins();
        BOARD_BootClockFROHF48M();
        BOARD_InitDebugConsole();

        PRINTF("Configure I2C\r\n");
        I2C_MasterGetDefaultConfig(&i2cConfig);
        i2cConfig.baudRate_Bps = WM8904_I2C_BITRATE;
        I2C_MasterInit(DEMO_I2C,    &i2cConfig,    DEMO_I2C_MASTER_CLOCK_
FREQUENCY);

        PRINTF("Configure WM8904 codec\r\n");
        WM8904_GetDefaultConfig(&codecConfig);
        codecHandle.i2c = DEMO_I2C;
        if (WM8904_Init(&codecHandle, &codecConfig) != kStatus_Success)
        {
            PRINTF("WM8904_Init failed!\r\n");
        }
        /* Initial volume kept low for hearing safety. */
```

```
    /* Adjust it to your needs, 0x0006 for -51 dB, 0x0039 for 0 dB etc. */
    WM8904_SetVolume(&codecHandle, 0x0006, 0x0006);

    PRINTF("Configure I2S\r\n");
    I2S_TxGetDefaultConfig(&s_TxConfig);
    s_TxConfig.divider = I2S_CLOCK_DIVIDER;
    I2S_RxGetDefaultConfig(&s_RxConfig);

    I2S_TxInit(DEMO_I2S_TX, &s_TxConfig);
    I2S_RxInit(DEMO_I2S_RX, &s_RxConfig);
    if (true)
    {
        StartSoundPlayback();
    }
    else
    {
        StartDigitalLoopback();
    }
    while (1)
    {
    }
```

这个实例以 48kHz 采样率 16 位数据立体声道来播放一段 sine 波形（波形数组放在 music.h 中）。

实现过程：首先，Main()函数进行外设和系统的初始化，先打开配置用到的外设（UART、I2C、I2S…）的时钟，对于“主角”I2S，配置其时钟以得到 48kHz 采样率，复位支持 I2C/I2S 的 Flexcomm 接口，使能 I2S 中断；再初始化板级硬件，包括相关引脚、主频和调试串口（这也是系统初始化通用流程）。接着，调用 I2C_MasterInit()配置 LPC54114 的 I2C 接口（主模式，时钟 400kHz），再通过 I2C 以默认配置值对音频 Codec 芯片进行初始化配置（调用 WM8904_Init()），并设置初始音量（为保护听力起见，初始音量较小）。然后，开始 I2S 接口配置，调用 I2S_TxGetDefaultConfig()/I2S_RxGetD- efaultConfig()获取收发模块默认配置值，调用 I2S_TxInit()/I2S_RxInit()对 I2S 收发模块进行初始化。最后，调用 StartSoundPlayback()开始 I2S 数据传输，以播放保存的 sine 波形音频。StartSoundPlayback()的代码实现如代码清单 11-2 所示。

代码清单 11-2

```
static void StartSoundPlayback(void)
{
    PRINTF("Setup looping playback of sine wave\r\n");
    s_TxTransfer.data = &g_Music[0];
    s_TxTransfer.dataSize = sizeof(g_Music);

    I2S_TxTransferCreateHandle(DEMO_I2S_TX, &s_TxHandle, TxCallback, (void
*)&s_TxTransfer);
    I2S_TxTransferNonBlocking(DEMO_I2S_TX, &s_TxHandle, s_TxTransfer);
}
```

其实现过程为：获取待播放数组数据和大小，创建发送传输句柄，然后开始非阻塞式的数据发送传输。

11.6.3 现象描述

编译链接、下载成功后，按下复位键运行，可看到串口终端打印出 I2S 传输播放音频实例运行结果，如图 11-11 所示。戴上耳机，将能听到“呜呜……”的声音。

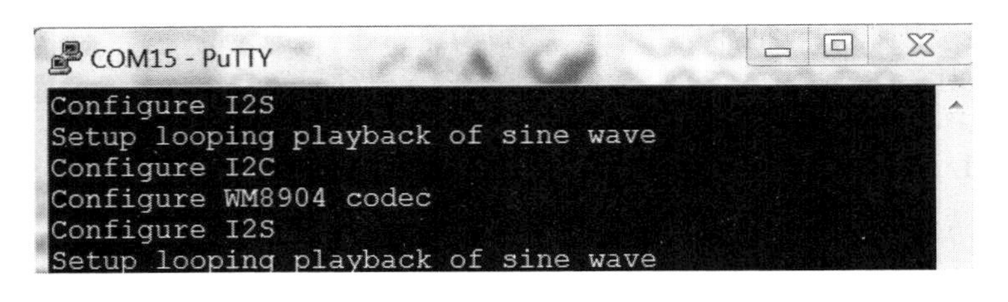

图 11-11　I2S 传输播放音频实例运行结果

11.7 小结

本章首先介绍了经典的 I2S 总线协议，然后说明了 LPC5411x 系列微控制器上内置的 I2S 控制器的特性、架构、引脚定义及主要功能，最后列举了 SDK 开发包的 I2S 驱动函数用到的主要数据结构和 API，并详细分析了其中的一个 I2S 应用实例的实现，即使用 I2S 中断方式传输播放音频。

第 12 章
Chapter 12

FlashIAP 在应用编程模块的应用

12.1 IAP 在应用编程的通用基础知识

在应用编程（In-Application Programming，IAP）是指在用户的应用程序执行过程中，对 MCU 的 Flash 进行擦和写操作。在嵌入式开发中，会有大量的场合需要保存永久数据，而 Flash 存储器是一种高密度、真正不易失的高性能读/写存储器，因此在目前的主流 MCU 中，几乎 100%包含了这部分功能。

在 MCU 中，大多都是利用 Flash 存储器中本身已经固化好的程序来完成的。在所有 LPC5411x 中，都内置了这种基于 ROM 的服务，可以提供对 flash 的基本读/写操作。

在 IAP 编程的过程中，flash 是不能访问的。当用户的应用程序开始执行时，用户 flash 区域的中断向量表是活动的，因此调用 IAP 函数之前，需要确保中断向量表在 RAM 中，并且中断服务函数也在 RAM 中，或者暂时屏蔽中断。

由于 Flash 的工作原理，擦除操作必须以扇区（Sector）为单位。在 LPC5411x 系列的 MCU 中，flash 擦除的最小单位是 256 Byte。

12.2 IAP 命令执行详解

IAP 命令本质上是固化在 ROM 中的一些小程序，在开发的时候通过给定的 API 去调用，然后看返回结果。在 LPC5411x 芯片中，IAP 需要通过指针的方式访问 ROM 里面的 API，CPU 寄存器 R0 指向的地址区域，表明了命令的类型和该命令的参数。与此同时，R1 寄存器指向的地址，会包括命令的执行结果和返回值。具体的参数传递与执行流程，如图 12-1 所示。

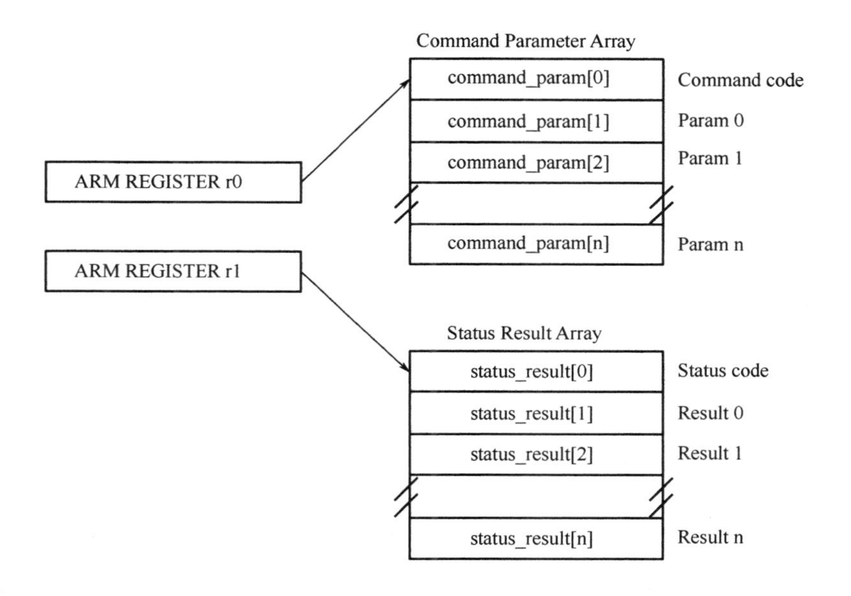

图 12-1　IAP 编程流程

具体参数的数量和结果与 IAP 命令有关，这也不难理解。在 LPC5411x 中，参数最多的命令是从 RAM 复制数据到 Flash，需要传递 5 个参数。IAP 的固化程序存储在地址 0x03000204 中，是 ARM thumb 指令集代码，用户使用时需要通过指针去访问。

在 LPC5411x 中，一共提供了 11 个 IAP 命令，具体如表 12-1 所示。

表 12-1　IAP 命令总结

IAP 命令	命令代码（command code）	说明
Prepare sector（s）for write operation	50	调用 Copy RAM to Flash 和 Erase sectors 之前，需要先调用这个

续表

IAP 命令	命令代码（command code）	说明
Copy RAM to flash	51	对 Flash 进行编程
Erase sector（s）	52	擦除一个或者多个扇区
Blank check sector（s）	53	检查扇区是否为空
Read Part ID	54	读芯片的型号识别码
Read Boot code version	55	读启动代码的版本
Compare	56	比较两个地址的数据是否一样
Reinvoke ISP	57	重新调用 boot loader 进入 ISP 模式
Read UID	58	读芯片唯一 ID 号
Erase page（s）	59	擦除 flash 的一页
Read Signature	70	读 flash 的 32 位完整签名

本书以使用最频繁的 Copy RAM to Flash 为例，讲解命令执行的细节，如表 12-2 所示。

表 12-2　Copy RAM to Flash 指令

命令输入	参数 0：目的地址，必须是 256 字节对齐 参数 1：源地址，必须字对齐 参数 2：复制的字节数，必须 256，512，1024，4096 之一 参数 3：系统时钟频率，kHz 单位	每部分表示特定的意思，拼装整个命令
状态代码	CMD_SUCCESS：执行成功 SRC_ADDR_ERROR：源地址错误 DST_ADDR_ERROR：目的地址错误 SRC_ADDR_NOT_MAPPED：源地址映射错误 DST_ADDR_NOT_MAPPED：目的地址映射错误 COUNT_ERROR：计数器错误 SECTOR_NOT_PREPARED_FOR_WRITE_OPERATION：扇区未准备写操作 BUSY：忙	状态代码表示当前命令执行的具体过程
返回值	无	该命令没有返回值，但是其他命令会有

将参数按照要求准备好了以后，就可以开始执行，同时根据状态代码确定执行情况。这里需要说明的是，不同命令的状态代码不同，具体可以查阅芯片手册。

12.3　IAP 模块的 SDK 驱动介绍

与其他的模块一样，SDK 中也提供了 Flash IAP 相关的各种 API，用户在开发时，只需要按照需求调用，而不用关心芯片底层是如何实现的。

1）IAP 模块的枚举定义

对于所有的命令状态，SDK 中都做了枚举定义。由于状态比较多，本书不一一列举，还是以上一小节的命令为例，说明 SDK 如何与芯片对应。

kStatus_FLASHIAP_Success = kStatus_Success，表示 API 执行成功。

kStatus_FLASHIAP_CountError=MAKE_STATUS kStatusGroup_FLASHIAP，6U)，表示执行的字节数不是 256 byte 的整数倍。

kStatus_FLASHIAP_SrcAddrError=MAKE_STATUS kStatusGroup_FLASHIAP，2U)，表示源地址错误，没有字对齐。

这些状态枚举定义中，MAKE_STATUS 表示唯一的一个标识。

2）IAP 模块的 API 驱动函数

与芯片底层的定义相对应，SDK 中根据使用的不同命令，也将各个 IAP 命令封装成了 API。用户在使用的时候，不用关注命令怎么组织参数，也不用关注 ROM 中地址和指针，只需要按照需求调用 SDK 封装好的函数就行。具体封装的 API 如表 12-3 所示。

表 12-3　具体封装的 API

函数名	函数功能描述
FLASHIAP_PrepareSectorForWrite	为后续的擦写操作准备一个扇区
FLASHIAP_CopyRamToFlash	对 Flash 进行编程
FLASHIAP_EraseSector	擦除一个扇区
FLASHIAP_ErasePage	擦除一整个页

续表

函数名	函数功能描述
FLASHIAP_BlankCheckSector	Flash 空检查
FLASHIAP_Compare	Flash 和 RAM 数据比较

12.4 使用 IAP 驱动读/写内部 Flash

本小节选取 SDK 开发包中的官方例程 flashiap，并对整个程序进行详细的解读，力求通过简单的程序，使读者熟悉 SDK 中 IAP 的开发流程，掌握常用 API 的使用。

12.4.1 环境准备

本实验演示了 SDK 中 flash IAP 的最基本功能，初始化完成后，首先对 Flash 进行编程，并验证写入的数据是否正确，然后再擦除 flash，并验证 flash 是否正确擦除。

与其他模块类似，flash IAP 编程中，会用到特别的 c 文件，主要包括：

- drivers\fsl_flashiap.c
- drivers\fsl_flashiap.h

用户自己实际编写的代码如下：

- source\flashiap.c

12.4.2 代码分析

在本例程中，执行最开始，先擦除 flash，然后对扇区进行编程，并验证编程是否成功，如代码清单 12-1 所示。

代码清单 12-1

```
    /* 写之前先擦除扇区 */
        FLASHIAP_PrepareSectorForWrite(1,1);
        FLASHIAP_EraseSector(1,1,SystemCoreClock);
        /* Generate data to be written to flash */
        for (i = 0;i < FSL_FEATURE_SYSCON_FLASH_PAGE_SIZE_BYTES;i++)
        {
            *(((uint8_t *)(&page_buf[0])) + i) = I;
        }
        /* 对扇区写数据 */
        for (i = 0;i < (FSL_FEATURE_SYSCON_FLASH_SECTOR_SIZE_BYTES /
FSL_FEATURE_SYSCON_FLASH_PAGE_SIZE_BYTES);i++)
        {
            FLASHIAP_PrepareSectorForWrite(1,1);
            FLASHIAP_CopyRamToFlash(
                FSL_FEATURE_SYSCON_FLASH_SECTOR_SIZE_BYTES+(i* FSL_
FEATURE_SYSCON_FLASH_PAGE_SIZE_BYTES), &page_buf[0],
                FSL_FEATURE_SYSCON_FLASH_PAGE_SIZE_BYTES, SystemCore-
Clock);
        }
        /* 验证所写扇区的内容 */
        for (i = 0; i < (FSL_FEATURE_SYSCON_FLASH_SECTOR_SIZE_BYTES /
FSL_FEATURE_SYSCON_FLASH_PAGE_SIZE_BYTES);i++)
        {
            status = FLASHIAP_Compare(
                FSL_FEATURE_SYSCON_FLASH_SECTOR_SIZE_BYTES + (i* FSL_
FEATURE_SYSCON_FLASH_PAGE_SIZE_BYTES),&page_buf[0],
                FSL_FEATURE_SYSCON_FLASH_PAGE_SIZE_BYTES);

            if (status != kStatus_FLASHIAP_Success)
            {
                PRINTF("\r\nSector Verify failed\n");
```

```
                Break;
            }
        }
```

程序的后半部分，验证擦除功能，

```
/* 首先写一些数据进去 */
        FLASHIAP_PrepareSectorForWrite(1,1);

        FLASHIAP_CopyRamToFlash(FSL_FEATURE_SYSCON_FLASH_SECTOR_SIZE
_BYTES, &page_buf[0],

                                FSL_FEATURE_SYSCON_FLASH_PAGE_SIZE_BYTES,
SystemCoreClock);
        /*擦除页*/
        FLASHIAP_PrepareSectorForWrite(1,1);

        FLASHIAP_ErasePage(FSL_FEATURE_SYSCON_FLASH_SECTOR_SIZE_BYT
ES / FSL_FEATURE_SYSCON_FLASH_PAGE_SIZE_BYTES,
                            FSL_FEATURE_SYSCON_FLASH_SECTOR_SIZE_BYTES/
FSL_FEATURE_SYSCON_FLASH_PAGE_SIZE_BYTES,
                                    SystemCoreClock);

        /* 用 FF 填充一个临时的缓冲,用作比较 */
        for (i = 0;i < FSL_FEATURE_SYSCON_FLASH_PAGE_SIZE_BYTES;i++)
        {
            *(((uint8_t *)(&page_buf[0])) + i) = 0xFF;
        }
        /* 验证擦除是否成功 */
        status= FLASHIAP_Compare(FSL_FEATURE_SYSCON_FLASH_SECTOR_
BYTES,(uint32_t *)(&page_buf[0]),

 FSL_FEATURE_SYSCON_FLASH_PAGE_SIZE_BYTES);
```

12.4.3　现象描述

将代码编译通过后，下载到开发板上运行。随意打开一个串口工具，选择波特率 115200 bps，就可以观察实验现象了，如图 12-2 所示。

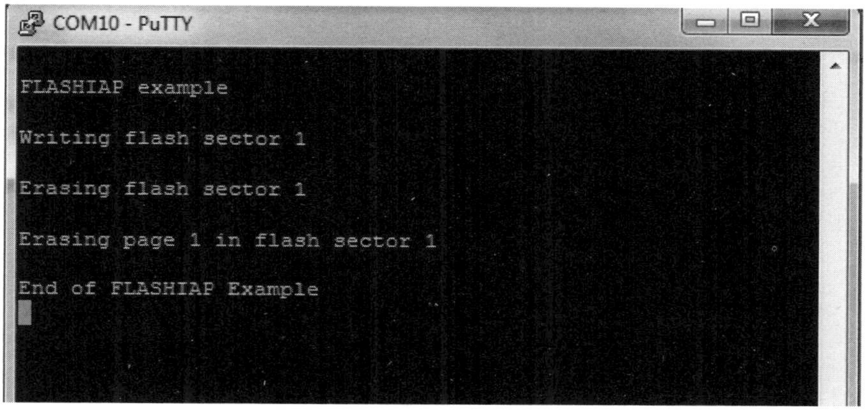

```
COM10 - PuTTY

FLASHIAP example

Writing flash sector 1

Erasing flash sector 1

Erasing page 1 in flash sector 1

End of FLASHIAP Example
```

图 12-2　程序执行结果

12.5　小结

本实验通过简单的例程，展示了 Flash IAP 的各种基本应用，包括 flash 的写、擦除以及验证，读者通过这个流程，可以了解 flash 编程的工作原理。

第 13 章
Chapter 13
FreeRTOS 实时多任务操作系统原理与应用

13.1 嵌入式操作系统概述

前面章节的描述，都是基于 MCU 的某个模块，通过一个简单的例程，介绍相关的功能和使用。这些例程的一个通用形式，就是在 main 函数中包含一个 while（1）的循环，然后通过各个中断控制程序执行的不同分支，处理一些突发性的事件。

这种方式，就是通常意义上的所谓裸跑（Bare Mental）程序。在裸跑环境下直接编程，CPU、内存、定时器等芯片资源都是由开发者直接进行管理的，所以当项目规模很小时，这种直接操作的方式，可以带来非常高的执行效率。

但是在目前的嵌入式开发领域，一方面软件规模越来越大，另一方面某些专业应用比如 TCP/IP 协议，对复杂的多任务处理有直接需求，因此大量软件开发者已经倾向于在统一的操作系统上进行应用层的软件开发，而将底层的维护直接交给操作系统。

13.1.1 裸跑与使用操作系统的对比

在裸跑的程序中，系统复位后，会首先进行堆栈、系统时钟、内存管理、中断初始化等操作，然后进入一个 while（1）的无限循环中，平时 CPU 都是跑在这个无限循环中的，当有其他事件触发时，会响应中断，进入中断服务程序中进行处理。在裸跑的程序中，是没有多任务、线程这些基本概念的。

而当有了操作系统以后，我们可以理解为系统在同时执行很多个任务，而其中每一个任务又被分割成了很多流程，每个流程完成一部分功能，操作系统会根据优先级来进行调度，控制当前执行的实际任务。这个概念和我们通常所说的 Windows 操作系统，其实是同一个概念。Window 中会有很多线程在执行，这个其实就是划分 task 的概念。

而在操作系统中，还有一类实时操作系统（Real Time OS，RTOS）。对实时操作系统严格的定义，就是在限定的时间内对用户的操作必须做出响应。实时操作系统不等于最快速的操作系统，“实时”的概念是在确定的时间能得到正确的结果，这也就很好理解“实时”的意思。所以实时操作系统有很严格的系统响应时间要求，稳定性非常好，像 Windows 这种被用户经常提到的，显然不算是实时操作系统。从操作系统实现层面来说，核心就是支持任务抢占。

如果用户写的代码优秀，调度合理，保证每个任务都能得到正确的执行，从最终产品的用户角度看，那么各个任务看上去是在并行执行的。

13.1.2　嵌入式操作系统基本概念

在嵌入式开发领域，自然也有嵌入式操作系统这个概念。相比于通用的操作系统比如 Linux，嵌入式操作系统一般软硬件可以自由裁剪，并且主要针对低成本、高可靠性、低功耗这些场合。能够根据专用性，结合实际应用与需求进行合理裁剪，是嵌入式操作系统很大的一个特点。目前在工业、电力、医疗等领域，嵌入式操作系统有着极为广泛的应用。

嵌入式 Linux 和 RTOS 的对比如表 13-1 所示。

表 13-1　嵌入式 Linux 和 RTOS 的对比

	RTOS	嵌入式 Linux
实时要求	是	否
CPU 主频	50～150MHz	1GHz
RAM 大小	16～64KB 片上 SRAM	512MB 外扩 DDR3
Flash 大小	64～512KB	4GB
常见 CPU 类型	Cortex M4，可选浮点运算单元	Cortex A7，带 MMU
启动时间	10ms 以内	大于 100ms
文件系统	文件系统可选，FatFS	完整的文件系统
典型控制内容	UART，SPI，CAN，USB	TCP/IP，HTTP，HDMI
典型应用	小型控制节点	网关
典型功耗	1μA～10mA	200～500mA

在实际的应用场合中，会衍生出来很多的实际问题，比如 CPU 调度管理、内存管理、任务管理等，此外通常还会包括文件系统、I/O 等。

本章为了方便后面对于 FreeRTOS 的讲解，会对操作系统的基本概念进行简单的介绍，为读者学习 FreeRTOS 和移植提供理论基础。更深层次的操作系统原理，建议读者翻阅相关的专业书籍。

1. 进程

进程可以说是操作系统最重要的概念，进程可以简单理解为一段完整的程序执行过程，每个进程一般都有自己独立的代码段和数据段。正是有了进程的概念，才使得操作系统有了极大的用处，多个进程可以同时在单一 CPU 上面执行，各个进程之间通过反复的切换，共享 CPU 资源。虽然同一时刻只有一个活动的进程在运行，但是在外界看来，就好像这些进程是在同时执行的。在很多操作系统中，尤其是嵌入式操作系统，进程和任务（Task）没有什么差别。

2. 同步

有了多任务同时的执行，同步的问题也就随之而来了。举例来说，同时有任务 A 和任务 B，都会用到同一个变量，这两个任务如何去访问这个变量？假设 A 任务需要读取的变量，必须是 B 任务在某一时刻已经修改过的，如果 A 任务先于 B 任务去读取该变量，就会拿到错误的数据。但是任务 A 和任务 B 是在同时执行的，并且各自独立占有资源，如何保证这个先后顺序呢？还有一种情况，假设有一个 USART 在对外输出，而有两个任务都在控制这个 USART，如果没有机制保证排他性，两个任务都随意使用 USART，必然导致输出的数据是混乱的。这些都是操作系统提供的服务。操作系统会提供信号量、事件、消息队列等服务，来进行同步。

3. 存储管理

存储管理，给了用户在多任务之间分配内存提供了可能。通过操作系统的内存管理机制，可以保护内存正确执行，防止多任务间的互相干扰。存储管理另一个重要的功能是动态内存分配。传统的裸跑程序，我们通过全局定义的数组来获取存储空间，这种做法，程序在编译时就已经确定了实际使用的存储大小，一方面不够灵活，另一方面没法重复利用。而操作系统会通过 malloc、free 机制，动态申请存储，并且使用完了还可以释放。

4. 文件系统

文件系统也是操作系统特有的概念。对于很多简单的程序，内存中存储的就是最基本的原始数据二进制，数据本身没有什么特殊的含义，写进去的就是读出来的。而文件系统对内存做了规划，通过在原始数据中加入特殊的字段，对存储的数据进行划分，提供了一个抽象的模型，便于数据的管理，嵌入式领域最常见的文件系统是 FatFS。

5. 系统调用

操作系统会提供大量功能开放给用户，供用户使用，系统调用就是这些功能的接口，用户通过系统调用和内核打交道。系统调用把应用程序的请求传给操作系统的内核，调用内核函数完成相关的处理，再将结果返回给应用程序。

13.2 FreeRTOS 实时多任务操作系统介绍

FreeRTOS 是一个轻量级的嵌入式实时操作系统，代码完全开源，由英国伦敦的 RealTime EngineersLtd. 来进行维护，官方网址为 http://www.freertos.org。

作为目前嵌入式开发领域使用最广泛的 RTOS，全球范围内平均每 260 秒就有人下载一次。FreeRTOS 可以很方便地移植到各类 MCU 中，快速满足用户的开发需求。同时，各大半导体公司，一般都会在自己的官方 SDK 中整合 FreeRTOS，还有很多中间件比如 BLE 协议栈、LWIP 等，通常也都会包含 FreeRTOS 的版本。

13.2.1 FreeRTOS 实时多任务操作系统特色

FreeRTOS 作为轻量级的实时操作系统，首先提供了高可靠性的代码。FreeRTOS 的代码有非常严格的质量管理，不仅仅是软件 coding 的标准，而是软件的实现层面。举个例子，FreeRTOS 不会做任何不确定性的操作，例如在临界区或者中断服务程序中，去遍历一个链表。再比如说，FreeRTOS 的软件定时器，不会占用任何 CPU 时间除非这个定时器确实需要这么做。也就是说，软件定时器不会包括任何需要计数到 0 的变量。

在功能方面，FreeRTOS 提供了内核基于优先级的调度，CPU 会根据优先级确定哪个任务先执行。当然 FreeRTOS 同时也支持轮询（round-bin）的调度方式，让相同优先级的任务分时占用 CPU 时间。

从芯片占用的资源上来说，FreeRTOS 也是非常精简的。首先 FreeRTOS 一共只有 10 个 C 文件，就能完成调度，队列管理，事件这些基本功能，最核心的内核部分，更是只有 3 个 C 文件。FreeRTOS 最精简情况下，只需要 6～12K 字节就能运行起来。

13.2.2　FreeRTOS 基本功能解读

麻雀虽小，五脏俱全，FreeRTOS 提供了完善的操作系统服务，包括任务管理，同步管理，内存管理等。由于 FreeRTOS 本身涉及非常多的知识内容，超出本书的讨论范围，本书只是列出一些常用的内容，为后续章节的说明做基础。

1. 任务管理

在 FreeRTOS 中，用户可以创建任务，并且为每个任务分配处理时间、优先级、堆栈段等。每个任务，都是由 C 语言实现的函数，可以简单理解为一个函数，函数原型为：

```
void TaskFunction（void *pxTaskCode）;
```

在 FreeRTOS 中，任务主要是通过调用 xTaskCreate（）函数来创建的，该函数同时也会给任务分配堆栈、优先级。在 FreeRTOS 中，任务创建方式主要有两种：一种是在系统初始化后的主函数部分创建，另一种是在用户的应用代码中创建。FreeRTOS 中的每个任务，都有自己独立的堆栈空间和自己独立的作用域，互相之间不是共享的。

2. 同步管理

在 FreeRTOS 中，也提供了数据同步的服务，使用最多的就是信号量（Semaphore）。限于篇幅，本书只讨论最好用的二值信号量，也称为互斥量（Mutex），为了描述方便，本书中都简称为信号量。信号量可以理解为一种唯一的标识，表明使用者的合法身份。假设任务 A 要使用系统的某个资源（比如用 USART 输出），必须拿到这个标识才可以，拿到这个标识的行为称为“获取”（Take）。当任务 A 使用 USART 结束后，必须释放这个标识，这样任务 B 才能继续使用 USART，释放标识的行为称为“归还”（Give）。由于标识的唯一性，因此同一时间只有一个任务可以访问，假设任务 A 没有归还信号量，而任务 B 正在获取，则任务 B 必须等待，并处在阻塞状态，直到任务 A 释放。

FreeRTOS 提供了 vSemaphoreCreateBinary()API 用来初始化一个信号量，获取信号量可以使用如下 API：

XSemaphoreTake(xSemaphore，xBlockTime)，第一个参数都是定义的信号量。

如果要归还信号量，有两个 API 可以调用，分别是：

XSemaphoreGiveFromISR(xSemaphore，pxHigherPriorityTaskWoken)；

XSemaphoreGive(xSemaphore)；

这两个 API 的最大差别，就是后者是绝对不能在中断处理函数中调用的，如果应用场合一定要在中断函数里释放信号量，必须调用前一个。

3. 使用队列

FreeRTOS 中的多任务机制，每个任务虽然都有自己独立的资源，但任务之间也需要一些机制来进行一定的交互，在 FreeRTOS 中，最基本的机制就是队列。这里队列的意义，通俗理解就是存储数据的特定数据结构，队列的访问遵循先进先出（FIFO），即最先读取的数据，也是最先写入的数据。程序运行时，多个任务都可以向队列中写入数据，同时也可以从队列中读取数据。FreeRTOS 中，读/写队列时该任务会处于阻塞状态，读取时假如队列为空，任务会保持阻塞直到有数据，写入时如果队列满，也会等待直到可以写入，当然程序可以设置最大等待时间。

在 FreeRTOS 中，通过 xQueueCreate()API 建立队列，参数中可以指定队

列的深度和每个节点数据单元的长度。而队列的读/写，则可以使用 API

XQueueSend(xQueue，pvItemToQueue，xTicksToWait)

XQueueReceive(xQueue，pvBuffer，xTicksToWait)

这两个函数的原型都很简单，主要就是第一个参数，即队列建立时返回的句柄。关于队列的具体用法，可以参考本章 17.5 节的例程分析。

4．Hook 函数

Hook 函数，直译为钩子函数，也可以称为回调函数（callback），可以理解为在某种特定情况下会调用的函数。在 FreeRTOS 中，有几类 Hook 函数，主要包括以下几种。

1）空闲任务

原型为 void vApplicationIdleHook(void)；当前没有任何活动任务时会执行。

2）心跳函数

随着心跳 Tick 而周期性地执行，函数原型为 void vApplicationTickHook（void）。

3）动态内存分配错误

函数原型为 void vApplicationMallocFailedHook（void）。

4）堆栈溢出

函数原型为 void vApplicationStackOverflowHook（TaskHandle_t xTask，signed char *pcTaskName）。上面这两个都是防止任务出错而进行的处理函数，防止程序跑飞产生不可预知的错误。

13.2.3 FreeRTOS 的软件授权

这一章节是最容易被大多数读者忽略的，但是随着全球版权意识的提高，以及商务量产产品的真实要求，很多开发者都会面临类似的问题，所以有必要单独讲一下 FreeRTOS 的授权问题。FreeRTOS 的官方授权声明在如下链接：

http://www.freertos.org/a00114.html

FreeRTOS 是完全开源免费的，不需要专利税，因此即使应用在商业场合，也不需要额外的授权，FreeRTOS 的开源授权机制，不会给用户带来任何风险。

当然，还是有如下一些地方需要注意的：

（1）没有得到许可的情况下，不允许发表 FreeRTOS 的任何基准测试（Benchmark）。

（2）如果需要发表源代码，必须也声明 FreeRTOS。

（3）用户对 FreeRTOS 内核的修改，必须也同样开源；用户自己基于 FreeRTOS 的应用代码，不需要开源。

13.3 FreeRTOS 的底层结构与 ARM 平台的移植

前面章节简要介绍了实时操作系统的一些基本原理，并结合 FreeRTOS 的实际代码，做了一些说明。本章会讲述 FreeRTOS 的底层结构，包括时钟、任务切换等操作系统核心内容，并以 LPC5411x 为例，讲解如何实现，以及移植。本小节力求呈现给读者，通用的 RTOS 在 ARM 平台上是如何工作的。

需要说明的是，NXP 官方的 SDK 中已经提供了一个标准的 FreeRTOS 工程，本章会结合 NXP SDK 中的例程工程，来介绍如何移植。

13.3.1　FreeRTOS 源码结构分析

在 NXP 官方的 SDK 开发包中，已经为用户提供了一个规范的样例工程，在 SDK 安装目录\boards\lpcxpresso54114\rtos_examples 路径下，包含了很多例程，随便选择一个打开，在 IAR 的界面下，便可以看到整个 FreeRTOS 代码结构如图 13-1 所示。

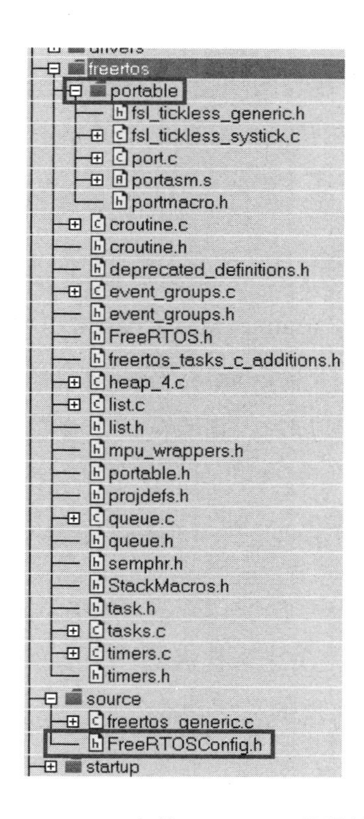

图 13-1　SDK 中的 FreeRTOS 代码结构

这里有一点需要说明，SDK 中的路径结构，与官方网站下载的略有差异，当然这并不影响读者学习 FreeRTOS 的移植。整个 FreeRTOS 大概包括如下三部分。

1. FreeRTOSConfig.h 配置文件

在 FreeRTOS 中，会有一个配置文件，对 FreeRTOS 的内核进行相关的配置。这个配置文件与内核无关，是用户使用 FreeRTOS 时对操作系统本身进行的配置，因此并不在 freertos 目录下。

2. freertos 主目录下的内核文件

这个目录下存放的 C 文件都是 FreeRTOS 的实现代码，换句话说，就是 FreeRTOS 的源码。这部分主要由四大块组成，本文简单介绍一下 FreeRTOS 的各个源代码实现的功能，但限于篇幅，不展开介绍。

其中 list.c 实现了一个链表的功能，就是我们在数据结构中学习的链表，包括链表初始化、插入、删除操作，这个主要是给内核调度用的。

queue.c 实现了一个队列，也包括了添加、删除等操作，这些功能主要是中断和信号量操作会用到的。

croutine.c（协同程序），routine 类似于 task，可以进行类似的多任务调度。但是它和 task 的主要区别在于 croutine 没有自己的堆栈，各任务共享同一个堆栈。因此当进行多任务调度时，所有的局部变量都会失效，而且多任务调度也不能像 task 那样通过亚栈方式来进行多任务切换，而是通过 swith 的方来模拟的。croutine 的作用主要是进一步减小 RAM 的需求。

对于绝大多数读者来说，这些内容与 FreeRTOS 无关，因此这些 C 文件基本不用去修改。但是有一个头文件需要特别注意，portable.h，这个文件定义了 FreeRTOS 底层需要实现的关键功能。

3. portable 目录下的移植代码

这一部分实际上才是用户最应该关注的部分。这个目录下的 C 文件，都是与 FreeRTOS 移植相关的，也就是说，在移植过程中实际修改的代码都在这个目录下。如果使用其他的微控制器平台，比如 ST、Atmel，甚至是非 ARM 内核的芯片，移植所需要的工作量，也都集中在这个目录下。

这个目录下的文件，就是移植 FreeRTOS 的通用过程。总结起来，需要头文件统一定义数据类型和实现功能，需要一个 C 文件具体实现各个功能函数，还需要汇编文件具体地完成任务切换。具体的移植细节，会在后面章节中详细介绍。

13.3.2　内核配置头文件

由于 FreeRTOS 是高度开放，又高度可定制，因此每一个 FreeRTOS 应用都必须包含一个专门的配置文件，用来操作系统的一些参数。在 FreeRTOS 中，使用 FreeRTOSConfig.h 头文件来进行设置。

这个配置文件是针对用户应用程序，而不是内核本身的，因此一般都放在应用程序目录下，而不是 FreeRTOS 内核源代码目录下。具体的一些操作系统层面的设置，都在这个头文件中，比如是否支持抢占、是否支持时间片等：

```
#define configUSE_PREEMPTION          1
#define configUSE_TIME_SLICING        0
```

另外在这个配置文件中，还将 FreeRTOS 中关键的几个中断做了重新定义，以此和 CMSIS 的中断处理函数关联：

```
#define vPortSVCHandler SVC_Handler
#define xPortPendSVHandler PendSV_Handler
#define xPortSysTickHandler SysTick_Handler
```

限于篇幅，本书不再具体讲所有的配置细节，建议感兴趣的读者自己阅读 SDK 中的源代码。

有一些例程是比较老的版本，没有包含所有的可配置选项，这些省略的部分 FreeRTOS 会只用默认值。

13.3.3 移植宏定义文件

portmacro.h 是一个宏定义头文件，作用是针对不同平台在 FreeRTOS 上面运行，对各类数据类型和内核函数做统一的定义，保证不同处理器在 FreeRTOS 层面都有统一的定义，比如非 ARM 平台的处理器，通过这样定义，就可以很方便地识别，而不需要去修改底层的源代码。

这部分代码的第一个功能是对 C 语言的基本数据类型（比如 char、int）等重新定义为 FreeRTOS 自己的统一格式，以 port 开头，具体的代码片段如代码清单 13-1 所示。

代码清单 13-1

```
/* Type definitions. */
#define portCHAR            char
#define portFLOAT           float
#define portDOUBLE          double
#define portLONG            long
#define portSHORT           short
#define ortSTACK_TYPE       uint32_t
#define portBASE_TYPE       long
```

除了数据类型定义外，这个头文件还定义移植 FreeRTOS 必要的函数定义，这些都是内核相关的。

这里面最重要的部分是内核调度函数 portYIELD()，这个函数实现 FreeRTOS 中的任务切换，会直接操作 ARM 内核 NVIC 中的寄存器，触发 PendSV 中断，请求上下文切换，然后由中断服务例程 xPortPendSVHandler()

来进行后续处理，如代码清单 13-2 所示。

代码清单 13-2

```
/* Scheduler utilities. */
#define portYIELD () \
{\
    /* Set a PendSV to request a context switch. */\
    portNVIC_INT_CTRL_REG = portNVIC_PENDSVSET_BIT;\
    __DSB () ;\
    __ISB () ;\
}

#define portNVIC_INT_CTRL_REG ( * ( ( volatile uint32_t * ) 0xe000ed04 ) )
#define portNVIC_PENDSVSET_BIT ( 1UL << 28UL )
#define portEND_SWITCHING_ISR ( xSwitchRequired ) if ( xSwitchRequired !=
pdFALSE ) portYIELD ()
#define portYIELD_FROM_ISR ( x ) portEND_SWITCHING_ISR ( x )
```

另一个与调度相关的是临界区的处理，包括临界区进入 portENTER_CRITICAL()和临界区退出 portEXIT_CRITICAL()，当然为了处理临界区，还需要 ARM 内核 NVIC 中屏蔽中断位的清除和置位。这些函数的统一化代码如代码清单 13-3 所示。

代码清单 13-3

```
/* Critical section management. */
extern void vPortEnterCritical(void);
extern void vPortExitCritical(void);

#define portDISABLE_INTERRUPTS()\
{\
    __set_BASEPRI(configMAX_SYSCALL_INTERRUPT_PRIORITY);\
    __DSB();\
    __ISB();\
```

```
    }

    #define portENABLE_INTERRUPTS()__set_BASEPRI(0)
    #define portENTER_CRITICAL()vPortEnterCritical()
    #define portEXIT_CRITICAL()vPortExitCritical()
    #define portSET_INTERRUPT_MASK_FROM_ISR()__get_BASEPRI();portDISABLE
_INTERRUPTS()
    #define portCLEAR_INTERRUPT_MASK_FROM_ISR(x)__set_BASEPRI(x)
    /*-----------------------------------------------------------*/
```

这些函数具体的实现，会在 13.3.4 节 port.c 中介绍。除了这部分内容，portmacro.h 中还包含了一些处理器相关的设置，包括堆栈递增还是递减，心跳周期，字节对齐：

```
#define portSTACK_GROWTH(-1)
#define portTICK_PERIOD_MS((TickType_t)1000/configTICK_
RATE_HZ)
#define portBYTE_ALIGNMENT8
```

13.3.4 ARM 平台的移植实现

在 FreeRTOS 中，还有一个关键的文件 port.c，这个文件是 FreeRTOS 移植最关键的部分，实现了内核代码能够在 ARM 平台的运行。这个文件中实现的函数，都是在 FreeRTOS 源码目录下 portable.h 中定义、针对 ARM Cortex-M4 平台的。

port.c 文件中首先处理的是堆栈的初始化，代码实现如代码清单 13-4 所示。

代码清单 13-4

```
StackType_t*pxPortInitialiseStack(StackType_t*pxTopOfStack, TaskFunction_t pxCode,
void*pvParameters)
{
    /* Simulate the stack frame as it would be created by a context switch
    interrupt. */

    /* Offset added to account for the way the MCU uses the stack on entry/exit
    of interrupts, and to ensure alignment. */
    pxTopOfStack--;

    *pxTopOfStack = portINITIAL_XPSR;  /* xPSR */
    pxTopOfStack--;
    *pxTopOfStack =(( StackType_t)pxCode)& portSTART_ADDRESS_MASK;  /* PC */
    pxTopOfStack--;
    *pxTopOfStack =(StackType_t)prvTaskExitError;/* LR */

    /* Save code space by skipping register initialisation. */
    pxTopOfStack -= 5; /* R12, R3, R2 and R1. */
    *pxTopOfStack =(StackType_t)pvParameters;  /* R0 */

    /* A save method is being used that requires each task to maintain its
    own exec return value. */
    pxTopOfStack--;
    *pxTopOfStack = portINITIAL_EXEC_RETURN;

    pxTopOfStack -= 8; /* R11, R10, R9, R8, R7, R6, R5 and R4. */

    return pxTopOfStack;
}
/*-----------------------------------------------------------*/
```

另一个重要的功能是启动任务调度函数，xPortStartScheduler()，因为这个函数代码比较长，含有大量 assert 断言，因此本文只介绍关键部分，如代码清单 13-5 所示。

代码清单 13-5

```
/* Make PendSV and SysTick the lowest priority interrupts. */
portNVIC_SYSPRI2_REG |= portNVIC_PENDSV_PRI;
portNVIC_SYSPRI2_REG |= portNVIC_SYSTICK_PRI;

/* Start the timer that generates the tick ISR.  Interrupts are disabled
here already. */
vPortSetupTimerInterrupt();

/* Initialise the critical nesting count ready for the first task. */
uxCriticalNesting = 0;

/* Ensure the VFP is enabled - it should be anyway. */
vPortEnableVFP();

/* Lazy save always. */
*(portFPCCR)|= portASPEN_AND_LSPEN_BITS;

/* Start the first task. */
vPortStartFirstTask();

/* Should not get here! */
return 0;
```

13.3.3 节还提到了进入和退出临界区的功能，具体的实现，也是在 port.c 中。通俗地说，进出临界区是通过开关中断来实现的，进入临界区，首先会关闭中断，而退出临界区，会重新使能中断。

在进出临界区时，还有一个关键的参数，全局变量 uxCriticalNesting，表示全局的临界区嵌套层数，以此来实现临界区的嵌套。每次进入临界区时，这个变量会加 1，而在退出临界区时，只有检测到这个变量为零时，才会关闭中断。临界区进出的具体代码如代码清单 13-6 所示。

代码清单 13-6

```
    void vPortEnterCritical(void)
    {
            portDISABLE_INTERRUPTS();
            uxCriticalNesting++;

            If(uxCriticalNesting ==1)
            {
                ConfigASSERT((portNVIC_INT_CTRL_REG    &    portVECTACTIVE_
MASK) ==0);
            }
    }
    /*-----------------------------------------------------------*/

    void vPortExitCritical(void)
    {
        ConfigASSERT(uxCriticalNesting);
        uxCriticalNesting--;
        If(uxCriticalNesting == 0)
        {
            portENABLE_INTERRUPTS();
        }
    }
```

关于 FreeRTOS 的移植，最后一点，就是心跳时钟处理函数。在前面介绍的 FreeRTOSConfig.h 头文件中，已经有了这个宏定义：

#define xPortSysTickHandler SysTick_Handler。

因此这里实际上就是定义整个系统的（心跳时钟）System Tick 中断服务程序，在 system tick 的中断函数中，每次心跳值 tick 都会递增 1。在 FreeRTOS 中，所有的时间基准就是 Tick，如代码清单 13-7 所示。

代码清单 13-7

```
void xPortSysTickHandler (void)
{
    portDISABLE_INTERRUPTS ();
    {
        /* 递增 RTOS tick. */
        if (xTaskIncrementTick () != pdFALSE)
        {
            /* A context switch is required.  Context switching is performed in
            the PendSV interrupt.  Pend the PendSV interrupt. */
            portNVIC_INT_CTRL_REG = portNVIC_PENDSVSET_BIT;
        }
    }
    portENABLE_INTERRUPTS ();
}
```

关于 systick 的具体设置，会在 13.3.5 节中介绍。

13.3.5 tick 定时器——fsl_tickless 相关内容说明

这一部分也是 FreeRTOS 的核心内容，即操作系统的时钟设置。13.3.4 节 port.c 中介绍过心跳时钟处理函数，xPortSysTickHandler()这是个利用了 ARM 内核的系统心跳中断，每次中断 Tick 加一，从而提供 Tick 值供 FreeRTOS 作为时间基准。而对这个时钟的具体配置，则是在 fsl_tickless_systick 中定义的。

这个文件包含两个功能，首先是系统时钟的配置，主要是设置系统心跳的周期，即内核 System tick 的中断频率，这部分是通过对 NVIC 中寄存器的设置来实现的，具体代码如代码清单 13-8 所示。

代码清单 13-8

```
    __weak void vPortSetupTimerInterrupt(void)
    {
            /* Calculate the constants required to configure the tick interrupt. */
            #if(configUSE_TICKLESS_IDLE == 1)
            {
              ulTimerCountsForOneTick=(configSYSTICK_CLOCK_HZ/configTICK_
RATE_HZ);
              xMaximumPossibleSuppressedTicks = portMAX_24_BIT_NUMBER/ulTimer
CountsFor OneTick;

              ulStoppedTimerCompensation=portMISSED_COUNTS_FACTOR/(configCP
U_CLOCK_HZ/configSYSTICK_CLOCK_HZ);
            }
            #endif /* configUSE_TICKLESS_IDLE */

            /* 按照要求的频率设置 SysTick 中断 */
            portNVIC_SYSTICK_LOAD_REG=(configSYSTICK_CLOCK_HZ/config
TICK_ RATE_HZ) - 1UL;
            portNVIC_SYSTICK_CURRENT_VALUE_REG = 0UL;
            portNVIC_SYSTICK_CTRL_REG=(portNVIC_SYSTICK_CLK_BIT|port
NVIC_SYSTICK_INT_BIT | portNVIC_SYSTICK_ENABLE_BIT);
    }
```

这部分中的第二个功能，是无 Tick（Tickless）的待机模式。这个功能是与低功耗休眠相关联的。在低功耗休眠状态下，系统内核是停止工作的，因此不会触发 System Tick 中断，相关的系统 Tick 也不会增加，这显然是不符合实际需求的。FreeRTOS 提供了一个函数 vPortSuppressTicksAndSleep()，用来补偿低功耗模式下 SysTick 停止后的 CPU 周期数。这个函数功能比较复杂，超出本书讨论范围，感兴趣的读者可以阅读 vPortSuppressTicksAndSleep()的源代码。

13.3.6 portasm.s 汇编

FreeRTOS 底层的最后一部分，就是 portasm.s 汇编。这个函数用汇编语言实现了最底层 Task 的相关功能，具体来说，就是下面四个函数：

PUBLIC xPortPendSVHandler//请求切换任务，保存和切换的任务上下文

PUBLIC vPortSVCHandler //直接切换任务

PUBLIC vPortStartFirstTask//启动第一个任务时初始化堆栈和各个寄存器

PUBLIC vPortEnableVFP //使能 VFP 功能（硬件浮点运算）

具体的汇编代码实现，限于篇幅，读者可自行查阅源代码。

13.4 MCUXpresso SDK 中基于 FreeRTOS 的外设驱动

在 FreeRTOS 中，由于添加了操作系统的各类服务，因此驱动的实现方法也会有较大的差别，本小节会对驱动的差异做简单的介绍。

13.4.1 具有操作系统功能的驱动介绍

正是在 FreeRTOS 系统中有了任务和同步的概念，所以驱动的编写可以使用这些操作系统特有的服务，这样的驱动函数，一方面执行效率很高，可以省去很多不必要的空等时间，另一方面代码可移植性也会更强。关于这部分的差异，最直接的体现就是 USART、SPI、I2C 这几个通信外设。

我们以 USART 为例，基于 FreeRTOS 的 USART 驱动，一共包括四个基本函数，作为对比，同时列出来裸跑的函数，可以看到 FreeRTOS 函数

API 和裸跑的数据传输 API，是有一些相似的，USART 驱动的简单对比如表 13-2 所示。

表 13-2　USART 驱动的简单对比

函数功能	基于 FreeRTOS	裸　跑
初始化	USART_RTOS_Init()	USART_Init()
反初始化	USART_RTOS_Deinit()	USART_Deinit()
发送	USART_RTOS_Send()	USART_TransferSendNonBlocking()
接收	USART_RTOS_Receive()	USART_TransferReceiveNonBlocking()

USART 的初始化原型为 int USART_RTOS_Init（usart_rtos_handle_t*handle，usart_handle_t*t_handle，const struct rtos_usart_config*cfg）；该函数包含 3 个形参，第 1 个是为 RTOS 应用定义的 RTOS Handle，后续所有的函数调用，第 1 个参数都是这个结构体。第 2 个参数 usart_handle_t*t_handle 与裸跑的 USART 数据传输 API 使用的结构体是完全一致的，是 UASRT 模块的 handle。第 3 个参数是配置结构体，实现波特率、奇偶校验这些功能的设置。初始化函数中，最关键的是这几行代码：

```
handle->txSemaphore = xSemaphoreCreateMutex();
handle->rxSemaphore = xSemaphoreCreateMutex();
handle->txEvent = xEventGroupCreate();
handle->rxEvent = xEventGroupCreate();
```

这几行代码，利用了操作系统的信号量和事件功能，给接收和发送分别进行了定义，然后存储在 RTOS handle 中，用于维护整个收发过程。剩下的部分，就是直接调用了裸跑的初始化函数 USART_Init()。

13.4.2 FreeRTOS 下的 USART 发送与接收

本书首先介绍一下 USART 的发送函数。USART 是异步工作的，因此在数据收发时，有很多状态需要维护，比如当前是否有数据正在发送，数据是否发送完成等。现在有了操作系统这个强大的功能，我们可以对整个过程，进行很好的维护。USART 发送的核心代码如代码清单 13-9 所示。

代码清单 13-9

```
    /* 发送前获取 txSemaphore */
    if (pdFALSE == xSemaphoreTake(handle->txSemaphore, 0))
        {
            /* We could not take the semaphore,  exit with 0 data received */
            return kStatus_Fail;
        }

        handle->txTransfer.data = (uint8_t *)buffer;
        handle->txTransfer.dataSize = (uint32_t)length;

        /* 调用裸跑的数据传输 API, Non-blocking 方式 */
        USART_TransferSendNonBlocking(handle->base,    handle->t_state,    &handle->
txTransfer);
        /* 等待 USART 发送完成事件 */
        ev    =    xEventGroupWaitBits(handle->txEvent,    RTOS_USART_COMPLETE,
pdTRUE, pdFALSE, portMAX_DELAY);
        if (!(ev & RTOS_USART_COMPLETE))
        {
            retval = kStatus_Fail;
        }
        /* 发送完成了，重新设置这个信号量 */
        if (pdFALSE == xSemaphoreGive(handle->txSemaphore))
        {
            retval = kStatus_Fail;
        }
```

这部分发送代码，首先利用了一个信号量 txSemaphore 来管理共享资源。在发送前必须获取这个信号量，如果获取不到，会进入阻塞态。这说明此时正有其他任务也在使用 USART 的发送功能，USART 正处于忙状态。发送完成了，会重新设置信号量 txSemaphore 释放资源。这个逻辑对 USART 的多任务调用进行了分配，当前忙就等待，使用完了，就释放资源，保证共享资源不会冲突。

发送的另外一个逻辑是事件。通过一个 USART 完成事件，表示当前任务的发送完成。在代码清单 13-9 中的 xEventGroupWaitBits()函数，就是在等待这个完成事件。而对这个事件置位，则是在 USART 的回调函数中 USART_RTOS_Callback()进行的。

```
else if (status == kStatus_USART_TxIdle)
{
    xResult = xEventGroupSetBitsFromISR(handle->txEvent, RTOS_USART_COMPLETE, &xHigherPriorityTaskWoken);
}
```

通过这个事件处理，可以判断 USART 当前的发送是不是完成，在等待的期间，该 Task 处于 Idle 态，可以让其他就绪态的任务先执行，防止 CPU 资源浪费。

USART 的接收功能，与发送完全一样，也是通过一个信号量 rxSemaphore 来管理共享资源的。不同的地方是，接收除了完成事件，还有另外两个事件，RTOS_USART_RING_BUFFER_OVERRUN 和 RTOS_USART_HARDWARE_BUFFER_OVERRUN，用来处理接收溢出。因此等待事件的代码会稍有不同，如代码清单 13-10 所示。

代码清单 13-10

```
    /* 等待 USART 的接收事件 */
    ev = xEventGroupWaitBits(handle->rxEvent,
                                    RTOS_USART_COMPLETE                 |
/RTOS_USART_RING_BUFFER_OVERRUN/                                        |
RTOS_USART_HARDWARE_BUFFER_OVERRUN,
                                    pdTRUE, pdFALSE, portMAX_DELAY);
        if (ev & RTOS_USART_HARDWARE_BUFFER_OVERRUN)
        {
            /* 硬件接收缓冲区溢出事件*/
            // USART_TransferAbortReceive(handle->base, handle->t_state);
            /* 同时清除完成事件，防止后续的错误 */
            xEventGroupClearBits(handle->rxEvent, RTOS_USART_COMPLETE);
            retval = kStatus_USART_RxRingBufferOverrun;
            local_received = 0;
        }
        else if (ev & RTOS_USART_RING_BUFFER_OVERRUN)
        {
            /*环形缓冲区溢出事件 */
            // USART_TransferAbortReceive(handle->base, handle->t_state);
            /*也需要清除完成事件 */
            xEventGroupClearBits(handle->rxEvent, RTOS_USART_COMPLETE);
            retval = kStatus_USART_RxRingBufferOverrun;
            local_received = 0;
        }
        else if (ev & RTOS_USART_COMPLETE)
        {
            /*接收完成事件*/
            retval = kStatus_Success;
            local_received = length;
        }
```

主要是由于接收的特殊性，因此需要额外的两个事件来防止接收溢出。

13.5 LPC5411x SDK 中的 FreeRTOS 例程分析

前面讲了大量的理论知识，接下来可以进入到实战环节了。本章节会以 LPC5411x 中 SDK 的官方例程为基础，介绍 FreeRTOS 的综合应用。

13.5.1 环境准备

本实验选取 SDK 开发包中的 freertos_generic 例程，对代码进行解读，全面介绍 FreeRTOS 的各类综合性应用，使读者对基于操作系统的开发有一个基本的了解。

本例程主要实现了一个消息队列的收发功能，同时附带了一些多任务的同步管理，只包含一个专门的 c 文件，其他部分都是直接使用了 FreeRTOS 原生的 API。关于 FreeRTOS 的工程结构，可以参考 17.3.1 节，本例程用到的 c 文件为：

- source\freertos_generic.c

13.5.2 Main 函数分析

本例程的 Main 函数比较简单，主要以初始化为主，并创建了各个任务和定时器，如代码清单 13-11 所示。

代码清单 13-11

```
int main(void)
{
    TimerHandle_t xExampleSoftwareTimer = NULL;

    /* 开发板硬件初始化, 时钟, 管脚等*/
    CLOCK_AttachClk(BOARD_DEBUG_UART_CLK_ATTACH);
```

```
        BOARD_InitPins();
        BOARD_BootClockFROHF48M();
        BOARD_InitDebugConsole();

        /* 建立一个队列，后面的队列收发任务会用到*/
        xQueue = xQueueCreate(
                              mainQUEUE_LENGTH,
                              sizeof（uint32_t）);

        /* 建立一个信号量 */
        vSemaphoreCreateBinary(xEventSemaphore);

        /* 建立一个任务，实现队列接收功能 */
        xTaskCreate(
                    prvQueueReceiveTask，    //任务函数
                    "Rx", //任务的文本名，只是方便调试用
                    configMINIMAL_STACK_SIZE + 166,   //任务的堆栈大小
                    NULL,    //任务间传递的参数，当前任务不需要
                    mainQUEUE_RECEIVE_TASK_PRIORITY,    //任务优先级
                    NULL);    //任务句柄，当前任务不需要

        /* 创建一个任务，实现队列发送功能，定义与接收任务基本一致 */
        xTaskCreate(prvQueueSendTask, "TX", configMINIMAL_STACK_SIZE + 166,
NULL, mainQUEUE_SEND_TASK_PRIORITY, NULL);

        /* 创建第三个任务，实现与中断的同步，采用了信号量 xEventSemaphore */
        xTaskCreate(prvEventSemaphoreTask, "Sem", configMINIMAL_STACK_SIZE +
166, NULL, mainEVENT_SEMAPHORE_TASK_PRIORITY, NULL);

        /* 创建一个软件定时器 */
        xExampleSoftwareTimer =
    xTimerCreate(
                                "LEDTimer", //文本名，调试用
                               mainSOFTWARE_TIMER_PERIOD_MS, //周期
                               pdTRUE, //定时器计时到达，是否自动重新加载
```

```
                                (void *)0, //定时器标识符 ID，本例程不用
                                vExampleTimerCallback）; //回调函数

    /* 启动定时器 */
    xTimerStart(xExampleSoftwareTimer，0);

    /* 开始任务调度 */
    vTaskStartScheduler();

    /* 如果没有错误，代码不会运行到这里 */
    for (;; );
}
```

13.5.3 FreeRTOS 的多任务代码分析

freertos_generic 这个例程，一共建立了三个任务。这三个任务在 main 函数中已经初始化过，首先是队列的收发任务，如代码清单 13-12 所示。

代码清单 13-12

```
static void prvQueueSendTask(void *pvParameters) //队列发送任务
{
    TickType_t xNextWakeTime;
    const uint32_t ulValueToSend = 100UL; //设定要发送的消息

    /* 获取当前的心跳 Tick 值，初始化 xNextWakeTime */
    xNextWakeTime = xTaskGetTickCount();

    for (;; )
    {
      /*将该任务延迟指定的时间，相当于周期发送，延迟期间任务处于阻塞态*/
        vTaskDelayUntil(&xNextWakeTime, mainQUEUE_SEND_PERIOD_MS);

        /* 向 xQueue 队列发送数据 */
```

```
            xQueueSend(xQueue, &ulValueToSend, 0);
        }
    }

    static void prvQueueReceiveTask(void *pvParameters)   //队列接收任务
    {
        uint32_t ulReceivedValue;

        for (;;)
        {
            /* 等待直到队列 xQueue 中有数据进来，该任务会一直处在阻塞态*/
            xQueueReceive(xQueue, &ulReceivedValue, portMAX_DELAY);

            /* 队列中有数据收到了,会执行到这里 */
            if (ulReceivedValue == 100UL)   //判断收到的值是不是期望的数
            {
                /* 如果是期望收到的数,计数器会加一*/
                ulCountOfItemsReceivedOnQueue++;
                PRINTF("Receive   message   counter:%d.\r\n",ulCountOfItemsReceived
OnQueue);
            }
        }
    }
```

除了上面的两个队列收发任务，本实验还包含了一个信号量同步的任务，该任务会一直处在阻塞态，等待一个信号量 xEventSemaphore，该信号量是在 main 函数中创建的，如代码清单 13-13 所示。

代码清单 13-13

```
    static void prvEventSemaphoreTask(void *pvParameters)//信号量同步任务
    {
        for (;;)
        {
```

```
        /* 阻塞，直到其他地方'give'了这个信号量 */
        xSemaphoreTake(xEventSemaphore, portMAX_DELAY);

        /* 计数获取的信号量次数 */
        ulCountOfReceivedSemaphores++;

        PRINTF("Event task is running.\r\n");
    }
}
```

与这个信号量对应的另一部分，就是心跳的 Tick Hook 函数 void vApplicationTickHook(void)，这个函数与 Tick 中断是关联的，当 FreeRTOS 的配置文件 FreeRTOSConfig.h 中将 USE_TICK_HOOK 宏设为 1 时，就启动该 Hook 函数。读者可以理解为一个周期性调用的函数，如代码清单 13-14 所示。

代码清单 13-14

```
void vApplicationTickHook(void)//Tick Hook 函数定义
{
    BaseType_t xHigherPriorityTaskWoken = pdFALSE;
    static uint32_t ulCount = 0;

    /* 每隔 500 个 Tick 中断，设置一次信号量 xEventSemaphore */
    ulCount++;
    if (ulCount >= 500UL)
    {
        /* 在 Tick 中断中进行的操作，只能调用函数名'FromISR'结尾的 API */
        xSemaphoreGiveFromISR(xEventSemaphore, &xHigherPriorityTaskWoken);
        ulCount = 0UL;
    }
}
```

13.5.4 操作系统环境的调试与实验说明

对于带操作系统的调试，还有一个特殊地方。即：目前的主流 IDE 中都集成了操作系统的调试插件，通过这个插件，可以方便地看到各个任务的运行情况。在 IAR 中，需要在工程设置中使能这个插件，具体操作如图 13-2 所示。当使能后，在 IAR 最顶端就会出现 FreeRTOS 的选项。除了 FreeRTOS，其他的主流操作系统，也同时支持。图 13-2 列出了如何配置调试插件。

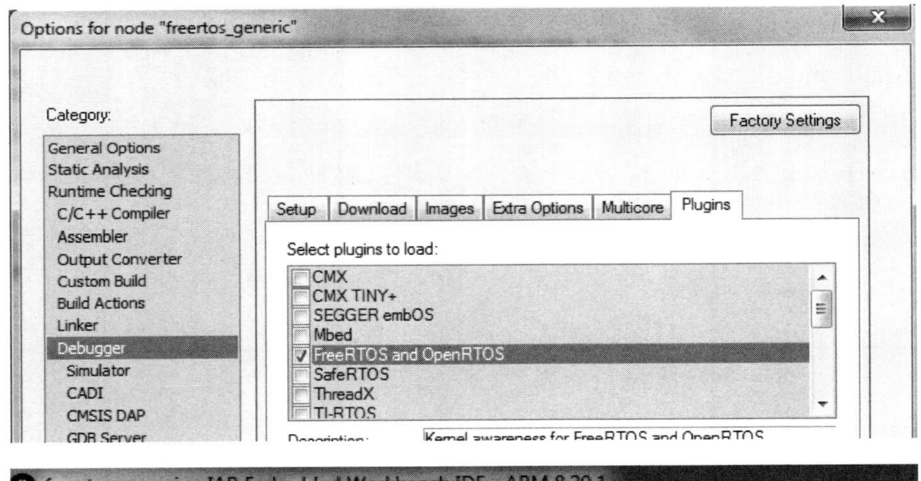

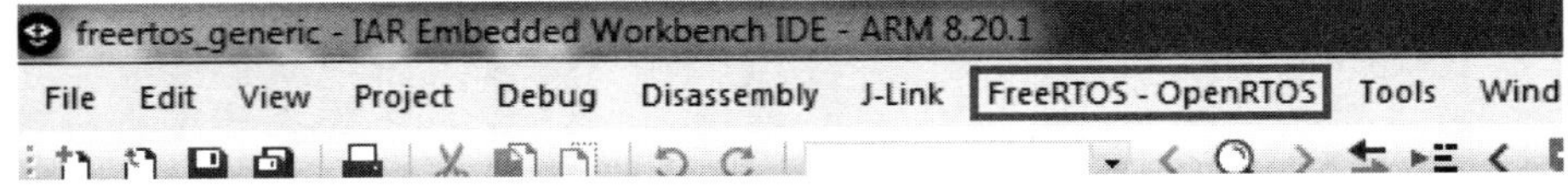

图 13-2　IAR 中使能 FreeRTOS 调试插件

将代码编译并下载到开发板上执行，打开串口工具，设置波特率为 115200bps，就可以观察到实验结果了，可以看到队列在不断地收发消息，代码执行结果如图 13-3 所示。

同时，在单步调试界面下，当进入断电后，还可以看到当前程序所有的任务和队列细节，包括堆栈使用、优先级等，这里的 TaskName 就是代码中定义的文本名，如图 13-4 所示。

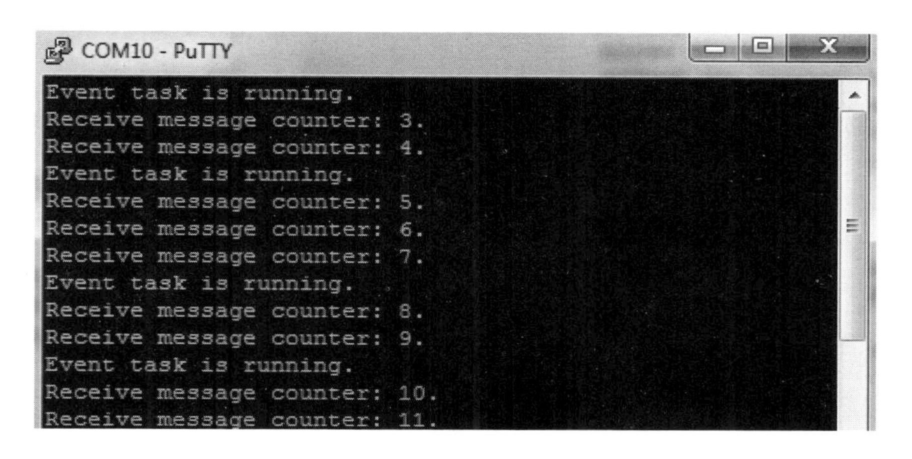

图 13-3　代码执行结果

Tasks

Task Name	Task Number	Priority/actual	Priority/base	Start of Stack	Top of Stack	State	Event Object	Min Free Stack
IDLE	4	0	0	0x20001000	0x2000110c	RUNNING	None	Off
Tmr Svc	5	2	2	0x200011f0	0x20001454	BLOCKED	TmrQ	Off
TX	2	1	1	0x200005c0	0x20000954	DELAYING	None	Off
Sem	3	4	4	0x20000a48	0x20000dcc	BLOCKED	0x20000104	Off
Rx	1	2	2	0x20000138	0x200004bc	BLOCKED	0x200000a4	Off

Queues

Name	Address	Current Length	Max Length	Item Size	# Waiting Tx	# Waiting Rx
TmrQ	0x20000f08	0	10	16	0	1

图 13-4　FreeRTOS 多任务调试

13.6　小结

本章首先介绍了操作系统的基本概念，进而扩展到 FreeRTOS，说明了 FreeRTOS 与操作系统相关的核心内容。本章还结合底层代码，介绍了 FreeRTOS 是如何在 LPC5411x 平台上运行的，以及移植需要做的主要工作。最后，通过一个典型的例子，展现了 FreeRTOS 的综合编程，能够帮助读者快速熟悉带操作环境的编程，以及掌握操作系统开发的基本环境。

第 14 章
Chapter 14
异构双核处理器框架与应用

14.1 多处理器计算

多处理器是指一个计算元件（微控制器，微处理器）具有两个或者多个独立的处理器（CPU）或者是数字信号处理器（DSP）。这些处理器或者数字信号处理器在相同的半导体晶粒上，旨在增加系统性能或者是降低系统整体功耗。

从技术角度上考虑，多处理器计算的出现是必然的，当处理器的频率提高到一定程度后，由于功耗、指令级并行和低速 I/O 等原因，处理器的频率的增加很难带来系统性能的提升，多处理器计算现已成为处理器发展的趋势。多处理器在市场上有很多成功的例子，如计算机处理器（双核或者四核），使用“大小核”架构的移动电话处理器、用于网关的处理器（八核），等等。

我们可能很难接触到像“神威，太湖之光”超级计算机（使用了 40960 个 260 核处理器）这种级别的处理器。千里之行，始于足下，本章会基于 LPC54114 讲解多处理器的知识，作为了解多处理器计算的开始。

多处理器计算有同构和异构区分。同构（Homogeneous）多处理器系统采用两个或者多个相同架构的处理器，比如双核 ARM Cortex-A53 系统，采用了两颗相同的处理器。异构（Heterogeneous）多处理器系统采用连个或者多个不同架构或者不同微架构的处理器，比如智能移动电话平台系统混合使用了 ARM Cortex-A、ARM Cortex-M 及 DSP 内核。

14.2　异构双核

LPC54114 微控制器有两个处理器，基于 ArmV7E-M 架构的 Cortex-M4 处理器和基于 ArmV6-M 架构的 Cortex-M0+处理器。由于两个处理器的架构不同，指令集也不同，所以 LPC54114 是异构双核架构。

14.2.1　双核总线架构

LPC54114 的系统总线架构如图 14-1 所示，Cortex M4 作为系统 AHB 总线的主设备有 3 条总线连接外设，指令总线（I-code）用于取指令，数据总线（D-code）用于数据访问和调试，系统总线（System）既可以取指令也可以用于数据访问和调试。Cortex M0+只有 1 条系统总线完成指令，数据访问和调试。

LPC54114 的内存（RAM）分为 4 个独立的区（SRAM0，SRAM1，SRAM2，SRAMX），SRAMX 支持 CORTEX-M4 的数据总线和指令总线访问和 Cortex-M0+的系统总线访问，SRAM0，SRAM1 和 SRAM2 只支持 Cortex M4 和 Cortex-M0+的系统总线访问。在程序、数据内存布局设计时，需要考虑内存总线布局，减少总线冲突，进而提高性能。

除了存储器外的其他外设，如通用 I/O 口、异步通信设备（I2C，SPI，USART）、定时器等设备都是直接或者通过 APB 桥作为接到 System 总线的。

Cortex-M4 和 Cortex-M0+作为 AHB 总线的主设备，AHB 矩阵仲裁会根据 AHB 矩阵优先级对 AHB 总线访问进行仲裁。在默认情况下，Cortex M4 数据总线、指令总线、系统总线和 CortexM0+总线有相同的优先级，用户可以根据应用需要调整总线的访问优先级。

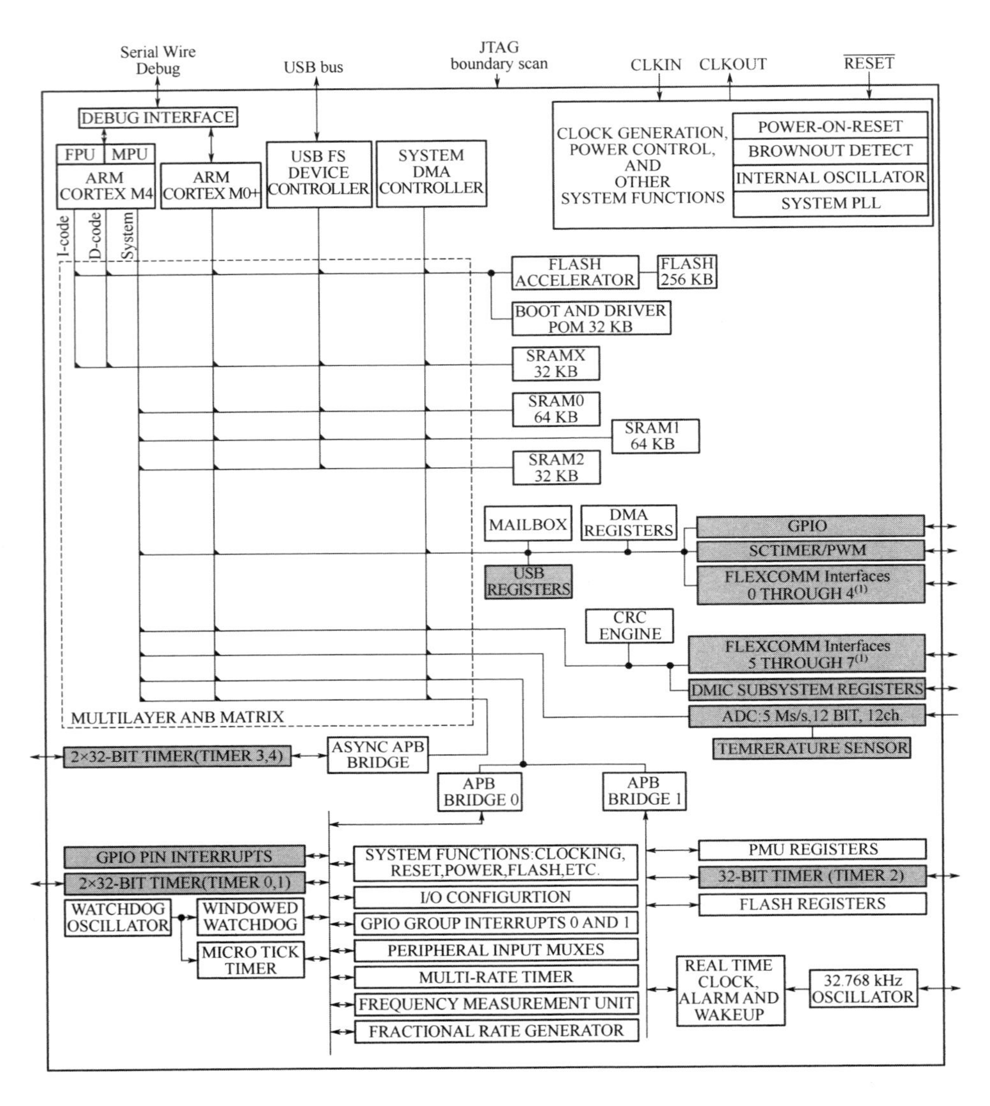

图 14-1　LPC54114 的系统总线架构

14.2.2　内核管理

用户可以配置 LPC54114 的任意一个内核（Cortex-M4 或者 Cortex-M0）

为主内核，另一个内核为从内核。在系统上电复位时，主内核默认的配置是Cortex-M4。主内核有以下特殊性质。

（1）主内核可以控制从内核的时钟和复位。

（2）主内核可以设置从内核的启动地址和堆栈指针。

（3）主内核可以控制系统的功耗模式。

14.2.3　内核间通信

当两个内核需要同时访问某个特定的微控制器资源时，如内存、串行通信设备时，为了避免总线冲突和仲裁，有可能需要同步，LPC54114 支持 2 种内核间通信方法。

（1）内核间中断。每一个内核都可以产生对另一个内核的中断，并通知对方一个 32 位的中断类型号。

（2）内核互斥体。内核互斥体可以被写入 1，并在读取后自动清 0。内核互斥体特别适用于双核资源分配握手，具体方法是：

① 资源是空闲状态时，内核互斥体为 1；

② 当内核需要使用相关资源时，判断内核互斥体的值，读到 1 的内核得到资源的使用权；

③ 当两个内核同时读取内核互斥体时，总线仲裁发生，由于内核互斥体读取后自动清 0，保证了两个内核不会同时读到 1；

④ 当内核释放相关资源时，将内核互斥体写 1。

14.2.4　双核程序布局

程序运行需要占用存储器，按照属性不同，占用存储器的类型可以分为只读部分和读/写部分，只读部分包括程序代码和常量数据，读/写部分包括全局/静态变量空间以及堆栈的空间。程序的只读部分既可以放置在闪存 FLASH 中，也可以在启动时加载到 RAM 或 SDRAM 中。而程序的读/写部分需要在 RAM 或 SDRAM 中分配。

ARM Cortex-M 系列的双核微控制器，每个内核运行独立的程序，而每个程序拥有独立的代码空间、常量数据空间、全局/静态变量空间以及堆栈空间。另外，每个程序还会定义相同的物理地址范围作为两个内核的共享空间实现数据的共享。

ARM Cortex-M4 AHB 总线有 ICode 存储器接口、DCode 存储器接口和系统接口。ICode 存储器接口进行取指令的操作，每次访问都是按字（WORD）访问的。ICode 存储器接口连接的地址空间是 0x00000000-0x1FFFFFFF，对于 LPC5411X、FLASH 和 SRAMX 空间可以被 ICode 访问，所以 ARM Cortex-M4 的程序代码应尽量放在 FLASH 或者 SRAMX 中。FLASH，SRAMX 可以被 DCode 总线接口访问，SRAM0，SRAM1，SRAM2 可以被 SYSTEM 总线访问，那么 ARM Cortex 的可读/写数据段可以放在 RAM 的任意块中。值得一提的是，ARM Cortex-M4 是哈佛总线结构，将代码段和数据段放在不同的存储器块可以减少总线访问冲突。

ARM Cortex-M0+可以通过系统接口访问 FLASH，SRAM0，SRAM1，SRAM2 和 SRAMX。Cortex-M0+的代码段和数据段可以放在一个内存 RAM 块上，而不存在数据/指令总线访问冲突。另外，一般情况下，为了保障 FLASH 的预取和缓冲等优化特性的有效，占用内存空间较小的 ARM Cortex-M0+程序会在程序启动后加载到 SRAM 的一个块上运行。当 ARM Cortex M0+的程序段和数据段总内存小于 32K 字节时，可以使用 SRAM2；当程序段和数据段总内存大于 32K 字节小于 64K 字节时，可以使用 SRAM0 或 SRAM1。

14.3 双核应用分析

Cortex-M4 与 Cortex-M0+的集成可以完成任务分担、负载均衡、硬件加速、组件隔离等多种应用场景，提高了系统整体的能效和性能。

14.3.1 基于双核的安全启动

安全启动是指系统固件检查认证应用程序并控制启动的技术，通常会用到密码学数字签名技术。安全启动技术在主机利用非对称加密对应用程序的特征值进行签名，并在嵌入式系统固件中验证签名，签名验证的速度极大影响了系统启动的速度。由于密码学非对称算法密钥较长，运算量很大，且在嵌入式系统中，基于非对称加密算法的签名验证一般是通过软件实现的，所以通常情况下安全启动都会显著地增加系统的启动时间。而合理利用 Cortex-M4 和 Cortex-M0+双核异构结构可以增加系统的运算能力，减少系统启动时间。

基于 PKCS#1 的数字签名验签算法的关键步骤是验证 RSA^{-1}（PK，应用程序签名）是否等于应用程序机器码的散列值，两者相等代表签名是正确的。基于单核的数字签名验签算法如图 14-2 所示，算法的输入有 3 个：

（1）RSA 公钥（PK）；

（2）应用程序机器码（BIN）；

（3）应用程序签名（SIG），由应用程序 BIN 经过 RSA 私钥签名请求产生。

验签过程首先利用 RSA 公钥“解密”签名得到中间值 R（步骤 1），然后计算应用程序机器码的散列值 R′（步骤 2），最后比较 R 与 R′。

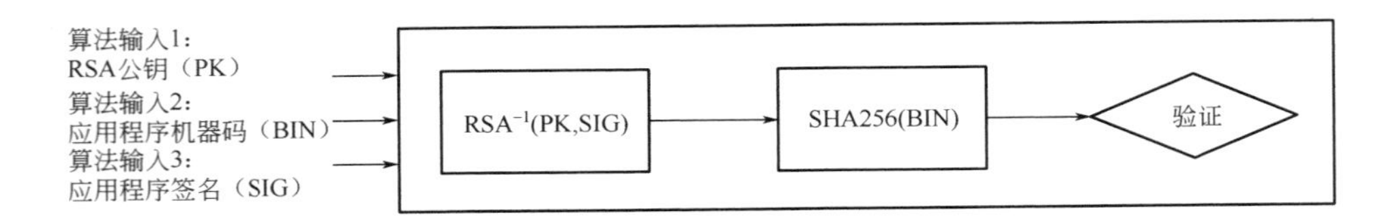

图 14-2　基于 PKCS#1 的数字签名验签方法

通过分析算法我们可以注意到上述算法步骤 1 和步骤 2 是相互独立的，没有数据交互。另外，散列算法只有加法、移位和异或运算，十分适合在 Cortex-M0+处理器运行，优化过的算法如图 14-3 所示。

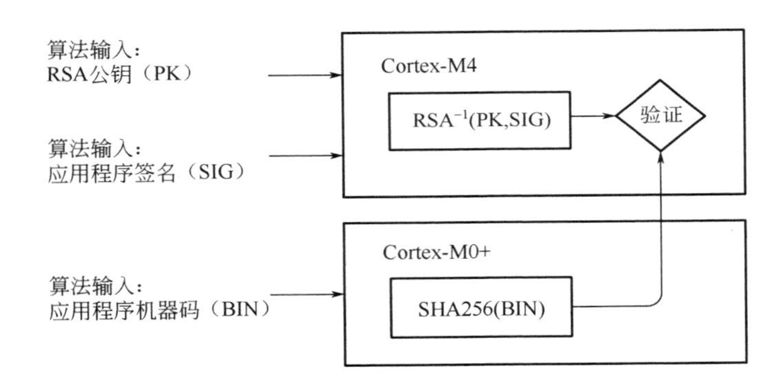

图 14-3　基于 PKCS#1 的数字签名验签方法（双核优化）

14.3.2　运用双核进行显示后处理

对应用功能进行良好的分割和模块化可以更有效地规划双核功能，从而提高整个系统性能，图 14-4 说明了图像叠加显示后处理在双核异构处理器下的应用。Cortex-M0+在系统中作为图像显示辅助处理器实现图像的叠加和渲染。图像的叠加需要使用加法、乘法和移位指令，比较适合支持具有单周期乘法指令的 Cortex-M0+处理器。在应用中，Cortex-M4 自身实现传感器融合、蓝牙收发器消息处理及语音、指纹处理等复杂运算或者需要浮点运算的功能，图像叠加显示通过 Cortex-M0+远端系统调用完成。Cortex-M4 通过判断内核间互斥体判断 Cortex-M0+是否空闲，当 Cortex-M0+空闲时向 Cortex-M0+发出图像叠加显示请求（处理器中断），并通过图像的地址、图像参数、渲染方法等参数描述请求。Cortex-M0+接到处理请求、处理完成后，置位内核间互斥体。

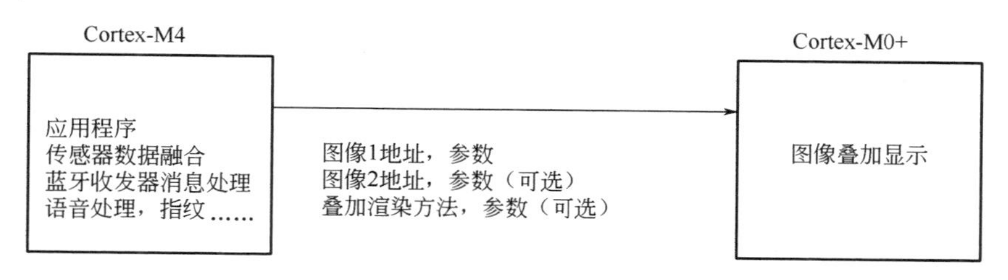

图 14-4　使用双核处理器进行图像叠加显示

14.4　多处理器系统服务框架

MCUXPRESSO SDK 提供了一系列的多处理器系统服务框架，这些服务框架的程序在 SDK 目录的默认位置是<MCUXPRESSO SDK>/middleware/multicore_<version>/。统服务框架包括：

（1）多核管理模块（mcmgr）；

（2）远端处理器通信框架（RPMsg-Lite）；

（3）嵌入式 RPC（eRPC）。

多处理器系统服务框架是中间件，依赖于 SDK 硬件驱动层和操作系统。

14.4.1　多核管理模块（mcmgr）

多核管理模块是一个很简单的多核服务框架。这个模块只有 2 个 C 源码文件，两个 C 源码头文件和 11 个应用接口函数（API）。

多核管理模块可以完成以下功能：

（1）管理处理器信息；

（2）启动停止从处理器内核；

（3）加载内核程序（从外部存储器到 RAM）；

（4）管理共享内存的地址映射。

11 个 API 根据功能可以分为 4 类。

1．管理处理器信息（4 个）

主内核和从内核都可以使用获得属性 API。

（1）uint32_t MCMGR_GetCoreCount(void)。

获得处理器内核的数量，在 LPC54114 上调用这个 API，返回值为 2。

（2）mcmgr_core_t MCMGR_GetCurrentCore(void)。

获得调用此函数的内核的标识，mcmgr_core_t 是处理器内核的标识符枚举，定义如下：

```
typedef enum _mcmgr_core
{
    /*内核 0 的标识符 */
    kMCMGR_Core0,
    /*内核 1 的标识符 */
    kMCMGR_Core1
} mcmgr_core_t;
```

（3）mcmgr_status_t MCMGR_GetCoreProperty（mcmgr_core_t coreNum，
mcmgr_core_property_t property，
void *value，
uint32_t *length）。

获得指定处理器内核的状态、类型和功耗模式等属性。

这个 API 的调用方法如下。首先，API 调用者需要指定处理器内核的标识符和欲获得属性的标识符并将属性值参数指针 value 设置成为 NULL，length 作为输出参数，调用者可以获得属性值的长度。其次，API 调用者需要动态分配容量为 length 的空间，并将指针 value 指向分配的空间。最后，API 调用者指定处理器内核的标识符和属性的标识符，并将属性值参数指针 value 和属性长度作为输入参数以获得处理器内核属性。

示例程序如下，获得处理器 1 的内核状态。

```
    mcmgr_status_t status;
    uint8_t *value = NULL;
        uint32_t length = 0;
        status  =  MCMGR_GetCoreProperty(kMCMGR_Core1,  kMCMGR_CoreStatus,
value, &length);
    if (status == kStatus_MCMGR_Success)
    {
        value = (uint8_t *)malloc(length);
            if (value == NULL)
            {
                return -1;
            }
    status  =  MCMGR_GetCoreProperty(kMCMGR_Core1,kMCMGR_CoreStatus,value,
&length);
    }
        if（status == kStatus_MCMGR_Success）
    {
        /* 略:用户处理内核状态代码, 注意释放动态分配的内存*/
    }
```

（4）int32_t MCMGR_GetVersion(void)。

用于获得 MCMGR 模块版本信息。

2．启动停止从处理器内核（5 个）

（1）mcmgr_status_t MCMGR_Init(void)。

主处理器内核和从处理器内核都需使用，用于初始化处理器内核，初始化双核通信邮箱。

（2）mcmgr_status_t MCMGR_StartCore(mcmgr_core_t coreNum， void *bootAddress， uint32_t startupData， mcmgr_start_mode_t mode)。

主处理器内核 API，主处理器内核可以使用此 API 启动从处理器内核，参数为启动的从内核标识符、从内核程序起始地址、从内核启动数据和启动模式。

该 API 将从内核启动地址和从内核堆栈指针设置到相应的寄存器，并启动内核。启动模式分为同步模式和异步模式，在同步模式启动下，从内核启动后必须向主内核发送响应，主内核需要接到从内核的响应信号继续运行；在异步模式启动模式下，主内核则不需等待从内核的响应。

（3）mcmgr_status_t MCMGR_GetStartupData(mcmgr_core_t coreNum，

uint32_t *startupData)。

从处理器内核 API，从处理器使用此 API 获得主处理器在启动时设置的 32 位启动数据。

（4）mcmgr_status_t MCMGR_SignalReady(mcmgr_core_t coreNum)。

从处理器内核 API，在同步模式启动下，从处理器内核使用此 API 通知主处理器内核启动完成。

（5）mcmgr_status_t MCMGR_StopCore(mcmgr_core_t coreNum)。

主处理器内核 API，主处理器内核使用 API 停止从处理器内核。

3．加载内核程序（1 个）

mcmgr_status_t MCMGR_LoadApp(mcmgr_core_t coreNum，

void *srcAddr， mcmgr_src_addr_t srcAddrType)

主处理器内核 API，主处理器内核使用 API 从外部存储器加载从处理器内核程序到内部存储器地址（一般为 RAM 地址）。由于 LPC54114 没有外部存储器接口（SPIFI 或者 EMC），所以这个 API 不适用于 LPC54114。

4．管理共享内存的地址映射（1 个）

mcmgr_status_t MCMGR_MapAddress(void *inAddress，void **outAddress，

mcmgr_core_t srcCore，mcmgr_core_t destCore)

同一个物理地址对于每一个处理器内核可能有一个独立的映射地址。当处理器内核 0 写入某共享信息到映射地址 A 后，处理器内核 1 需要映射地址 B 来获得此共享信息，地址 A 和地址 B 有可能不同，内存映射 API 可以完成映射地址 A 和映射地址 B 的转化。

14.4.2　轻型远端处理器通信框架(RPMsg-Lite)

远端处理器通信协议定义了用于异构多核系统的核间通信协议（https://github.com/OpenAMP/open-amp/wiki/RPMsg-Messaging-Protocol），轻量远端处理器通信框架是远端处理器通信协议的轻量级实现，简称 RPMsg-Lite，与开放非对称多处理器通信框架（OpenAMP，https://github.com/OpenAMP/open-amp/）比较，RPMsg-Lite 代码尺寸更小、API 更简单、模块化更好，这种特性让它更适用于 Cortex-M 系列处理器，甚至 Cortex-M0+处理器。RPMsg-Lite 基于嵌入式系统的特点，支持静态内存分配 API，减少了系统内

存使用资源的不确定性，增加了通信的效率。RPMsg的内存使用情况如表14-1所示。

表 14-1　RPMsg 的内存使用情况

RPMsg 配置	FLASH 使用（字节）	RAM 使用（字节）
RPMsg-Lite，动态内存分配 API	3462	56 +动态分配
RPMsg-Lite，静态内存分配 API	2926	352

RPMsg-Lite 是 NXP 半导体开发的开源软件，基于 BSD 兼容的软件协议。

RPMsg-Lite 框架的系统架构如图 14-5 所示，RPMsg-Lite 有 3 个应用功能模块，分别如下。

1）核心通信组件（rpmsg_lite.c）

功能包括：基于回调通知形式的数据接收，同步数据发送及零拷备数据发送。

2）队列组件（rpmsg_queue.c）

功能包括：阻塞数据接收及零拷备数据接收。

3）通知服务组件（rpmsg_ns.c）

功能包括：建立和销毁通知端点，发送接收通知。

virtqueue.c 在一块预分配的内存上建立内存块描述符和 TX/RX 使用记录供 RPMsg 发送、接收数据使用。

env_bm.c 是无操作系统情况下的平台集成层，包括 C 库内存操作及字符串操作。

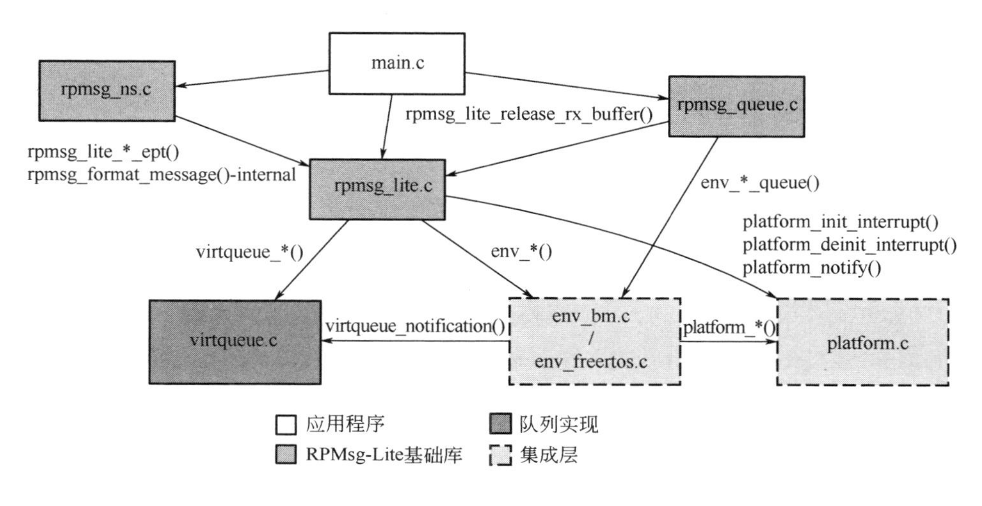

图 14-5　RPMsg-Lite 框架的系统架构

env_freertos.c 是 FREERTOS 操作系统下的集成层，包括队列、互斥体、信号量等支持。

platform.c 是平台集成层，包括中断、临界区和内存壁垒。

14.4.3　嵌入式远程过程调用（eRPC）

嵌入式远程过程调用（eRPC）是针对嵌入式系统的开源 RPC 系统。远程过程调用是指使用本地函数调用实现远端软件功能运行。远程过程调用在很多领域都有应用，比如个人计算机请求网络云服务器计算导航路线，或者是多处理器系统中通用处理器请求图像处理器渲染图像等。从应用开发者的角度看，远程过程调用使用本地函数，使用的感觉像是调用了静态库中的一个方法。对于远程过程调用模块的设计者，必须要考虑远程执行的通信效率和数据共享问题。

远端终端一般称为服务器端（SERVER），进行服务器运行服务。本地终端称为客户端，向服务器端请求服务。

在远程方法执行前，本地函数必须按照协议命令请求格式整理远程服务的参数并传递整理后的字节流到远程终端，如果远程服务有返回值，那么远程方法还需要按照协议整理返回值并传递给本地终端。

MCUXpresso SDK中，中间件eRPC的编程语言为C++。eRPC模块类图如图14-6所示，eRPC提供了ClientManager类和Server类供应用开发者实现客户端应用程序和服务器端应用程序。ClientManager类是MessageBufferFactory类、Transport类和CodecFactory类的聚合。Server类是MessageBufferFactory类、Transport类、CodecFactory类和Service类的聚合。MessageBufferFactory类是MessageBuffer类的工厂类，用于创建MessageBuffer对象。MessageBuffer类方法包括create（建立消息缓冲）、PrepareServerBufferForSend（将整理后的请求或响应放入消息缓冲）和dispose（释放消息缓冲），在双核eRPC应用中，抽象类MessageBufferFactory的实现是RPMsgZCMessageBufferFactory，使用RPMsg-Lite的缓冲区分配、释放方法。CodecFactory类是Codec类的工厂类，用于创建Codec类对象。Codec类对象实现将远程过程调用参数整理写入MessageBuffer。Transport类提供发送、接收MessageBuffer的方法。在双核eRPC应用中，抽象类Transport的实现是RPMsgZCTransport类，RPMsgZCTransport基于RPMsg-Lite框架。Service类描述了服务接口，Server类实例与Service类实例是一对多的关系，即服务器（Server类对象）具有一种或多种服务能力（Service类对象）。Service类的核心方法是handleInvocation，该方法实现了Server对特定服务请求的处理。

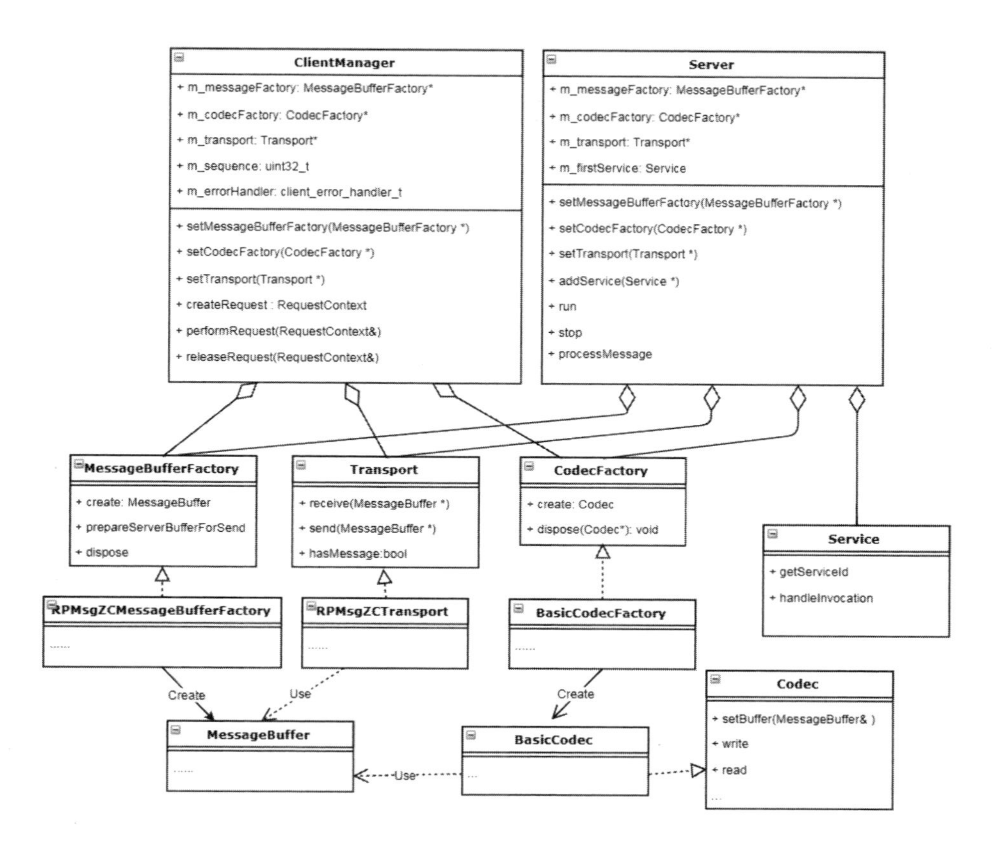

图 14-6 eRPC 模块类图

14.5 双核应用开发

LPC54114 双核应用开发在工程配置、预定义宏设置及启动流程上和单核应用开发相比有特殊之处，本节会分别介绍这些特殊之处。

14.5.1 工程配置

LPC54114 双核启动的例程和应用都由两个工程组成，一个是 Cortex-M4

工程，另一个是 Cortex-M0+工程。在工程 MCU 的配置选项中，如图 14-7 所示，可以看到工程目标的处理器和存储器布局状态。Cortex-M4 工程可见的存储器空间包括 FLASH，SRAM0，SRAM1，SRAMX 及双核共享内存（起始地址 0x20026800，容量 0x1400 字节）。Cortex-M0+工程可见的存储器空间包括 SRAM1，SRAMX 及双核共享内存。

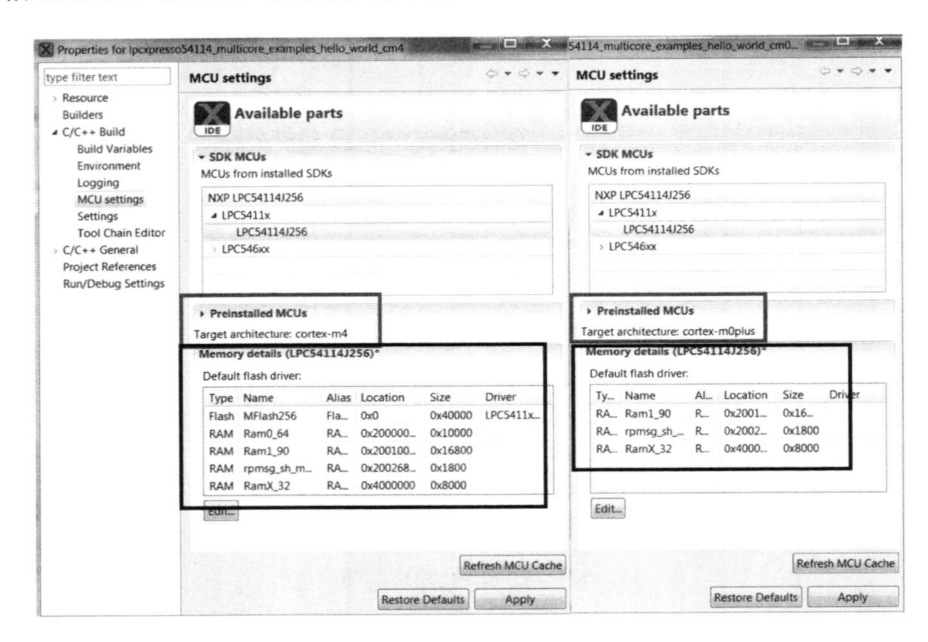

图 14-7　双核工程的处理器和存储器布局

14.5.2　预定义宏

在双核应用时，需要根据主从处理器的配置设置预定义宏，从而使编译器产生相应配置的程序。标识主处理器内核工程的预定义宏为__MULTICORE_MASTER。当 Cortex-M4 作为主处理器内核时，需在两个处理器的工程设置预定义宏__MULTICORE_MASTER_SLAVE_M0SLAVE，当 Cortex-M0+作为主处理器内核时，需要设置预定义宏__MULTICORE_MASTER_SLAVE_M4SLAVE。

Cortex-M4 工程和 Cortex-M0+工程的预定义宏也是不同的，不同的预定义宏使相同的源码文件编译产生不同的二进制结果。Cortex-M4 工程的预定义宏包括 CORE_M4，CPU_LPC54114J256BD64_cm4。Cortex-M0+工程的预定义宏包括 CORE_M0PLUS，CPU_LPC54114J256BD64_cm0plus。

14.5.3　双核启动

双核启动是双核应用的难点，了解双核启动流程是开发双核应用的基础。LPC54114 处理器内核可以通过软件配置分配全部 FLASH 和 RAM 空间，没有硬件预分配的专享的 FLASH 和 RAM。自由灵活的配置避免了固化存储器资源可能带来的浪费，降低了芯片成本，而代价便是较为复杂的启动流程。

对于双核启动的例程和应用程序，都有基本相同的启动逻辑。LPC 系列微控制器有 ROM 启动程序，双核启动逻辑一部分固化在 ROM 启动程序中，另一部分表示在工程启动文件中。MCUXPRESSO SDK 的双核应用根据开发环境的不同提供了不同的启动文件的参考代码，这些代码包含在每一个双核的例程中。虽然在不同集成开发环境启动文件的文件名和编程语言不同，句法也和集成开发环境有很大关联，但启动逻辑是相同的。我们以“Hello world”例程 MCUXPRESSO IDE 环境的启动代码为例，从上电复位开始，用流程图的形式解释双核启动过程。

在“Hello world”例程（<MCUXPRESSO SDK>/boards/lpcxpresso54114/multicore_examples/hello_world）中，Cortex-M4 为主处理器内核，Cortex-M0+为从处理器内核，启动相关程序存储器布局如图 14-8 所示。ROM 启动程序在地址 0x3000000 开始的 ROM 空间。通过 Cortex-M4 工程启动文件编译生成的启动程序起始于 FLASH 地址 0x0，Cortex-M4 初始化程序也分布在 FLASH 地址空间。在主处理器启动后，将从处理器程序加载到 RAM 地址（在本图中为 0x20100000）中。

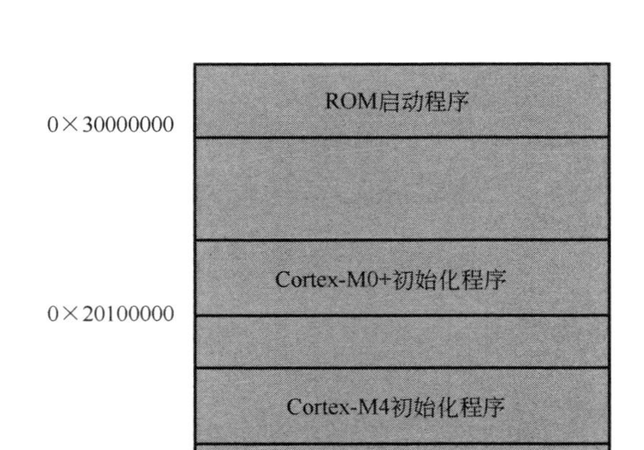

图 14-8　启动程序和初始化程序存储器分布（Cortex-M4：主，Cortex-M0+：从）

当微控制器上电解除复位后，Cortex-M4 和 Cortex-M0+同时执行 ROM 启动程序。其流程如图 14-9 所示，ROM 程序检查 ARM 内核 ID 寄存器判断内核类型，检查 CPUCTRL 寄存器判断处理器内核主从关系并执行不同的分支。主处理器内核继续 ROM 启动流程（详见 LPC5411X 用户手册第 3 章启动程序），从处理器内核会进入到休眠状态。

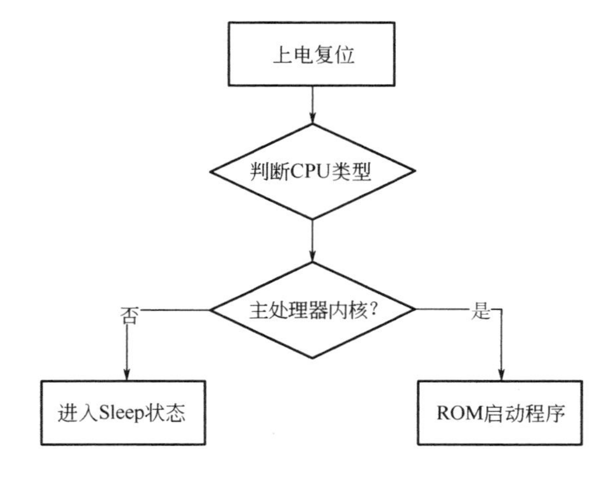

图 14-9　上电复位后处理器内核启动流程

当 ROM 启动流程执行完毕后，主处理器堆栈指针被设置成为 FLASH 起始地址 0x0 的值（32bits），程序跳转到 ResetISR 函数，ResetISR 函数在项目的启动文件中实现。在 MCUXPRESSO IDE 环境下，启动文件是 startup_lpc5411x.c，这个文件既包括在 Cortex-M4 工程内，也包括在 Cortex-M0+工程内。由于预定义宏的不同，Cortex-M4 工程和 Cortex-M0+工程编译 startup_lpc5411x.c 产生的输出也不同。生成的 MAP 文件显示出 Cortex-M4 工程和 Cortex-M0+工程__Vectors 变量的地址不同（startup_lpc54114.o 外部引出变量），中断向量表容量也不同。Cortex-M4 工程的 ResetISR（地址 0x00000190）是主从处理器共用的启动代码，此段启动代码的逻辑如图 14-10 所示。其核心思想是：

（1）运行处理器是主处理器，从处理器启动地址为 0，则初始化；

（2）运行处理器是从处理器，从处理器启动地址为 0，则休眠，等待复位；

（3）运行处理器是从处理器，从处理器启动地址不为 0，则跳转到启动地址运行；

（4）运行处理器是主处理器，从处理器启动地址不为 0，但这种情况不存在。

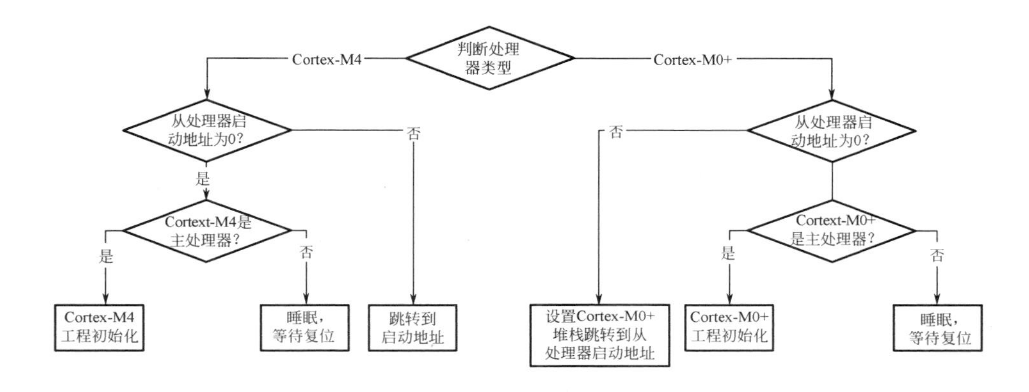

图 14-10　主从内核共用启动逻辑

回到“Hello world”例子中，Cortex-M4 在完成系统初始化后，进入主函数。在主函数中，使用了 MCMGR 方法启动从处理器 Cortex-M0+。

Cortex-M4 主函数（hello_world_core0.c）代码节选如下：

```
/* 初始化 MCMGR */
    MCMGR_Init();
    /* 以同步模式启动从处理器，只有从处理器初始化成功后，函数返回 */
    /* 启动时，主处理器可传递 32 位数据到从处理器中 */
  MCMGR_StartCore(kMCMGR_Core1, CORE1_BOOT_ADDRESS, 1, kMCMGR_
Start_Synchronous);
```

MCMGR_StartCore 设置从处理器堆栈寄存器和启动地址寄存器，复位从处理器 Cortex-M0+，并等待从处理器初始化完成。Cortex-M0+处理器复位后执行上述主从内核共用启动逻辑，进入 Cortex-M0+从处理器分支。

Cortex-M0+完成初始化进入 Cortex-M0+主函数（hello_world_core1.c），主函数代码节选如下：

```
/* 初始化 MCMGR */
MCMGR_Init();
/* 得到主处理器启动数据 */
MCMGR_GetStartupData(kMCMGR_Core1, &startupData);
/* 通知主处理器完成 */
MCMGR_SignalReady(kMCMGR_Core1);
```

双核启动过程的时间轴如图 14-11 所示，图中有 2 个“泳道”，分隔了 Cortex-M4 处理器的行为和 Cortex-M0+处理器的行为。图中的实线箭头表示程序的流程，虚线箭头表示双核之间的同步行为。

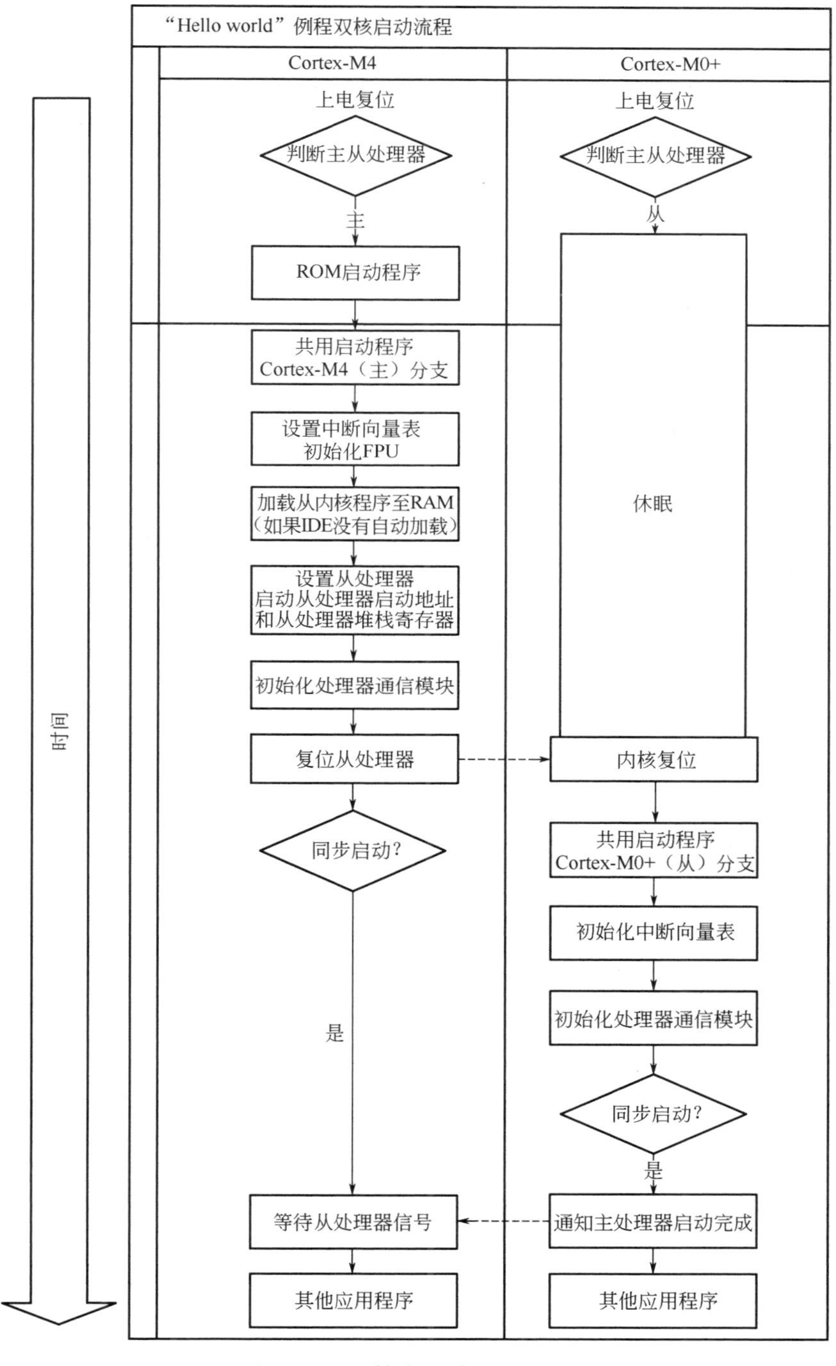

图 14-11　双核启动过程的时间轴

14.6 实例：双核远程过程调用

本章结合双核矩阵乘法运算的实例讲述双核之间的同步和通信，使开发者更加了解如何通过远程系统调用的方法实现矩阵乘法。

14.6.1 环境准备

本实例需要通过 USB 串口显示调试结果，用户需使用 MICRO USB 线连接个人计算机及 LPCXPRESSO 板 J7 接口，并打开串口调试助手。

用户需根据本书第 2 章介绍的方法安装 MCUXPRESSO IDE，下载 LPC5411X SDK，并将 SDK 导入到 MCUXPRESSO IDE。在导入 SDK 例程工程界面下，选择 erpc_matrix_multiply_rpmsg 工程，并单击 Finish 按键，如图 14-12 所示。

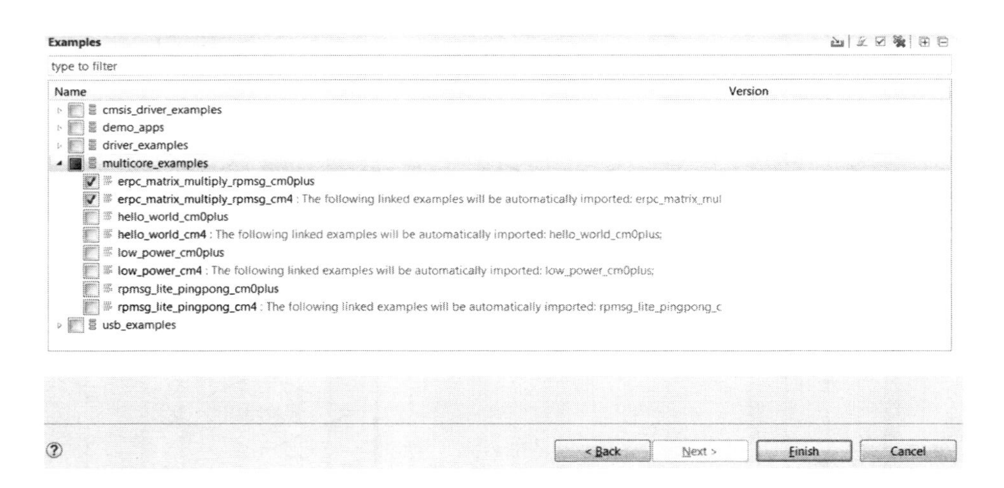

图 14-12 erpc_matrix_multiply_rpmsg 工程导入

14.6.2　代码分析

在 14.4.3 节，我们概述了嵌入式远程过程调用（eRPC）的概念和中间件软件，本节通过分析实例代码进一步讲述远程过程调用的中间件 eRPC 的使用方法。在 erpc_matrix_multiply_rpmsg 实例程序中，Cortex-M4 内核使用远程调用请求 Cortex-M0+完成矩阵乘法运算。用户可以仿照该实例实现系统计算资源的优化配置，如当 CorteX-M4 内核运算资源不足时，使用 Cortex-M0+完成负载均衡。

erpc_matrix_multiply 示例程序流程如图 14-13 所示，该图显示了系统建立服务器与客户端机制，实现远程过程调用的过程，下面介绍一下流程中的一些重点环节。

1）服务器端（Cortex-M0+工程）

Cortex-M0+程序实现了远程服务，包括构建服务器及注册矩阵相乘服务两个逻辑。

构建服务器端 Server 对象的方法为：

erpc_server_terpc_server_init(erpc_transport_t　transport　,　erpc_mbf_t message_buffer_factory)

该函数返回 SimpleServer 类对象，为 Server 类实现。

如 14.4.4 节所述，Server 类对象是 MessageBufferFactory 对象，Transport 对象及 CodecFactory 对象的聚合，那么在构建 Server 对象之前，需要先实例化上述的三个组件对象。

（1）组件 1：Transport 类。

erpc_transport_rpmsg_lite_remote_init 函数实例化 Transport 类，抽象类 Transport 的实现是 RPMsgTransport(rpmsg_lite_transport.cpp)。

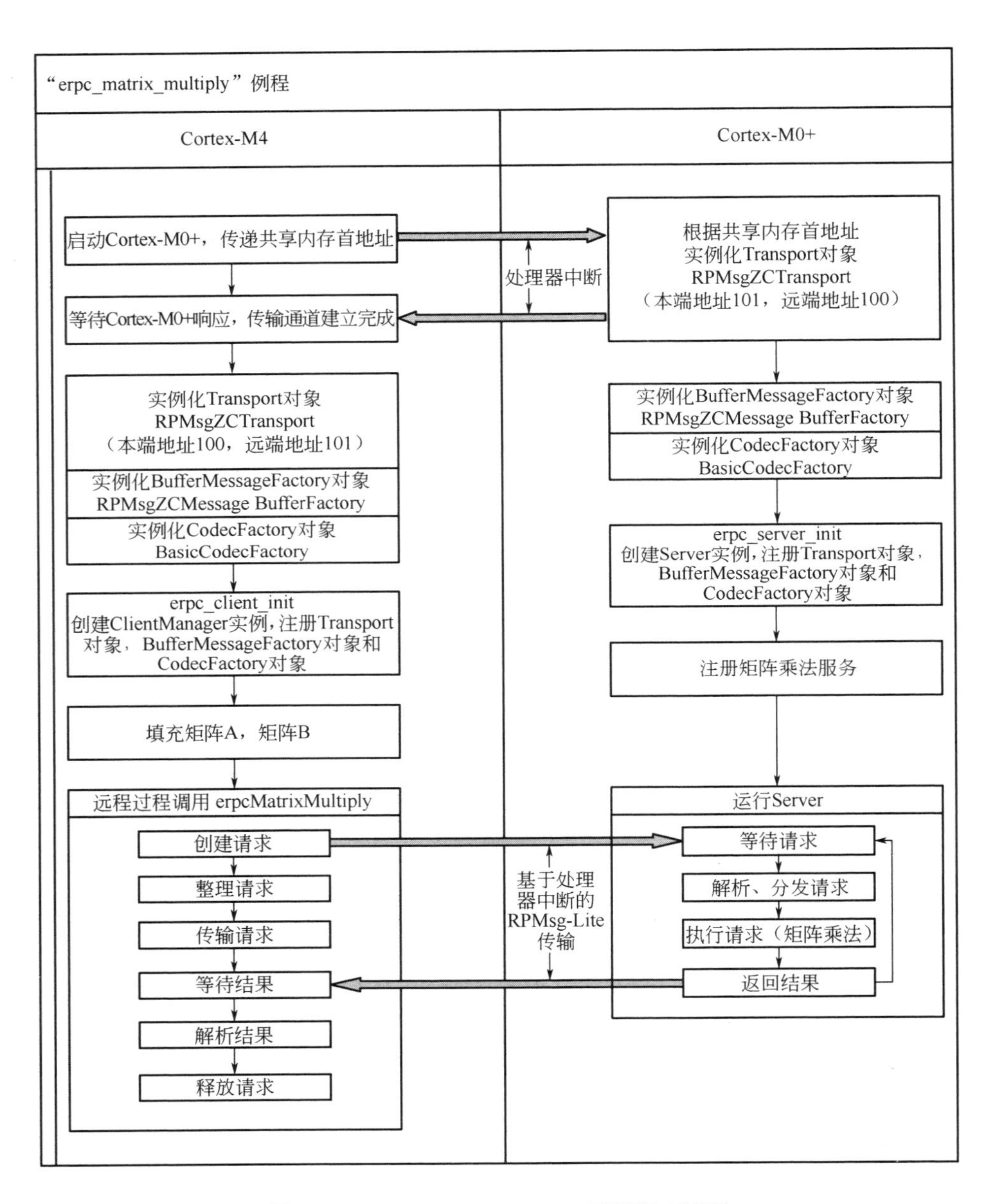

图 14-13 erpc_matrix_multiply 示例程序流程

```
/*服务器端实例化 Transport 类 */
erpc_transport_t erpc_transport_rpmsg_lite_remote_init(unsigned long src_addr,
```

```
unsigned long dst_addr,
void *start_address,
int rpmsg_link_id, rpmsg_ready_cb ready)
```

（2）组件 2：MessageBufferFactory 类。

erpc_mbf_rpmsg_init 函数实例化 MessageBufferFactory 类，抽象类 MessageBufferFactory 实现是 RPMsgMessageBufferFactory(erpc_setup_mbf_rpmsg.cpp)。

```
/*服务器端实例化 MessageBufferFactory 类 */
message_buffer_factory = erpc_mbf_rpmsg_init(transport);
```

（3）组件 3：CodecFactory 类。

erpc_server_init 函数调用 s_codecFactory 的构建函数实例化 CodecFactory 类，抽象类 CodecFactory 的实现是 BasicCodecFactory(Basic_codec.h)。

① 矩阵乘法远程服务。

矩阵乘法运算服务类 MatrixMultiplyService_service(erpc_matrix_multiply_server.cpp)实现抽象服务类 erpc：Service。对于每一个实例化的服务类，分配唯一的服务标识符用来标识服务，例如，MatrixMultiplyService_service 的服务标识符为 kMatrixMultiplyService_service_id。

远程服务需实现 erpc：Service 接口 handleInvocation，其函数签名为：

```
virtual erpc_status_t handleInvocation(uint32_t methodId, uint32_t sequence,
Codec * codec,
MessageBufferFactory *messageFactory);
```

HandleInvocation 解析远端请求，执行请求并将结果返回。

本例中，MatrixMultiplyService_service：handleInvocation 通过 erpcMatrixMultiply_shim 函数实现了矩阵乘法的实际数学运算。用户可以仿照 MatrixMultiplyService_service 实现其他的远程服务。

② 服务注册。

服务需注册到服务器才能响应请求，注册函数为 void erpc_add_service_to_server(void *service);

本例中使用 create_MatrixMultiplyService_service 函数创建矩阵乘法服务，并将返回的实例指针作为 erpc_add_service_to_server 函数实参。

2）客户端（Cortex-M4 工程）

erpcMatrixMultiply 函数使用远程服务完成矩阵乘法运算。从客户端程序设计开发的角度考虑，erpcMatrixMultiply 函数返回标志着矩阵乘法计算完成。客户端应用开发者不必考虑实际完成乘法运算的远程服务处理器的类型、结构等细节，意味着客户端的远程服务调用方法实现了用户应用逻辑和底层计算实现的隔离。

14.6.3 实验结果

编译链接、下载成功后，按下复位键运行，通过串口工具（如 putty）可以看到以下的实例运行结果，如图 14-14 所示。

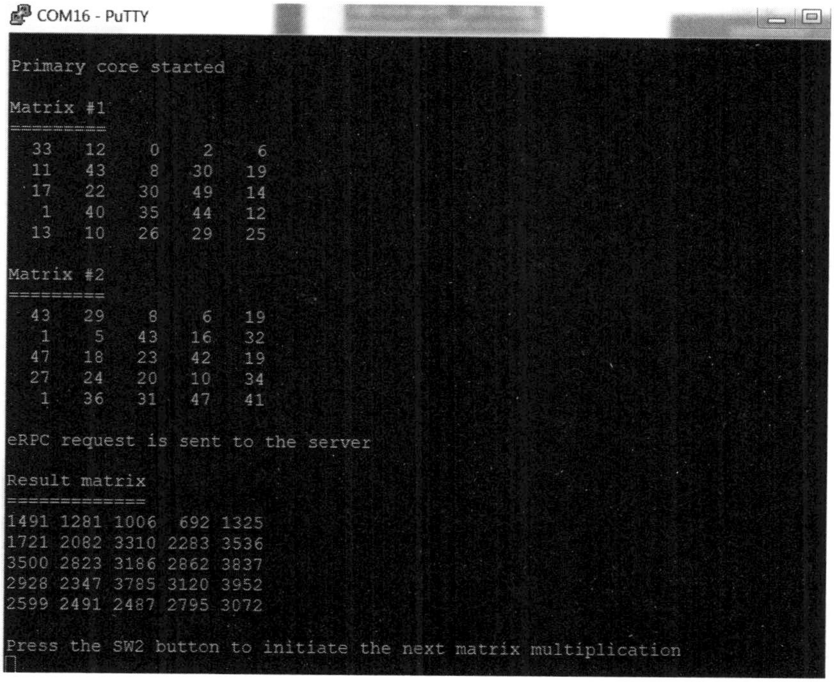

```
COM16 - PuTTY

Primary core started

Matrix #1
=========
  33   12    0    2    6
  11   43    8   30   19
  17   22   30   49   14
   1   40   35   44   12
  13   10   26   29   25

Matrix #2
=========
  43   29    8    6   19
   1    5   43   16   32
  47   18   23   42   19
  27   24   20   10   34
   1   36   31   47   41

eRPC request is sent to the server

Result matrix
=============
1491 1281 1006  692 1325
1721 2082 3310 2283 3536
3500 2823 3186 2862 3837
2928 2347 3785 3120 3952
2599 2491 2487 2795 3072

Press the SW2 button to initiate the next matrix multiplication
```

图 14-14　双核远程过程调用实例程序输出结果

14.7　小结

本章介绍了双核异构处理器框架和应用，首先，介绍了双核异构的总线架构内核管理，内核间通信等关键概念，并从应用产品角度讲述了双核的应用实例。其次，本章通过对双核异构的软件服务框架的讨论介绍了三种可实际使用的系统服务应用框架，应用开发者使用系统服务应用框架可以虚拟化底层硬件多处理器的实现，使应用开发者只需关心应用业务开发。最后，本章介绍了实际双核应用开发的应用技巧并给读者提供了应用实例，应用开发者可以仿照应用实例实现所需要的远程调度服务。

第 15 章
Chapter 15
微控制器低功耗设计

如摩尔定律所言，过去几十年来，集成电路的密度和速度在以指数速度增长。但近些年，这种指数速度快速增长基本结束了，摩尔定律停止增长的最主要原因就是器件的功耗无法得到控制。

低功耗设计是指降低系统能耗的设计方法。低功耗设计的定义随着应用的不同而不同，有些应用，系统能源足够，系统低功耗设计旨在节省能源，降低设备运行费用，如家电产品。另外一些应用，电源能量有限，例如电池供电的嵌入式产品、电子表、手机等，人们往往特别关注电池寿命，因此系统功率（P）指标显得尤其重要。在这种系统中，电池容量（总能耗）是一定的，根据式（15-1）和式（15-2），我们不难得出结论：系统平均功率（P）越小，电池寿命越长。

$$\text{功率}(P)=\text{电流}(I)\times\text{电压}(V) \tag{15-1}$$

$$\text{能耗}(E)=\text{电流}(I)\times\text{电压}(V)\times\text{时间}(T) \tag{15-2}$$

半导体集成电路的开发者和应用开发者都致力于低功耗设计。本章 15.1 节分析了半导体集成电路芯片功耗产生的原因；15.2 节介绍了在集成电路设计方面对降低功耗的考虑；15.3 节分析了应用软硬件设计方面低功耗设计的方法。15.4 节介绍了 MCUXPRESSO SDK 功耗库。

15.1　系统能耗分析

如果我们在计算机上使用 Windows 任务管理器观看 CPU 使用率，应该能看到一个类似如图 15-1 的情况（每台计算机都不太相同），显示 CPU 使用率是 30%。CPU 使用率每 1 秒钟更新一次，CPU 使用率 30%说明在前 1s 中，CPU 处于活动状态的时间是 0.7s，处于空闲状态的时间是 0.3s。

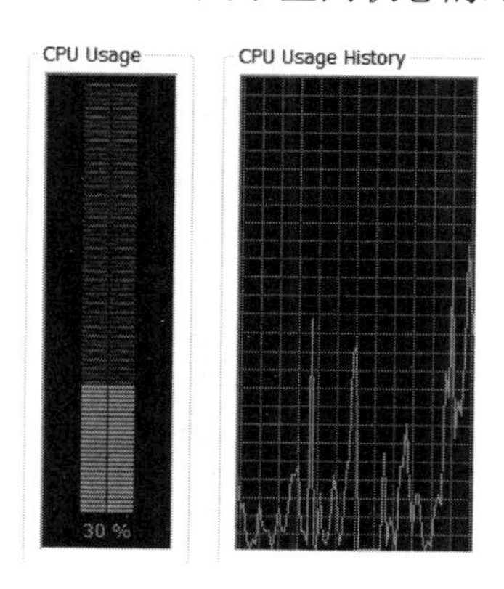

图 15-1　某计算机任务管理器 CPU 使用情况

在嵌入式系统中，程序运行在微控制器上，处理器也并不是 100%时间都是处于活动状态的，而是重复在活动状态和空闲状态之间切换。微控制器由处理器、外设和存储器（易失的和非易失的）组成。一般情况下，当处理器空闲不运行程序时，外设也停止工作，存储器处于静态状态（内容保留但不可改变），这种系统状态一般被称为待机状态。当处理器处于活动状态运行程序时，存储器和外设也处于活动状态，系统处于活动状态。系统在待机状态时，等待内部或者外部事件进入活动状态，这个过程称为唤醒。系统从待机状态到活动状态需要时间，这段时间叫做唤醒时间。

活动状态的功耗一般称为动态功耗，而待机状态的功耗一般称为静态功耗。将待机状态、活动状态、唤醒时间引入式（15-2），可以得到式（15-3）

$$\text{系统能耗}(E)=\text{动态能耗}(E_{\text{动态}})+\text{静态功耗}(E_{\text{静态}})+\text{唤醒过程功耗}(E_{\text{唤醒}}) \quad (15\text{-}3)$$

15.1.1 动态功耗分析

活动状态能耗主要来自CMOS开关状态切换时的功耗及模拟电路中偏执电流引入的功耗。

以一个最简单的CMOS电路为例，如图15-2所示，一个CMOS反相器由一个NMOS晶体管和一个PMOS晶体管构成，当输入信号为高时，NMOS为高阻态，PMOS导通，输出信号为低；当输入信号为低时，NMOS导通，PMOS 为高阻态，输出信号为高。输入信号状态切换时，两个晶体管有很短的时间处于短路状态，短路电流从电源流向地。

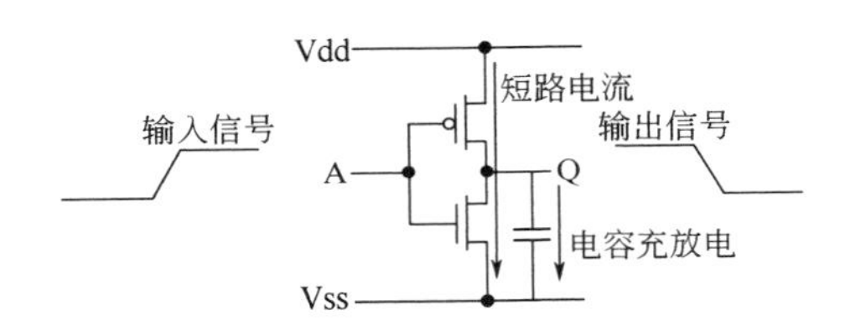

图15-2 CMOS动态功耗的产生

同时，电路中的负载电容随着信号的变化不断地充放电也是动态功耗的来源之一。如图15-2所示，当输出信号为高时，电容充电，正电荷流向电容；输出信号变为低电平时，电容放电，正电荷流向地。微控制器内部元件的电容充放电频率不同，我们引入活动因子α表示微控制器内部模块元件的活动程度，如微控制器时钟模块每个时钟周期都转换状态，它的活动因子α=1，其他元件的活动因子一般小于1。系统动态开关的功耗可以用下式表示：

$$P_{活动}=\alpha V^2 fC \tag{15-4}$$

式中，V代表系统电压；f代表开关频率；C代表负载电容；α代表活动因子。

从式（15-4）可知，系统电压、开关频率和负载电容决定了系统的活动状态功耗，我们对于系统动态功耗的优化，也是从优化这三个因素入手的。

系统电压是对动态范围影响最大的因素，电压与功耗成平方关系，电压降低 50%，动态功耗可以降低 75%。微控制器的工作电压取决于微控制器半导体制造加工工艺，工艺尺寸的缩小可以降低微控制器的系统电压从而降低功耗。因此，低功耗应用会采用低工作电压的微控制器，如在智能电子手表手环上的微控制器一般系统电压为 1.8V，而家电等设备采用的微控制器的工作电压为 5V 或者 3.3V。另外，有些微控制器的内部具有调压器，使得内部处理器、存储器、外设可以根据应用场景不同调节内部子系统电压（详见 15.2.1 节），使子系统工作电压可小于系统工作电压。

整个微控制器的活动状态的功耗，还取决于微控制器内部各个晶体管开关的开关频率。数字外设时钟控制器可以关闭未使用的数字外设时钟（详见 15.2.2 节），从而避免数字外设无效的状态翻转。值得一提的是，虽然降低系统频率会降低系统动态功耗，但在实际应用中，降低系统频率通常会降低系统的性能，使执行速度下降。考虑到时间因素，有时候增加频率反而会降低系统总能耗。

芯片内部负载电容与微控制器内部模块的设计和走线相关（例如，基于电流控制的振荡器的负载电容比基于电阻电容的振荡器小），应用开发者无法改变芯片走线设计，只可以根据功能控制内部模拟模块的上电与掉电。

15.1.2　动态功耗指标

1. 处理器动态功耗

处理器动态功耗等于处理器执行测试程序时系统电流除以处理器运行频率，单位是微安/兆赫兹（μA/MHz）。该指标反映了微控制器处理器、存储器和时钟振荡器的功耗。

嵌入式开发者在比较动态功耗指标时，需特别注意功耗指标测试的测试条件。

（1）微控制器工作电压和环境温度，工作电压和环境温度与动态功耗成正比关系。

（2）时钟振荡器源和精度，根据应用对时钟振荡器的精度要求不同，处理器时钟的产生可以有多种方式。有的处理器时钟源是微控制器内部时钟振荡器，有的处理器时钟由外部晶体结合锁相环或锁频环实现。不同的时钟提供选择导致时钟源的功耗不同。

（3）外设使用情况，一般情况，处理器动态功耗测量不使用外设，即所有外设时钟都在关闭状态。

（4）存储器使用情况，闪存（FLASH）的动态功耗要比静态内存（SRAM）大，因此在闪存执行程序的功耗大于在静态内存执行程序的功耗。

（5）测试程序和编译器及优化配置，测试程序一般情况有 2 种，第一种是 while（1）；指令；第二种是基准测试。不同的基准测试程序，不同编译器编译产生的代码容量区别都可以影响存储器的使用情况。

微控制器的动态功耗记录在芯片手册上，一般出现在“功耗”章节。

图 15-3 显示了双核微控制器 LPC54114、Cortex-M4 和 Cortex-M0+在内存和闪存执行程序的功耗数据的折线图。测试条件为：系统电压 3.3V；环境温度 25℃；所有外设时钟关闭；低电压检测关闭；FLASH 闪存预取关闭；SRAM0/SRAMX 使能；使用 Keil uVision 5.17 环境编译，编译器优化选项为 0。

处理器运行在 12M、48M 及 96M 时，系统锁相环关闭，其他频率时，系统锁相环使能。

从图 15-3 中我们不难得出如下几点结论：

（1）从处理器上讲，Cortex-M4 比 Cortex-M0+平均功耗高；

（2）程序运行在内存（闪存进入待机状态）可以降低功耗；

（3）处理器运行在 48MHz 性能频率比最好，当处理器主频在 48MHz 不能满足性能要求时，处理器可以考虑运行在 96MHz。

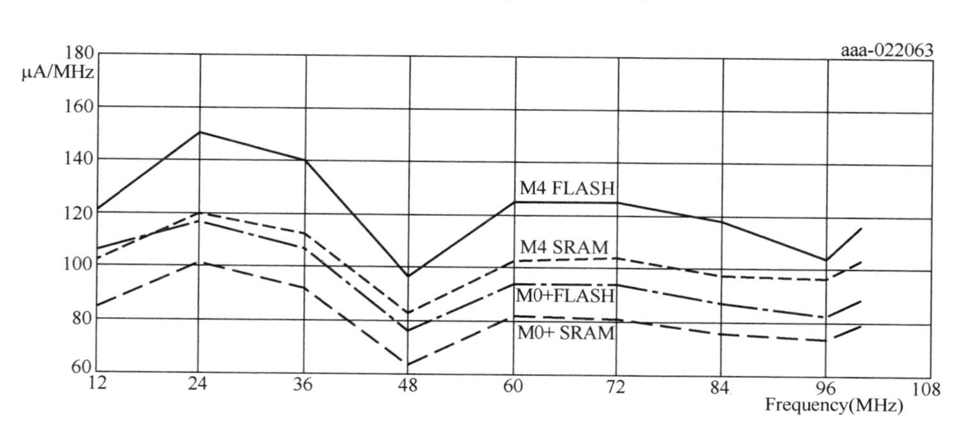

图 15-3　LPC54114 处理器功耗曲线

需要特别指出的是，对比处理器的功耗还要考虑处理器的性能。完成相同工作，性能强的处理器时间短，考虑到公式“能耗=功耗×时间”，功耗大性能强的处理器可能会更省能耗。

处理器性能取决于指令集架构，不同指令集架构的处理器在单个时钟周期执行的工作量不同。尽管 ARM Cortex-M 系列微控制器都采用精简指令集架构（RISC），大部分指令都可以在单时钟周期完成，但是还有很多例外的，如存储器访问指令，Cortex-M4 支持的“单指令多数据”指令（SIMD）等指令需要 2 个或以上的时钟周期完成。这种指令集的差异和指令周期的差异使理论处理器性能指标“每兆主频指令数（MIPS/MHz）”及“每指令数时钟（CPI）”无法比较指令集架构不同的处理器。

通常，处理器的性能通过基准测试比较，基准测试一般只使用微控制器的处理器而不使用外设，适合测试处理器性能。基准测试设计应用实例，考察处理器完成应用实例的时间（如基准测试标准 CoreMark 的应用实例包括矩阵乘法，链表插入和查询，数据冗余校验（CRC）及状态机管理）。

用户应用和基准测试应用一定有差别，基准测试性能只可以作为参考，开发者还需要结合用户应用的执行效率与数据手册的功耗数据结合，才可以合理地比较微控制器处理器的能耗。

2. 外设元件动态功耗

根据式（15-4），假设外设元件供电电压不变，外设元件的功耗应该随频率的升高线性增长。实际情况是，有些微控制器内部具有调压器，调压器可根据系统频率不同调节电压。系统在低频率运行时，外设的供电电压小于系统在高频率运行时的电压，所以，外设在低频下功率（按 μA/MHz 计）也低于高频下功率。

15.1.3 静态功耗分析

静态功耗为系统不处于活动状态时为了维持正常的系统操作所需的所有功耗。这些功耗可能包括：

（1）漏电流；

（2）看门狗定时器（WDT）或者实时时钟（RTC）；

（3）模拟电路的偏执电流。

1. 漏电流

漏电流形成的原因有亚阈值漏电、栅极氧化层漏电和反向偏置二极管漏电。图 15-4 描述了 NMOS 晶体管的漏电流情况。

NMOS 晶体管和 PMOS 晶体管都有截止电压，当栅极电压低于截止电压时，理论上，从漏极到源极没有电流。实际上导致当栅极电压低于截止电压时，仍然有从漏极到源极的电流，即亚阈值电流。在过去，亚阈值漏电一般很小，近些年，随着半导体工艺尺寸的减小，晶体管不断小型化，漏极与源极距离不断缩短，产生短沟道效应，亚阈值漏电增大。

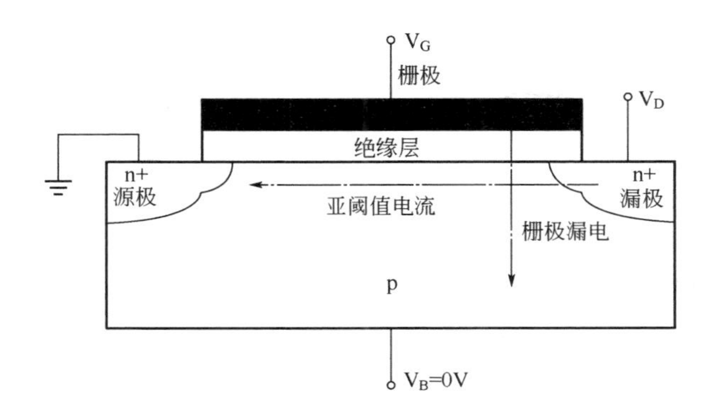

图 15-4　NMOS 晶体管漏电流

传统晶体管设计中，栅极下使用二氧化硅作为绝缘层材料。绝缘层的厚度也会根据晶体管的小型化相应减少，电子可以通过隧道效应穿透薄的绝缘层，即栅极氧化层漏电。

比起亚阈值漏电和栅极氧化层漏电，在晶体管扩散区（diffusion region）与井（well）之间及井与衬底（substrate）之间形成的 PN 结，有几乎忽略不计的反向偏置二极管漏电。随着半导体工艺尺寸的缩小，漏电流问题越来越严重，也出现了越来越多关于降低漏电流的半导体设计方法，如加绝缘层硅技术（SOI）及前向偏置电压（FBB）等。

2. 看门狗定时器（WDT）或者实时时钟（RTC）

系统从不活动状态到活动状态的过程为唤醒。唤醒信号可以由微控制器内部产生（低功耗定时器超时唤醒）或者微控制器外部唤醒（管脚中断或者总线活动）。

当唤醒信号为内部时钟源唤醒源时，低功耗定时器如看门狗定时器或者实时时钟定时器工作。同时，定时器的时钟源振荡器也工作。这些工作电流也是静态电流的一部分。

3. 模拟电路的偏执电流

如果在不活动状态需要欠压复位或者模数转换器比较器唤醒功能，这些模拟电路需要一定量的偏执电流，用于在电压和温度变化时保证可接受的精度。

系统根据待机状态外设和存储器掉电的情况不同，定义低功耗状态的各种模式，如睡眠模式、深度睡眠模式、掉电模式、深度掉电模式，等等。这些模式的功耗情况会记录在微控制器的数据手册上，作为静态电流的指标。

15.1.4 静态功耗指标

根据 15.1.3 节的介绍，在处理器处于不活动状态时，静态功耗基本由存储器、低功耗唤醒定时器（看门狗定时器或者实时时钟）及模拟电路的功耗组成。静态功耗和系统频率无关，静态功耗的单位是微安（μA），即漏电流，低功耗唤醒定时器及模拟偏执电流的总和。以 LPC5411X 为例，我们介绍一下用户应该如何从微控制器数据手册中理解静态功率指标。

表 15-1 节选自 LPC54114 数据手册功耗章节，说明了 LPC54114 静态功耗的数值。从表中我们可以总结出在系统深度睡眠时，系统静态功耗与存储器之间的关系。

表 15-1 LPC5411X 系统静态功耗与存储器之间的关系

测试条件		参考值	最大值
系统深度睡眠 系统电压 1.62～2V	温度 25℃，部分 SRAM0 (32KB) 上电	10μA	17μA
	温度 105℃，部分 SRAM0 (32KB) 上电		167μA
	温度 25℃，SRAM0(64KB), SRAM1(64KB)上电	13μA	
系统深度睡眠 系统电压 2.7～3.6V	温度 25℃，部分 SRAM0 (32KB) 上电	12μA	15μA
	温度 105℃，部分 SRAM0 (32KB) 上电		182μA
	温度 25℃，SRAM0(64KB), SRAM1(64KB)上电	15μA	

（1）环境温度增高，存储器静态功耗增大，环境温度对存储器静态功耗

影响显著。

在系统待机状态下，保持 SRAM0 中 32KB 内存上电，系统在环境温度 105℃时的静态电流约为在环境温度 25℃时的静态电流的 10 倍。

（2）保持上电的存储器内存容量越大，存储器静态功耗越大。

测试条件为环境温度 25℃，系统电压 1.62~2V 时，系统保持 32KB 内存参考静态电流为 10μA，系统保持 128KB 内存参考静态电流为 13μA。

（3）系统电压越高，存储器静态功耗越大。

测试条件为环境温度 25℃，系统保持 SRAM0 中 32KB 内存上电时，系统电压在 2.7～3.6V 时的静态功耗比 1.62～2V 时高 2μA。

15.1.5　休眠和唤醒

系统休眠是系统从活动状态转化为待机状态的过程，系统休眠过程中，微控制器芯片内部模块根据用户指定的状态掉电。而唤醒是系统从待机状态转化为活动状态的过程。唤醒的重要指标是唤醒时间，即从待机状态到活动状态转化的时间。唤醒时间与系统休眠程度（外设和存储器掉电程度）有关，外设和存储器掉电模块越多，唤醒重上电的模块也越多，唤醒时间越长。系统的唤醒时间和唤醒频率对能耗有影响。

15.1.6　系统能耗估算

将式（15-2）代入式（15-3），系统能耗可以表示为：

$$\text{系统能耗}\left(E\right)=I_{\text{活动}}V_{\text{系统}}T_{\text{活动}}I_{\text{静态}}+V_{\text{系统}}T_{\text{待机}}+I_{\text{唤醒}}V_{\text{系统}}T_{\text{唤醒}} \tag{15-5}$$

在应用程序运行时，供电电压一般保持不变。我们分析系统能耗，一般只考虑系统在活动、待机及唤醒时的电流和时间。

系统能耗可以用电流时间图表示，如某传感器数据采集处理系统的功耗模型如图 15-5 所示。假设传感器采集频率为 100Hz，系统在 10ms 时间周期内，要完成传感器数据的处理，当系统处理完成传感器数据后，系统进入休眠。系统功耗等于活动功耗、待机功耗和休眠唤醒功耗总和。

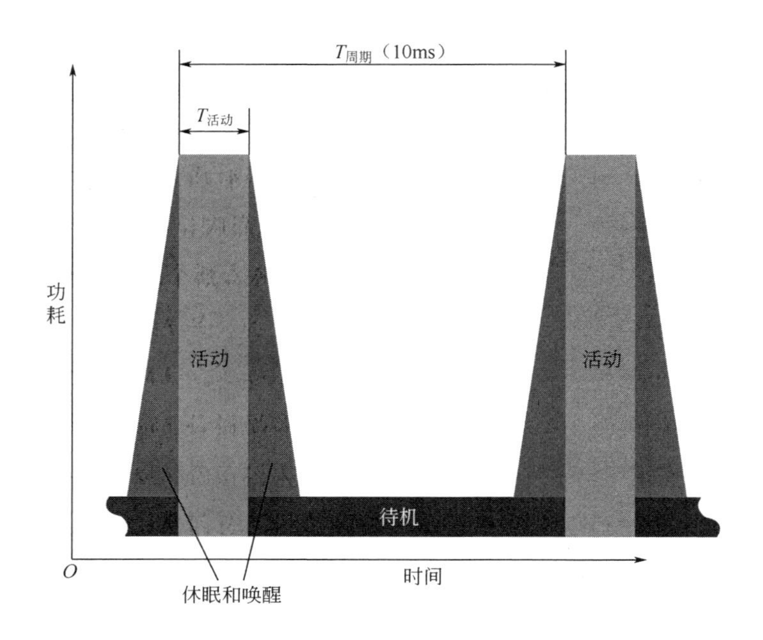

图 15-5　传感器数据采集处理系统的功耗模型

在嵌入式系统中，CPU 使用率也可以表示为处理器活动时间占单位运行时间的百分比，对于周期处理数据的应用，每个周期内的活动状态时间占比基本上等于系统的活动状态时间占比。根据应用的不同，系统活动功耗可以为系统待机功耗的几千倍到几万倍，如果应用要求系统长时间处于待机状态（如电子表，在不操作的情况下，系统活动时间可以占比 1%以下），在微控制器选型时要尽量使用静态功耗低的微控制器；如果系统要求经常处于活动状态，则要选择动态功率低的微控制器。

15.2　微控制器低功耗特性

15.2.1　系统模块电压调节

除非特殊应用，微控制器外部一般采用单电源供电，内部调压器可以保证微控制器内部元件工作在不同的电压，模块化调压器在微控制器内部产生不同的电源域，实现电源的精细控制。

图 15-6 展示了一个模块化低压降调压器（LDO Regulator）的框图，能隙参考电压通过电压放大器输出到不同的输出级，每一个输出提供不同的电压而不产生额外的功耗。每一路输出级都连接了一组微控制器内部功能，如输出级 1 连接处理器、输出级 2 连接闪存、输出级 3 连接内存，等等。越多的输出级，对微控制器电源域的分割越精确。每一个输出级可以根据内部元件的工作状态不同调节输出电压，可以保证元件在最低工作电压下。

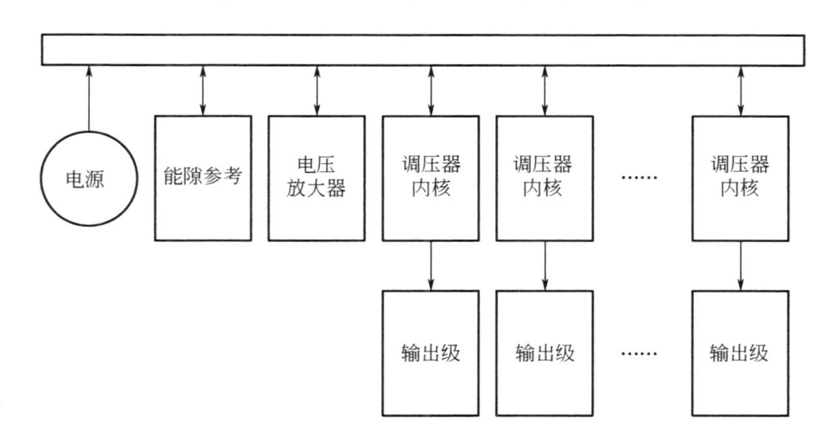

图 15-6　模块化低压降调压器的框图

另外，在考虑系统功耗时，稳压器的功耗也是优化的目标之一。很多微控制器内部提供低功耗稳压器。低功耗稳压器提供的输出能力通常比普通稳压器低，当微控制器内部元件处于工作条件时（如处理器工作频率低于某阈值时），微控制器会切换使用低功耗稳压器。

15.2.2 数字外设时钟控制

在微控制器内部，数字外设时钟通过时钟门（Gate）控制，时钟控制是在电路中通过开关控制的一项特性。

15.3 微控制器低功耗应用设计方法

15.3.1 硬件设计

电路板硬件设计最重要的是减少泄漏电流，减少泄漏电流需要尽量增大电流路径的阻抗，实际应用上，需要考虑以下两方面。

1．引脚设置

1）未使用的端口引脚

微控制器引脚的默认设置各有不同，LPC5411x 复位时，引脚为输入且内部上拉，对于未使用引脚，如果不做任何配置而悬空，那么引脚电压可能偏移到 $V_{DD}/2$ 或者处于振荡状态，导致未使用的 I/O 引脚消耗电能。LPC5411x 用户手册推荐未使用引脚配置到数字模式及低电平输出。

2）输入引脚

当引脚配置成输入时，需要配置引脚默认状态，即拉高至 V_{DD} 或者拉低至 V_{SS}。

3）输出引脚

数字输出引脚控制外部电路或芯片的开关量，一般漏电流不大。需要注意的是，当外部芯片或者外部电路掉电时，需要将数字输出引脚拉低。

4）上拉/下拉电阻

对于上拉/下拉电阻，较大的上拉/下拉电阻可以增大电路的阻抗，从而减少漏电流。然而，对于 I2C 模块，上拉电阻决定了总线通信的速度，过大的上拉电阻导致最大通信速度的下降。

2．按键和 LED

按键和 LED 灯是最简单和常见的输入输出设备。

按键连接微控制器输入管脚，默认状态为高电平，当按键按下时，引脚被拉低。当按键按下时，电流通过上拉电阻从电源流向地，产生漏电流。由于即使非常快的按钮操作也需要数百毫秒，那么在这数百毫秒时间会有大量漏电流产生。推荐的做法是使用 MCU 的内部上拉电作为按钮的电压源。由于可在中断代码中控制引脚状态使能和禁止内部上拉。

LED 在运行时的电流消耗很大，使用 LED 需要增加限流电阻的大小来降低驱动 LED 的驱动电流或以较低的占空比驱动 LED。

15.3.2 软件设计

对于嵌入式系统软件功耗优化的黄金定律是“关掉一切不使用的东西”。这个定律听起来很简单（就像股票投资要“高抛低吸”一样），实际上，有很多要注意的细节。在本章，我们通过分析传感器融合处理应用讲解软件功耗优化的方法。

1．功耗管理计划

在嵌入式程序设计时，功耗管理设计应该成为系统设计的一部分，就像在程序设计中对内存（RAM）的使用规划一样，我们也可以对电源能量的使用做出规划。“状态-功耗图”是功耗规划的一个方法，对于每一个状态，根据系统时钟，外设使用的不同计算出该状态的理论功耗，确定状态切换的触发器，保证状态正确切换。例如，图 15-7 为传感器处理系统功耗状态图。当传感器工作时，传感器数据融合处理程序周期采集加速度计，陀螺仪的数据进行算法融合处理，程序分为 3 个状态，假设传感器采样周期为 100Hz，那么每 10ms，“数据采集→处理→待机”完成一次循环。当传感器不工作时，系统处于待机 2 状态。

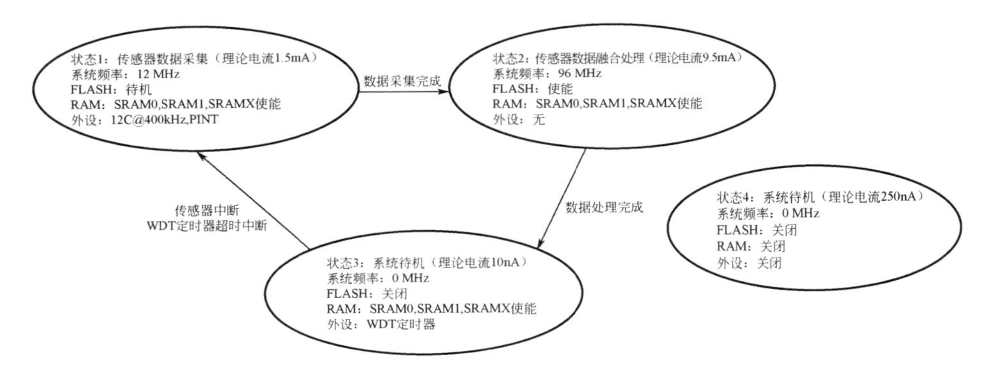

图 15-7　传感器处理系统功耗状态图

（1）传感器数据采集状态，此状态微控制器通过 I2C 总线采集传感器数据。系统时钟运行在 12M，保证 I2C 总线可以在 400kHz 的频率进行主机通信。传感器数据采集的程序运行在内存（SRAM0）中，系统采集传感器数据时，闪存（FLASH）处于待机状态。假设传感器数据采集总线数据量约为 40 个字节，考虑到 I2C 总线控制数据，此状态的时间长度大约为 1ms。

（2）传感器数据融合处理算法处理加速度计、陀螺仪的传感器数据，用于得到更精确的传感数据和新的物理量（如旋转矢量）。复杂数据融合算法程序占用空间较大，运行在闪存（FLASH）中。ARM Cortex-M4 处理器在 FLASH 中执行功耗（系统频率在 96MHz 时，系统电流为 9.9mA）并综合算法复杂度要求，得出状态 2 理论状态时间为 0.6ms。

（3）系统进入深度休眠，保留一定内存（RAM）数据，闪存（FLASH）进入待机状态，系统待机等待定时器超时唤醒或传感器中断唤醒，理论状态延续时间为 0.3ms。

当传感器工作时，系统的理论平均电流通过计算为（1.5×0.1+9.9×0.6+0.01×0.3）/1=6.093mA。传感器不工作时，系统进入待机状态 2，系统内存（RAM）、闪存（FLASH）和外设全部关闭，理论电流为 390nA。

2. 系统活动状态

在系统活动状态时，开发者需从系统角度和应用角度思考降低功耗，这里是降低系统活动功耗的一些技巧。

（1）在处理器内部存在"××配置"模块，如管脚配置模块、开关矩阵配置模块，等等。当对管脚功能、端口属性配置完成后，开发者应该关闭这些模块。

（2）审查原理图管脚端口状态，开发者需检查管脚端口是否存在漏电情况，对于没有连接的端口，要按照芯片手册推荐的方法配置。

（3）闪存（FLASH）使用，闪存写入和闪存读取可能由两个不同的时钟开关控制。当不需要闪存写入时，可关闭闪存写入控制器时钟。当程序在 RAM 中执行时，可关闭闪存加速器时钟。

（4）当程序在 RAM 中运行时，开发者需将程序和数据（特别是栈数据段）放在不同的内存块上，以避免总线冲突。

（5）当时钟源精度允许的情况下，尽量不使用锁相环或者锁频环。锁相环和锁频环本身耗电几百微安到几毫安不等，更严重的问题是，当系统从待机状态唤醒进入系统活动状态时，锁相环或锁频环重新使能需要花费一定时间（一般几百微秒）导致唤醒时间增长，功耗增加。

（6）使用中断而不是轮询的方式以减少系统唤醒的次数，或者通过 FIFO 或 DMA 完成一定量的数据后再一起由 CPU 处理。通信外设内置 FIFO 可以暂存通信数据，延长休眠时间降低功耗，FIFO 存储已接收的数据，并在 FIFO 水平达到阈值时产生中断或者唤醒 DMA 传输。

（7）尽量使用高速外设，如使用 SPI 比使用 UART 有利于降低系统功耗。

SPI 的传输速度比 UART 快很多，传输完成得快，系统可以更早地进入待机模式，从而节省了 CPU、存储器和其他外设的功耗损失。

3. 系统待机状态

在系统待机状态，静态漏电是系统功耗的主要原因。

微控制器一般会定义多个不同程度的待机模式供开发者使用，如 LPC54114 种设计了 3 种待机模式：休眠模式、深度休眠模式（可配置）、深度掉电模式（见表 15-2）。随着功耗模式从休眠到深度休眠再到深度掉电的逐步深入，功耗逐渐降低，唤醒时间逐渐增加，唤醒源的数量逐渐减少。

表 15-2　LPC54114 待机模式

功耗模式	典型功耗	唤醒时间	唤醒源
休眠	900μA	2μs	所有
深度休眠（32KB RAM 保持）	10μA	15μs	可配置使能
深度掉电	360nA	1.2ms	RTC，系统复位

待机模式的选择是系统待机状态优化的关键，影响待机状态选择的因素包括唤醒时间、唤醒源和模拟模块保持。

在待机状态下，微控制器提供模拟保持保证在处理器停止处理时，外设可以继续工作或保持状态，在待机状态保持的模拟外设模块越高，待机电流越大。以 LPC54114 为例，根据用户手册，包括看门狗振荡器、温度传感器、USB 物理层等 15 个外设可以在待机状态下配置保留。在系统待机时，主时钟的开关是待机电流重要的因素，掉电提供主时钟的振荡器电源通常是节省功耗的好方法。值得一提的是欠压复位模块，很多微控制器的欠压复位是默认使能的，欠压复位的主要用途是防止微控制器在电压不足时错误运行程序，由于在待机状态，处理器不执行程序，也不需要欠压复位。由于有些微控制器不支持欠压复位使能下的自动唤醒，开发者可以在进入待机模式前手动禁止电压复位，并在唤醒后使能欠压复位，可以降低数微安的静态电流。

微控制器通常在不同功耗模式下提供不同数量的唤醒源，待机模式功耗越低，适用的唤醒源越少。在实际应用中，外部引脚中断和低功耗定时器唤醒是最为常见的选择。

有些应用对唤醒时间有特别的要求，在待机模式设计中，必须综合考虑唤醒时间和静态功耗，如有些应用要求微控制器在唤醒后数微秒内完成唤醒时间的处理，除去微控制器的唤醒时间，开发者还需注意以下一些模拟外设的重使能，有些系统使用锁相环或者锁频环，由于锁相环/锁频环功耗很高（几百微安到几毫安不等），在系统待机时通常是掉电的，在系统唤醒后，重新启动锁相环或者锁频环需要一定时间。同理，模数转换器在系统唤醒后也需要重新校准才可以使用。

当有多个待机模式可以使用时，开发者需要根据休眠时间对待机模式进行选择。例如，某微控制器定义以下两种待机模式：

（1）深度休眠模式，待机电流 500μA，唤醒时间 10μs；

（2）掉电模式，待机电流 300μA，唤醒时间 50μs。

开发者是要选择哪种待机模式呢？

图 15-8 展示了两种待机模式的休眠/唤醒状态电流时间曲线，从图中可以看出深度睡眠模式和掉电模式的功耗情况，图中的阴影面积表示了不同待机模式下的功耗情况（对掉电和唤醒过程的电流进行线性估计）。考虑到掉电过程和唤醒过程，微控制器的待机功耗为

$$\frac{(\text{动态电流}-\text{待机电流})\times(\text{掉电时间}+\text{唤醒时间})}{2}+\text{待机时间}\times\text{待机电流} \quad (15\text{-}6)$$

根据式（15-6），在应用进入待机模式时，开发者需要估计待机时间。从上例，假设系统动态电流为 1mA，预计待机时间为 100μs，则深度睡眠模式和掉电模式的功耗分别为（假设掉电时间等于唤醒时间）：

$$深度睡眠：\frac{(1.0-0.5)\times(10+10)}{2}+100\times0.5=55(\text{mA}\cdot\mu\text{s})$$

$$掉电：\frac{(1.0-0.3)\times(50+50)}{2}+100\times0.3=65(\text{mA}\cdot\mu\text{s})$$

当待机时间为 100μs 时，深度睡眠模式功耗小于掉电模式功耗，应用应使用深度睡眠待机模式。

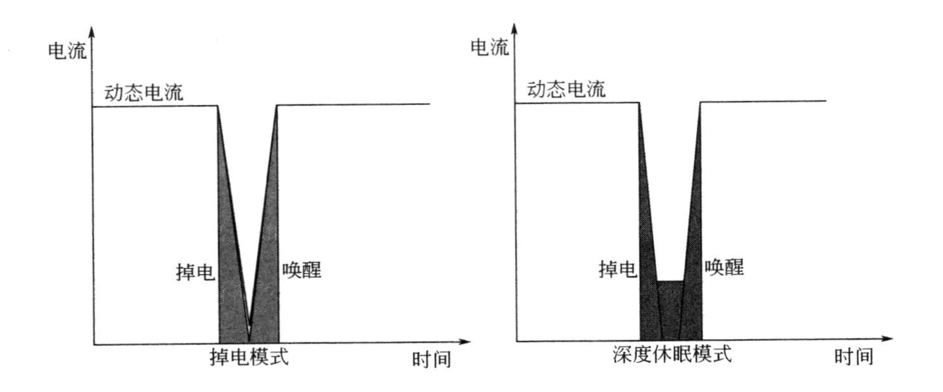

图 15-8　某微控制器两种待机模式的电流时间曲线

4. 功耗计划和实时操作系统

现代操作系统都提供了功耗优化的钩子（HOOK），如 FREERTOS 提供了 IDLEHOOK 方法，可以让用户定义系统空闲时的行为。在实时操作系统下，更为常见的是“无嘀嗒”模式的设计方法，实时操作系统通过系统嘀嗒时钟保持系统在工作状态的实时性，在系统休眠时刻，系统嘀嗒时钟暂停，很多操作系统（如 FreeRTOS、Nucleus）都提供了“无嘀嗒”模式。

我们举个例子解释“无嘀嗒”模式的实现。假设我们要设计一个请求处理系统，当用户按键按下时，系统处理用户按键请求，点亮 LED 灯，当无用户请求时，系统进入待机状态。请求处理系统有 2 个任务：①用户任务，优先级高，用于处理用户请求，点亮 LED 灯；②系统空闲任务，优先级低，实现低功耗“无嘀嗒”模式。当高优先级用户任务都处于阻塞状态时，系统进入空闲任务。请求处理系统进入“无嘀嗒”模式的过程如图 15-9 所示。

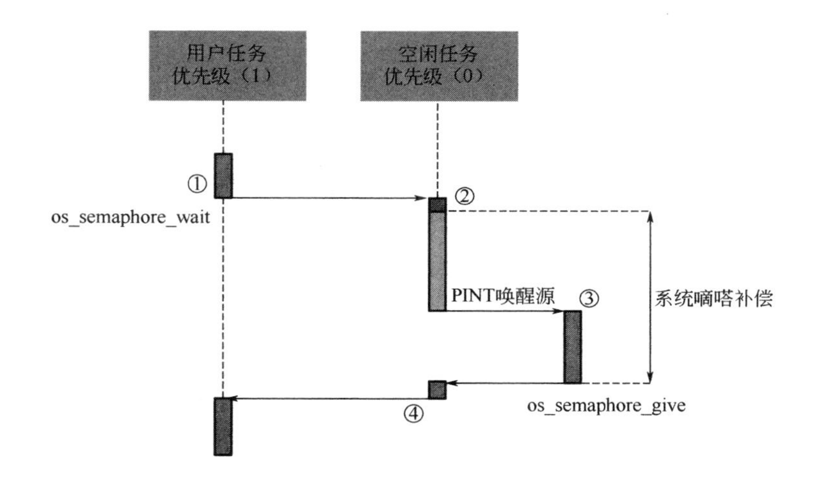

图 15-9　请求处理系统进入“无嘀嗒”模式的过程

状态①，信号量 SEMA 代表用户请求，用户任务使用 OS_SEMAPHORE_WAIT 函数等待信号量 SEMA，用户任务挂起，系统进入空闲任务；

状态②，记录 SYSTICK 残值 T，并停止 SYSTICK，停止任务调度，启动低功耗定时器，系统进入低功耗待机状态；

状态③，用户按键，系统被按键事件唤醒，系统进入中断服务程序，中断使用 OS_SEMAPHORE_GIVE 释放信号量 SEMA；

状态④，中断返回，空闲任务根据低功耗定时器的值及残值 T，补偿系统嘀嗒，重新设置 SYSTICK 定时器，重启任务调度器，系统退出空闲任务，进入用户任务。

“无嘀嗒”模式能节省多少功耗呢？我们接下来以 LPC54114 微控制

器为例分析一下，假设系统“嘀嗒”频率为100Hz，意味着系统每10ms产生一次“嘀嗒”中断，每次“嘀嗒”中断都会检测是否有任务满足就绪条件，根据任务就绪情况，做出切换任务的决定。以FREERTOS 9.0操作系统为例，“嘀嗒”中断的实现加上中断进入和返回的时间约等于100个处理器指令周期。假设系统电压为1.8V，那么屏蔽每次嘀嗒中断节省的能量是：

$$\frac{\text{嘀嗒处理时钟周期数}}{\text{处理器时钟频率}}\times(\text{系统运行功耗}-\text{系统待机功耗})=$$

$$\frac{100}{12000000}\times(1.3-0.9)\times1.8=0.000006(\text{mJ})$$

当“嘀嗒”频率为100Hz时，假设系统空闲任务占比为90%，那么单纯“无嘀嗒”模式每秒可节省电量0.00054mJ。

真是太微小的功耗优化了！实际上，“无嘀嗒”模式的本质并不是节省嘀嗒本身的功耗。无“嘀嗒”模式更重要的意义是，精确的嘀嗒时钟定时器依赖较高的系统频率和功耗高的振荡器，“无嘀嗒”模式采用精度较低功耗也较低的振荡器和定时器，保证系统可以进入更深层次的待机模式，系统主时钟停止，系统内部调压器输出电压降低，系统内部漏电流优化模式使能，从而极大地降低功耗。

当系统空闲任务占比为90%时，“无嘀嗒”模式和低功耗定时器配合使用可节省能量约为（不计唤醒时间）$1\times0.9\times(1.3-0.01)=1.161(\text{mJ})$。

15.4 MCUXPRESSO SDK 功耗管理库

芯片制造商会提供功耗管理库供开发者使用，用于管理系统运行频率，进入低功耗模式等功能。由于功耗管理涉及半导体内部稳压器电压输出设置、偏置电压使能、自动时钟门控等敏感控制，应用开发者的不慎操作有可能导致芯片工作异常或损坏，所以芯片的功耗管理库以二进制库的形式发布，以避免应用开发者的误改动造成的问题。

本节以 LPC54114 MCUXPRESSO SDK 功耗管理库为例，介绍功耗管理库方法。LPC54114 MCUXPRESSO SDK 提供不同集成开发环境下功耗管理库（MCUXPRESSO IDE, KEIL, IAR），LPC54114 是双核微控制器，功耗管理库也区分 Cortex-M4 版本和 Cortex-M0+版本三类，存放目录分别为：

<MCUXPRSSO SDK>\devices\LPC54114\mcuxpresso\

<MCUXPRSSO SDK>\devices\LPC54114\arm\

<MCUXPRSSO SDK>\devices\LPC54114\keil\

功耗管理库函数的原型定义在 fsl_power.h 中，关键的 API 函数包括：

1）void POWER_EnterPowerMode(power_mode_cfg_t mode, uint64_t exclude_from_pd)

进入低功耗模式，可选择的低功耗模式定义在枚举 power_mode_cfg_t 中，包括 kPmu_Sleep，kPmu_Deep_Sleep, kPmu_DeepPowerDown。

exclude_from_pd 参数在 kPmu_Deep_Sleep 模式下很关键，可以选择在低功耗模式下不掉电的模块，“LPC54114_cm4.h”定义了一组 SYSCON_PDRUNCFG_XXXX 宏定义供程序设计者使用，这些宏定义对应的模块开关对应 SYSCON 模块 PDRUNCFG 和 PDSLEEPCFG 寄存器。

2）void POWER_PowerDownFlash(void)

void POWER_PowerUpFlash(void)

掉电/上电闪存函数，应用使用上述函数掉电/上电闪存 FLASH。需要注意的是，闪存掉电后，程序不可以在闪存上运行。一个常见的应用场景是，用户掉电闪存后，微控制器收到事件产生中断，中断服务程序需要布局在内存 RAM 中才可以响应中断，在闪存掉电，执行布局在闪存的中断服务程序会导致处理器异常。

3）POWER_SetVoltageForFreq (uint32_t freq)

设置系统时钟电压，参数 freq 为系统时钟的频率值。当系统改变主时钟频率时，需要调整系统的内部调压器输出和闪存 FLASH 的等待周期。改变主时钟频率的参考做法（系统主时钟频率切换到 96MHz）。

（1）切换主时钟时钟源到低频率：

CLOCK_AttachClk(kFRO12M_to_MAIN_CLK)。

（2）设置内部调压器电压：

POWER_SetVoltageForFreq(96000000U)。

（3）设置闪存等待周期：

CLOCK_SetFLASHAccessCyclesForFreq(96000000U)。

（4）设置振荡器输出频率：

CLOCK_SetupFROClocking(96000000U)。

（5）连接振荡器输出到主时钟：

CLOCK_AttachClk(kFRO_HF_to_MAIN_CLK)。

4）void POWER_EnablePD(pd_bit_t en)

void POWER_DisablePD(pd_bit_t en)。

上电/掉电芯片模拟模块，“LPC54114_cm4.h”定义了一组 SYSCON_PDRUNCFG_XXXX 宏定义供程序设计者使用，这些宏定义对应的模块开关对应 SYSCON 模块 PDRUNCFG 和 PDSLEEPCFG 寄存器。

15.5　小结

在电池容量有限的微控制器系统设计中，系统功耗的管理和优化非常重要。本章首先从半导体设计的角度分析了微控制器功耗产生的原因，并根据功耗产生的原因对系统静态功耗和动态功耗进行了分析。接下来从半导体设计的角度介绍了微控制器低功耗设计的方法。最后本章从软件和硬件两个角度讲述应用开发者设计功耗优化的方法。

第 16 章
Chapter 16
基于 LPC54114 和 SDK 的可穿戴设备原型设计

前面章节我们已经详细介绍了 LPC5411x 的众多外设的 SDK 开发应用，本章讲解如何综合多个外设模块并基于 SDK 实现一个简单的可穿戴设备原型。此可穿戴设备的基本功能是 LPC5411x 通过运动类传感器获取相关数据，显示在 OLED 显示屏上。其中，运动类传感器挂在 LPC5411x 的 I2C 总线上，OLED 显示屏则通过 SPI 接口传输显示数据，并通过 GPIO 实现按键和 LED 的控制，作为人机交互的补充。另外，该设备还提供了一个辅助功能，即可通过 UART 接口（经过板载的 USB VCOM 桥接电路）将数据信息打印输出到 PC 的串口调试终端。

16.1 硬件介绍

综合应用的硬件可通过我们现有的 3 块开发评估板搭建，除了前面提到的 LPCXpresso54114 基板和 MAO（Mic/Audio/OLED）盖板之外，还需要一块 Sensor 盖板。基板包含本应用所需的资源有：微控制器 LPC54114，USB VCOM 桥接芯片和 micro USB 插座，按键以及 LED 灯。MAO 盖板则主要包含了 OLED 显示屏。Sensor 盖板主要是众多传感器（其中包含本应用所需的运动类传感器）。这 3 块板子通过标准的 Arduino 接口相连接，先将 Sensor 盖板插在 LPCXpresso54114 基板上，再将 MAO 盖板插在 Sensor 盖板上。需要说明的是：这 3 块板子还包含其他的硬件资源，这里只介绍本综合应用所使用到的部分。

16.1.1　硬件框图

对应于以上提到的 3 块开发评估板，此可穿戴设备综合应用硬件框图如图 16-1 所示。

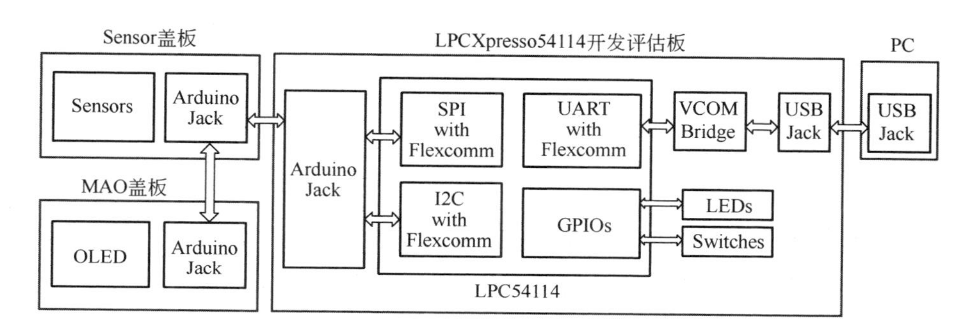

图 16-1　可穿戴设备综合应用硬件框图

注：可获取相关硬件原理图以了解更多硬件设计细节。

16.1.2　主要元器件

在这个应用中，除了微控制器 LPC5411x，最重要的元器件即是运动类传感器、气压传感器和显示模块 OLED。其中运动类的传感器主要包括市场中常用的著名的 3 轴加速度传感器（3-axis Accelerometer）和 3 轴地磁传感器（3-axis Geomagnetic Sensor）。从它们那里获得的数据可通过算法融合，一般用于完成运动跟踪，姿势识别的功能。而有机发光显示器（Organic Light Emitting Display，OLED），因其屏幕可以做得更轻更薄省电，相当适合用于可穿戴设备中。下面简单介绍一下这几种器件。

1. 传感器

传感器基本思想就是对一些微小的物理量的变化进行测量，如电阻值、电容值、应力、形变、位移等，再将这些变化量转换为电压信号，从而可以传输给微控制器处理。

1）3 轴加速度传感器

加速度传感器基本原理都是测量输出给定 3 轴（*X*、*Y*、Z 轴）向的直线（线性）加速度。在运动过程中，这 3 个轴向上都可能发生变化，从而能够通过各个方向上加速度的检测来跟踪运动，比如，计步运动中的迈脚过程，也用于来进行姿势和动作的识别。不过，加速度传感器也有其缺点，比如，不能提供航向，对运动太过敏感。

2）3 轴地磁传感器

地磁传感器本质上都是利用物体在地磁场中的运动状态不同，地磁场在不同方向上的磁场分布不同的规律，从而通过检测 3 个轴线上磁场强度变化来得到被测物体的姿态和运动角度等数据。当然，也可以推导出航向。地磁传感器中的一个问题是容易受到周边磁场干扰，所以需要补偿算法。

3）气压传感器

气压传感器测量气体的压强大小，从而可以据此测算天气的变化和利用气压和高度对应关系测量海拔高度。

在消费类产品中，比如手机、可穿戴设备，为了更精准地实现运动跟踪和姿势识别功能，需要采用一定算法将以上 3 类传感器数据进行融合，以弥补各自的缺点，获得更可靠的参数。在本应用中用到的传感器件如下。

- 博世 BMC150 六轴传感器模块。它集成内置了地磁传感器、12 位数字加速度计和一个非常小的低功耗、低噪声数字罗盘。支持 I2C 通信。可测量得到三个轴的加速度和磁通量。详情请参阅 BMC150 数据手册。
- 博世 BMP280 气压传感器。专为手机应用设计。可测量气压范围为 300～1100hPa，分辨率可达 0.18Pa。详情可参阅 BMP280 数据手册。

2. OLED 显示屏

OLED，即有机发光显示器。它是利用有机材料在电流通过时发光制成的显示屏，与 LCD 的区别之一是不需要背光。OLED 发光的颜色取决于有机发光层的材料，所以可通过调整发光材料来得到所需颜色。它的优点是体积更轻薄，更低功耗，因而适用于便携式产品。根据驱动方式的不同可分为主动式 OLED（AMOLED）和被动式 OLED（PMOLED）。本应用中用到的 OLED 是维信诺的 M01500，支持 128×128 分辨率和 SPI/I2C/8088-8bit（可选）接口驱动。

16.2　固件与应用设计

本综合应用的固件基于 LPC54114 SDK 来开发，通过调用串行通信接口 I2C 驱动 API 实现 sensor 的控制和数据获取以及 SPI 驱动 API 控制和驱动 OLED 显示屏，调用 GPIO 驱动 API 实现按键输入和 LED 的开关控制。本综合应用作为一个可穿戴消费类智能产品应用实例，其软件还采用了实时操作系统 FreeRTOS 进行任务管理以及一个轻量级的 GUI 中间软件 SWIM 来进行简单的图形界面显示管理。

16.2.1　软件架构

本综合应用的软件系统可分为 3 个模块：用户输入模块、传感器控制/采集模块及显示模块（可穿戴设备综合应用软件框图如图 16-2 所示）。用户输入采集模块使用引脚中断接收用户按键输入，并保存用户输入请求，同时操控 LED 指示用户请求；传感器控制采集模块轮询用户请求，根据用户请求控制传感器启动和停止，并定时采集传感器数据，并存储传感器采集数据；显示模块按照显示帧速率获取传感器数据并显示在 OLED 屏上。

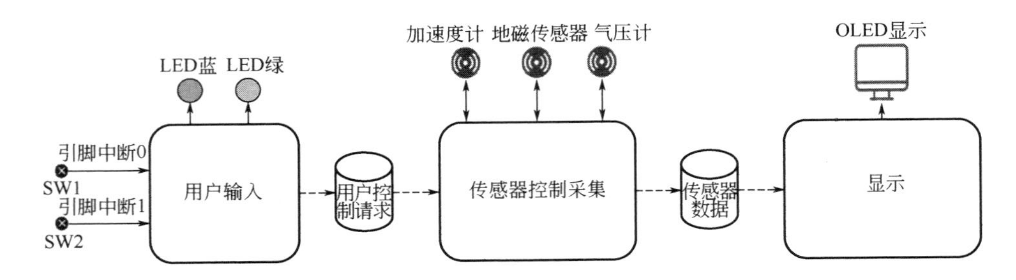

图 16-2 可穿戴设备综合应用软件框图

在实时操作系统平台上，可穿戴设备综合应用软件任务分配如表 16-1 所示，可穿戴应用原型的模块可以由实时操作系统任务实现。本系统共 4 个任务，其中 3 个是用户创建的业务任务，分别是用户输入任务、传感器采集任务及显示任务，另外 1 个是系统自动创建的空闲（IDLE）任务。

表 16-1 可穿戴设备综合应用软件任务分配

任务名	任务函数 1	优先级 2	说明
空闲任务	prvIdleTask	0	系统空闲任务
显示任务	vTaskDisplay	1	使用图形引擎显示传感器数据
用户输入任务	vTaskUserInput	2	处理用户按键指令，控制传感器及 LED 灯
传感器采集任务	vTaskSensor	3	控制传感器开关，采集传感器数据

注:（1）任务函数是运行任务逻辑的程序块，任务函数不返回，当任务需要退出时，需要使用 vTaskDelete 方法而不是 return 语句。

（2）不同实时操作系统对优先级值的含义不同，在 FREERTOS 中，优先级值越大，优先级越高。

下面介绍作为本可穿戴原型应用的软件主流程和基于任务的 3 个主要软件模块（传感器模块、人机交互模块和用户输入模块）的实现。

16.2.2 主流程

本书第 3 章已经介绍了微控制器上电启动流程，在本节，程序说明从主函数开始。主函数初始化引脚和时钟，引脚和时钟的初始化可以由在线图形化工具完成配置。

在可穿戴原型工程中，使用 LPC54114 微控制器主频为来自 FRO 的 48MHz，同时需要为 USART0、I2C4、SPI5 通信模块提供时钟，配置其时钟源为 FRO 的 12MHz 时钟信号，可对应在时钟配置工具配置。在时钟配置工具中配置系统主频及其时钟源和在时钟配置工具中配置通信模块的时钟源分别如图 16-3 和图 16-4 所示。最终生成的代码包含在 BOARD_InitBootClocks()函数中。

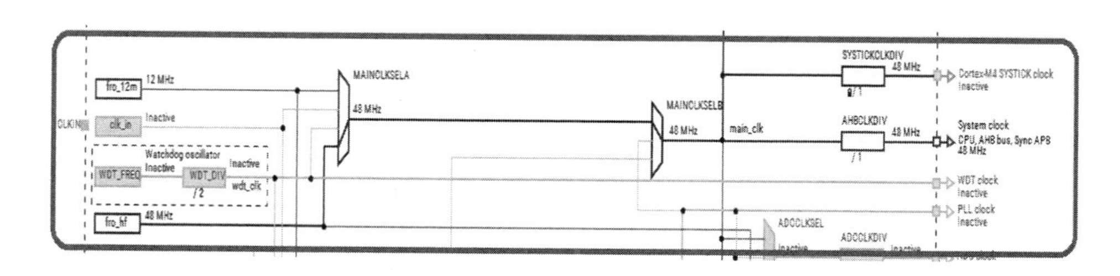

图 16-3　在时钟配置工具中配置系统主频及其时钟源

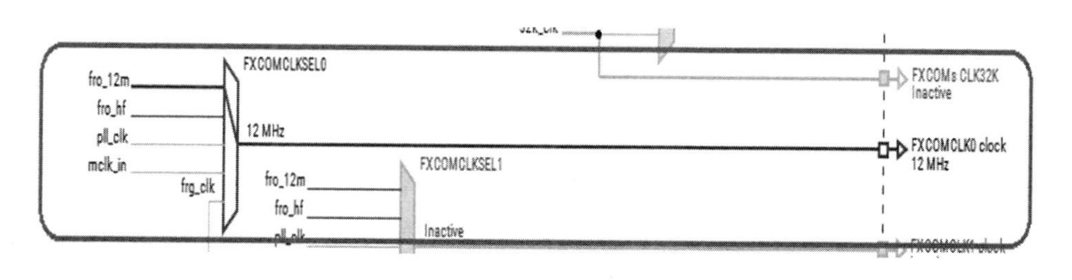

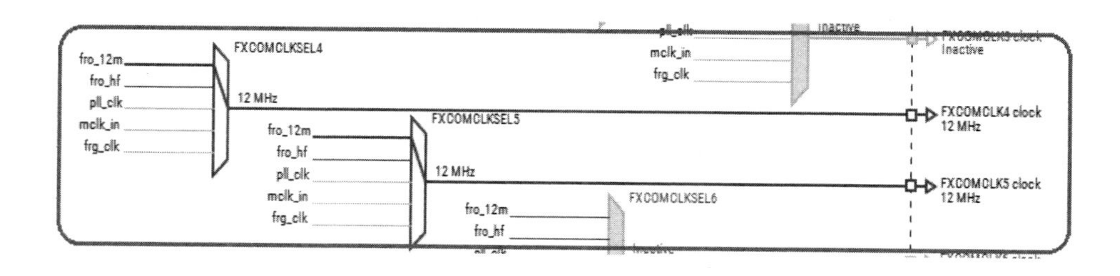

图 16-4　在时钟配置工具中配置通信模块的时钟源

在对引脚的使用上，需要为 USART0、I2C4、SPI5 及一些控制 LED 灯和按键的电路分配 GPIO 引脚，因此对应地可在引脚配置工具中配置引脚的复用功能，如图 16-5 所示。最终生成的代码包含在 BOARD_InitBootPins() 函数中。

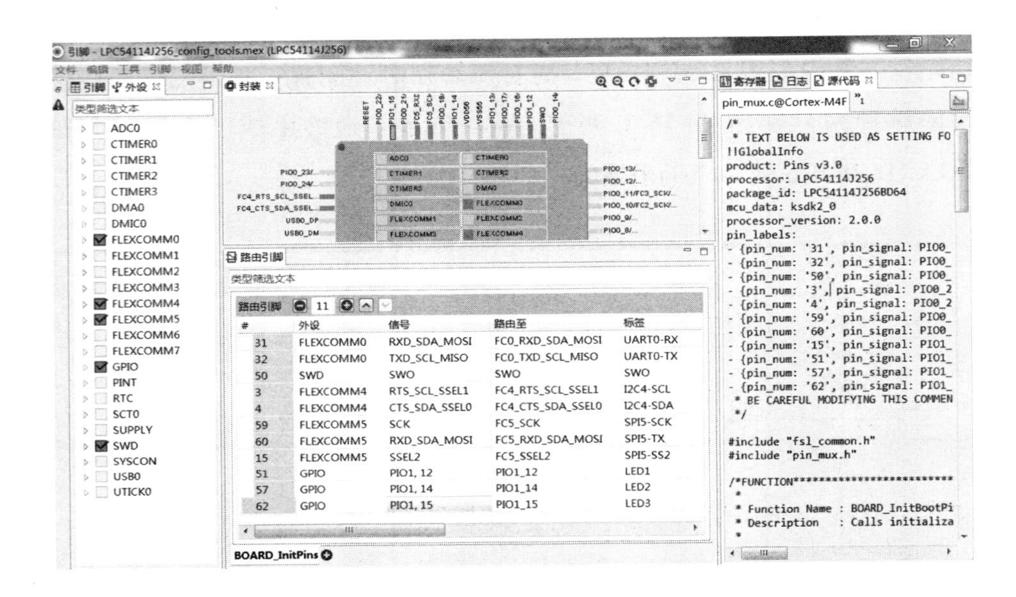

图 16-5　在引脚配置工具中分配引脚复用功能

主函数初始化调试串口，首先将 FRO12MHz 时钟连接到 UART0，并使用 BOARD_InitDebugConsole 函数初始化调试串口，SDK 在 fsl_debug_ console.h/c 中提供了 PRINTF 和 SCANF 的方法供用户打印调试信息和接收用户输入，例如使用 PRINTF("hello world.\r\n")；作为主函数的入口标示。

在初始化时钟、引脚和调试串口后，主函数使用 xTaskCreate 函数创建了前文所介绍的 FreeRTOS 用户业务任务，并制定了任务函数，在最终发布版本中，主函数没有检查 xTaskCreate 函数的返回值（xTaskCreate 返回错误是不可能的情况而不是错误分支），但在开发版本中，用户仍需检查 xTaskCreate 返回值，以确保系统分配足够的内存堆保证任务创建成功。在创建用户业务任务后，vTaskStartScheduler 函数启动 FreeRTOS 调度器，从此 FreeRTOS 任务按优先级顺序交替执行，vTaskStartScheduler 函数不返回。

16.2.3　传感器模块

传感器模块的功能主要实现传感器控制和数据采集，对应的传感器控制采集任务流程如图 16-6 所示。

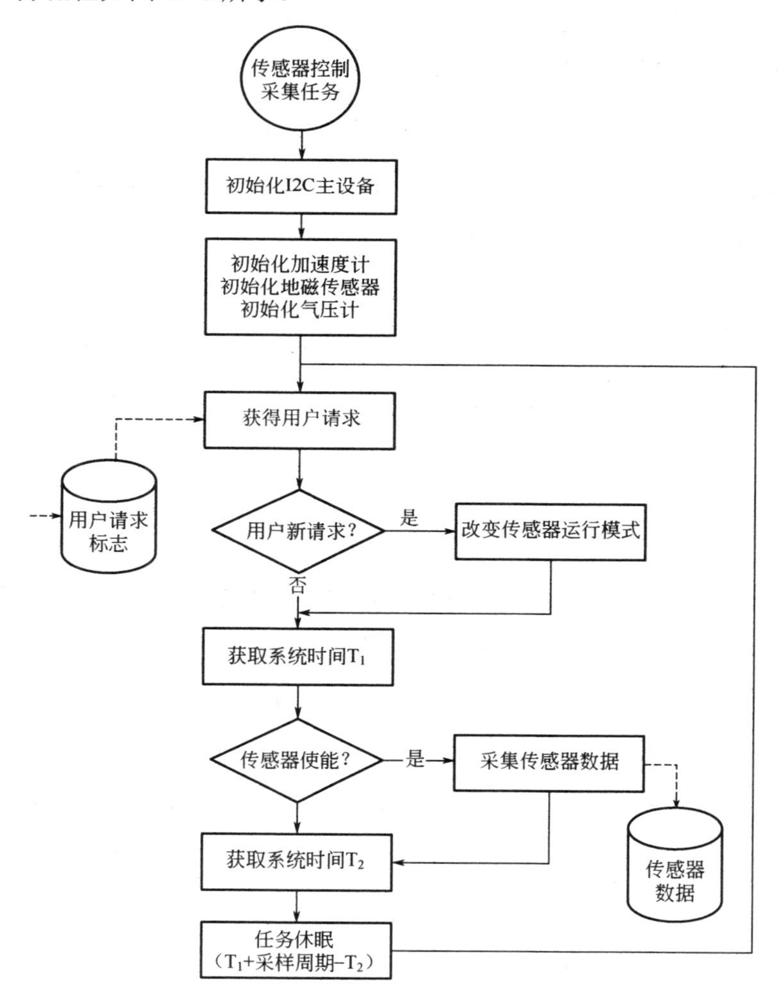

图 16-6　传感器控制采集任务流程

加速度计、地磁传感器和大气压力传感器都是 I2C 总线设备，init_sensors_

bus 函数初始化 I2C 总线控制器与传感器通信，通过 I2C_MasterInit 函数，I2C 外设被配置成为使用 FLEXCOMM4 端口、时钟速度为 400kHz 的主设备。

accelerator_init，magnetic_init，barometer_init 分别初始化加速度计、地磁传感器和大气压力传感器（有关初始化详情见下面“1.传感器初始化”）。

传感器控制采集任务轮询用户请求标志控制传感器的运行模式，当用户请求模式和传感器当前运行模式不同时，使用 barometer_switch 函数改变传感器运行模式并更新传感器运行模式标志位（详情见下面“2.传感器模式”）。

函数 bma2x2_read_accel_xyzt 用于加速度数据采集，函数 bmm050_read_mag_data_XYZ_s32 用于地磁数据采集，函数 bmp280_read_pressure_temperature 用于大气压力传感器数据采集。当传感器数据采集完成后，任务函数保存传感器数据供显示模块使用。

传感器的数据读取周期应当接近传感器的采样率，xTaskGetTickCount 及 vTaskDelay 函数保证传感器任务休眠后在下次采样周期时唤醒。

1. 传感器初始化

1）加速度计

固有加速度是物体实际感受到的加速度，在重力场中，自由落体的物体固有加速度为 0。加速度的国际单位是米/二次方秒，但在实际应用中，更普遍使用的单位是地球重力(g)，由于重力始终存在，以自由落体视角看待静止物体，静止物体的固有加速度的数值就是 1g。

加速度计是测量设备固有加速度的仪器，微控制器在读取加速度数值之前需要初始化加速度计。本例中，微控制器通过 I2C 总线和传感器连接，加速度计的 I2C 地址是 0x12。加速度计的初始化写寄存器会配置加速度计参数，参数包括：

- 输出最大值所代表的加速度，输出最大值一般可以设置为 g，2g，4g，8g，16g；

- 采样率，传感器采集数据的频率，单位为 Hz；
- 功耗模式，传感器一般提供数种工作模式供用户选择，如正常工作模式、低功耗模式等；
- 中断模式还是轮询模式，传感器在中断模式在采集数据完成后会通过 IO 引脚产生中断，通知微控制器接收数据，在轮询模式中，该中断不会产生。

在本实例中，初始化程序也完成了上述参数的配置。

bma2x2_set_range(BMA2x2_RANGE_2G)；　设置加速度计范围为 2g。

bma2x2_set_power_mode(BMA2x2_MODE_NORMAL)；设置加速度计功耗模式为正常模式。

bma2x2_set_bw(BMA2x2_BW_15_63Hz)；设置加速度计的频率为 15.63Hz。

在程序中没有设置中断，传感器采集为轮询模式。

在本实例中，加速度值宽度为 11 位，符号 1 位，传感器读数范围为-2047～+2047，读数和重力加速度转换关系为

$$\text{固有加速度}=\frac{\text{传感器读数}}{2^{11}}\times\text{加速度计测量范围}$$

当加速度计倾斜一定角度时，可参照加速度计读数计算示意图（见图 16-7），当传感器静止时，传感器读数应为

$$\mathrm{acc}_x = 1g\times\sin\theta\times\cos\varphi$$

$$\mathrm{acc}_y = -g\times\sin\theta\times\sin\varphi$$

$$\mathrm{acc}_z = 1g\times\cos\theta$$

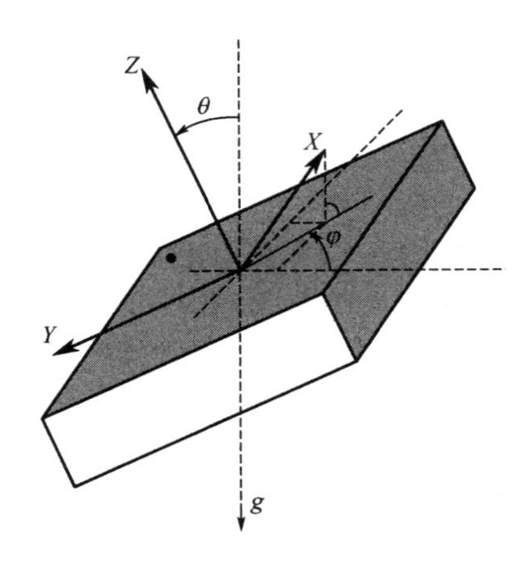

图 16-7 加速度计读数计算示意图

2）地磁传感器

磁强计用于测量磁感应强度，表示贯穿一个标准面积的磁通量。磁感应强度的单位是特斯拉（T)。1 特斯拉意味着非常强的磁场，在日常生活中，我们经常用的单位是毫特斯拉（mT）或者是微特斯拉（μT)，如冰箱贴的磁感应强度一般为 5mT， 在赤道附近地磁场强度为 32μT。磁强计有测量范围，如本例中使用的地磁传感器最高大约可以测量 2500μT 的磁感应强度。

地磁传感器在初始化时须配置功耗模式和采样率。

```
bmm050_set_functional_state(BMM050_NORMAL_MODE);
bmm050_set_data_rate(BMM050_DATA_RATE_10Hz)。
```

对于地磁传感器，*X*、*Y*、*Z* 轴读数精度可能不一样，如在本例中，*X*、*Y* 轴的精度为 13 位，*Z* 轴的精度为 15 位。

3）气压传感器

气压传感器可以输出绝对大气压力的数值，单位是百帕斯卡，一般应用场景，气压传感器在初始化中只需要配置工作模式即可读取气压数据。

```
bmp280_set_power_mode(BMP280_NORMAL_MODE)。
```

2．传感器的模式

传感器支持不同功耗模式，传感器处于活动模式如“正常模式”时，微控制器可以从传感器读取数据。当传感器处于非活动模式如“挂起模式”或者“待机模式”时，传感器功耗较低，微控制器不可以读取数据。活动模式和非活动模式之间可以互相转化，从非活动模式到活动模式的过程为唤醒，传感器在非活动模式下的功耗和唤醒时间反相关。

本实例中，accelerator_switch 通过改变加速度计模式控制加速度计使能。当用户使能加速度计时，使用 bma2x2_set_power_mode 配置加速度计模式为 BMA2x2_MODE_NORMAL（正常模式），当用户停止加速计时，配置加速度计为 BMA2x2_MODE_STANDBY（待机模式）。

同理，对于地磁传感器和气压传感器都有相应的模式配置函数。传感器模式配置如表 16-2 所示。

表 16-2　传感器模式配置

传感器	模式选择函数	使能模式	停止模式
加速度计	bma2x2_set_power_mode	BMA2x2_MODE_NORMAL	BMA2x2_MODE_STANDBY
地磁传感器	bmm050_set_functional_state	BMM050_NORMAL_MODE	BMM050_SLEEP_MODE
气压传感器	bmp280_set_power_mode	BMP280_NORMAL_MODE	BMP280_NORMAL_MODE

16.2.4　人机交互模块

在人机交互功能的实现上，我们选用了轻量级的嵌入式图形显示组件 SWIM 对 OLED 显示屏进行管理。

1．SWIM 组件及移植

简单窗口显示管理组件（Simple Window Interface Manager，SWIM）是一个简单的图形管理组件，最开始就是基于 LPC 系列微控制器进行开发的，但其良好的可移植性确保其可以被方便地移植到其他嵌入式平台。通过SWIM能够在显示模块上实现简单的窗口显示，包括基本的绘制像素点、直线、方框、设定画笔颜色、清屏等基本功能，支持显示图片，并在组件内部提供多种字体供显示内容时使用。

本节从实用角度出发，将介绍基于MCUXpresso SDK对SWIM在LPC54114平台上的移植，并且展现了SWIM在本章“可穿戴设备”项目中实现窗口显示的应用。若读者希望对SWIM的完整功能及API清单有更详细的了解，可参阅源代码。

1）移植SWIM

同其他窗口显示管理组件类似，SWIM主要完成对显示数据的管理，最终将显示内容落实到不同的显示模块上，就需要在移植的时候编写与具体显示模块相关的驱动程序，并对接到SWIM的底层，以便于在需要的时候由SWIM调用操作硬件。

移植SWIM实际需要实现的函数只有一个函数swim_update_display()，其代码如代码清单16-1所示。

代码清单16-1

```
/**
 * @brief  Updates OLED. Updates complete frame.
 *
 * @param       win          : Pointer to window data structure
 * @return Nothing
 * @note  This function must be implemented out side the
 *                  swim library (in application).
 */
void swim_update_display(SWIM_WINDOW_T *win)
{
    OLED_update_fb(win->fb);
}
```

没错，就是只有一个，这个函数的实现位于“window_manager.c”文件中。在本例中对 SWIM 的移植内容进行简化和优化，不同于通常移植窗口管理组件时直接操作每个显示像素，而是每次刷新整个窗口，这种方式便于底层程序优化，可以利用 DMA 或者某些硬件专用的 LCD 控制器通信接口加速数据传输。在本例中通过调用 OLED 显示模块的驱动函数 OLED_update_fb() 函数将 SWIM 缓存中的像素信息刷新到 OLED 显示模块中。

2）基于 MCUXpresso SDK 移植 OLED 驱动程序

OLED 驱动模块的程序实现在“oled.h”和“oled.c”文件中。实际上 OLED 的驱动程序也遵循一定的框架，最终只要移植与硬件相关的部分即可。在本例中，oled_io_sdk_api.c 文件中实现了 OLED 驱动通过调用 MCUXpresso SDK 的 SPI 及 GPIO 驱动 API 实现对硬件的最终操作，如代码清单 16-2 所示。

代码清单 16-2

```
#include "fsl_spi.h"
#include "oled_io.h"
#include "fsl_iocon.h"
#include "fsl_gpio.h"
#include "fsl_clock.h"

/*
* OLED_GPIO_CD     - PIO1_15
* OLED_GPIO_nRST - PIO1_14
* OLED_GPIO_VPP   - PIO1_12
* OLED_SPI_CS      - PIO1_1
* OLED_SPI_SCK     - PIO0_19
* OLED_SPI_TX      - PIO0_20
*/
```

```
/* OLED DATA/CMD. */
#define APP_OLED_GPIO_CD_PORT          1U
#define APP_OLED_GPIO_CD_PIN          15U

/* OLED nRESET. */
#define APP_OLED_GPIO_nRST_PORT        1U
#define APP_OLED_GPIO_nRST_PIN        14U

/* OLED VPP Control. */
#define APP_OLED_GPIO_VPP_PORT         1U
#define APP_OLED_GPIO_VPP_PIN         12U

static void init_gpio(void)
{
    gpio_pin_config_t GpioPinConfigStruct;

    CLOCK_EnableClock(kCLOCK_Gpio1);

    GpioPinConfigStruct.pinDirection = kGPIO_DigitalOutput;
    GpioPinConfigStruct.outputLogic = 1U;
    GPIO_PinInit(GPIO, APP_OLED_GPIO_CD_PORT,
                 APP_OLED_GPIO_CD_PIN, &GpioPinConfigStruct);

    GPIO_PinInit(GPIO, APP_OLED_GPIO_nRST_PORT,
                 APP_OLED_GPIO_nRST_PIN, &GpioPinConfigStruct);
    GpioPinConfigStruct.outputLogic = 0U;
    GPIO_PinInit(GPIO, APP_OLED_GPIO_VPP_PORT,
                 APP_OLED_GPIO_VPP_PIN, &GpioPinConfigStruct);
}

static void init_spi(void)
{
    spi_master_config_t SpiMasterConfigStruct;
```

```
    CLOCK_AttachClk(kFRO12M_to_FLEXCOMM5);

    SpiMasterConfigStruct.enableLoopback = false;
    SpiMasterConfigStruct.enableMaster = true;
    SpiMasterConfigStruct.polarity = kSPI_ClockPolarityActiveHigh;
    SpiMasterConfigStruct.phase = kSPI_ClockPhaseFirstEdge;
    SpiMasterConfigStruct.direction = kSPI_MsbFirst;
    SpiMasterConfigStruct.baudRate_Bps = 500000U;
    SpiMasterConfigStruct.dataWidth = kSPI_Data8Bits;
    SpiMasterConfigStruct.sselNum = kSPI_Ssel2;
    SpiMasterConfigStruct.sselPol = kSPI_SpolActiveAllLow;
    SpiMasterConfigStruct.txWatermark = kSPI_TxFifo0;
    SpiMasterConfigStruct.rxWatermark = kSPI_RxFifo1;
    SpiMasterConfigStruct.delayConfig.preDelay = 0U;
    SpiMasterConfigStruct.delayConfig.postDelay = 0U;
    SpiMasterConfigStruct.delayConfig.frameDelay = 0U;
    SpiMasterConfigStruct.delayConfig.transferDelay = 0U;
    SPI_MasterInit(SPI5, &SpiMasterConfigStruct,
        CLOCK_GetFreq(kCLOCK_Flexcomm5));
}

void OLED_IO_hw_init(void)
{
    init_gpio();
    init_spi();
}

void OLED_IO_vpp(bool state)
{
    GPIO_WritePinOutput(GPIO, APP_OLED_GPIO_VPP_PORT,
                        APP_OLED_GPIO_VPP_PIN, (state ? 1U : 0U));
}
```

```
void OLED_IO_reset(bool state)
{
    GPIO_WritePinOutput(GPIO, APP_OLED_GPIO_nRST_PORT,
                            APP_OLED_GPIO_nRST_PIN, (state ? 0U : 1U));
}

void OLED_IO_cmd(void)
{
    GPIO_WritePinOutput(GPIO, APP_OLED_GPIO_CD_PORT,
                            APP_OLED_GPIO_CD_PIN, 0U);
}

void OLED_IO_data(void)
{
    GPIO_WritePinOutput(GPIO, APP_OLED_GPIO_CD_PORT,
                            APP_OLED_GPIO_CD_PIN, 1U);
}

void OLED_IO_write(uint8_t data)
{
    spi_transfer_t SpiTransferStruct;

    SpiTransferStruct.txData = &data;
    SpiTransferStruct.dataSize = 1U;
    SpiTransferStruct.rxData = NULL;
    SpiTransferStruct.configFlags |= kSPI_FrameAssert;
    SPI_MasterTransferBlocking(SPI5, &SpiTransferStruct);
}
```

2．实现显示任务

在本应用中基于 FreeRTOS 的多任务环境下进行开发，显示任务的设计相对独立。显示任务被系统调度器启动后，先对 OLED 的硬件进行初始化配置，之后以 5 个嘀嗒为周期定期刷新整个显示窗口，显示的各个传感器的采样值同样也被采样任务刷新。显示任务实现流程如图 16-8 所示。

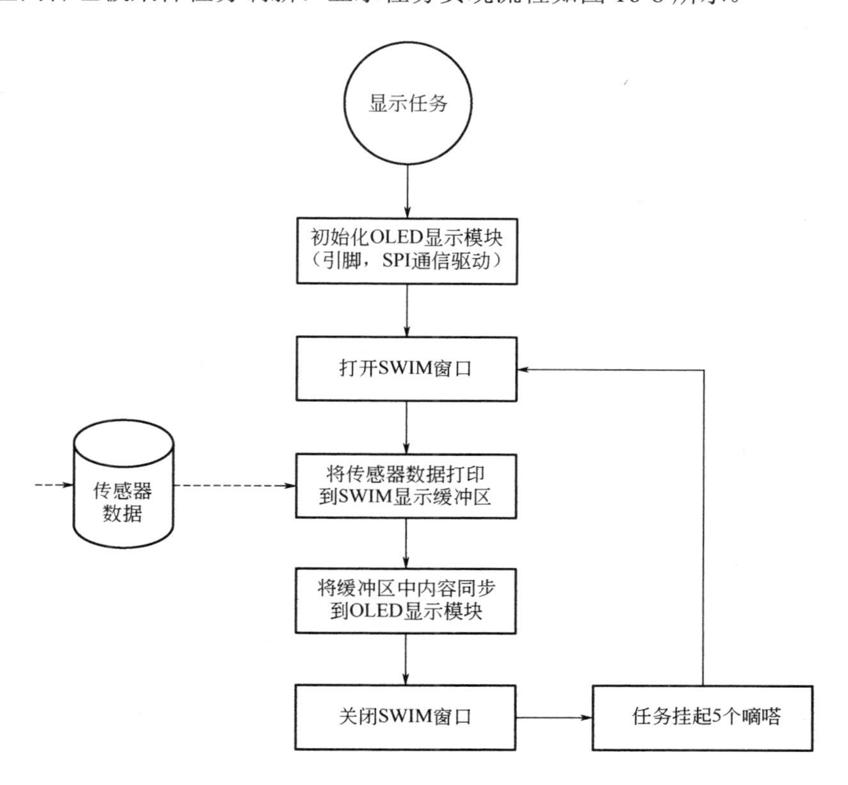

图 16-8　显示任务实现流程

显示任务实现在“display_task.c”源文件中，绘制显示窗口的实现代码内容如代码清单 16-3 所示。

代码清单 16-3

```
#include <stdio.h>
#include "fsl_common.h"
#include "fsl_spi.h"

#include "lpc_swim.h"
#include "lpc_swim_font.h"
```

```
#include "lpc_swim_image.h"
#include "lpc_rom8x16.h"
#include "lpc_winfreesystem14x16.h"
#include "lpc_x6x13.h"
#include "delay.h"
#include "oled.h"
#include "oled_io.h"
#include "FreeRTOS.h"
#include "task.h"

#include "sensor_manager.h"

#define DISPLAY_WIDTH          128
#define DISPLAY_HEIGHT         128

static SWIM_WINDOW_T     win;
static     uint8_t                    frame_buffer[(DISPLAY_HEIGHT*DISPLAY_WIDTH)/
sizeof(uint8_t)];
static COLOR_T*            pfb = frame_buffer;

void init_display(void)
{
    OLED_IO_hw_init();
    OLED_init();
}

/* 显示任务函数入口 */
void vTaskDisplay(void *para)
{
    static char str_buffer[64];
    int32_t temp = 0;
    int16_t x, y, z;
    int32_t mx, my, mz;

    init_display();
```

```
        while(1)
        {
            /* 创建显示窗口缓冲区 */
            swim_window_open(&win, DISPLAY_WIDTH, DISPLAY_HEIGHT, pfb, 0,
0,
                             (DISPLAY_WIDTH - 1), (DISPLAY_HEIGHT - 1),
                            1, WHITE, BLACK, BLACK);
            swim_set_font(&win, (FONT_T *)&font_x6x13);

            /* 打印标题. */
            swim_set_title(&win, "LPC5411x SWIM ", BLACK);

            /* 打印加速度传感器采样值 */
            accelerator_retrive_data(&x, &y, &z);
            sprintf(str_buffer, "ACCELERATOR: %d, %d, %d", x, y, z);
            swim_put_text(&win, str_buffer);
            swim_put_newline(&win);

            /* 打印地磁场传感器采样值 */
            magnetic_retrive_data(&mx, &my, &mz);
            sprintf(str_buffer, "MAGNETIC: %d, %d, %d", mx, my, mz);
            swim_put_text(&win, str_buffer);
            swim_put_newline(&win);

            /* 打印温度传感器采样值 */
            temperature_retrive_data(&temp);
            sprintf(str_buffer, "TEMPERATURE: %d", temp);
            swim_put_text(&win, str_buffer);
            swim_put_newline(&win);

            /* 将显示缓冲区中的内容同步到显示模块上后不再增加内容 */
            swim_update_display(&win);
            swim_window_close(&win);
```

```
            vTaskDelay(5);
        }
    }
```

16.2.5 用户输入模块

用户输入任务流程如图 16-9 所示。

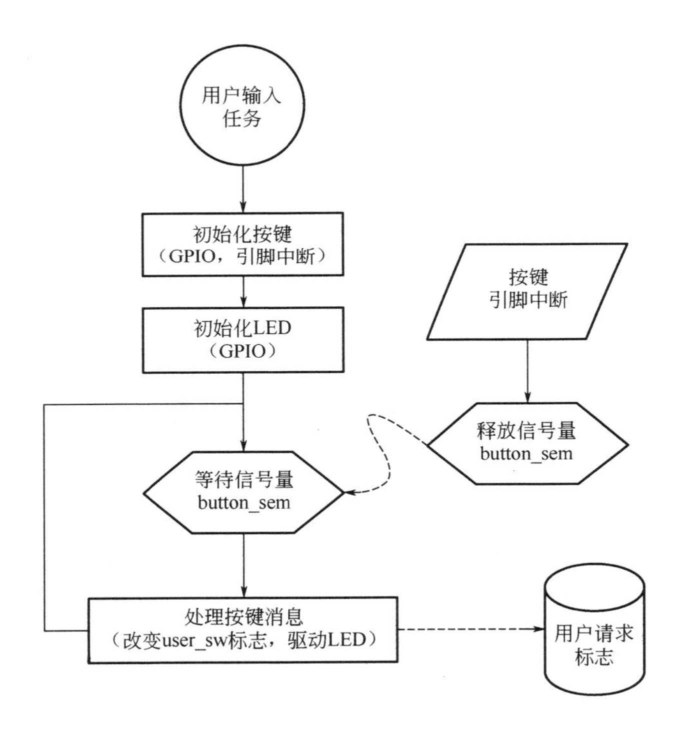

图 16-9 用户输入任务流程

首先 init_userinput 函数初始化 GPIO 和引脚中断，将引脚 P0_24（硬件开关 0）连接引脚中断 0，将引脚 P0_31 连接到引脚中断 1，注册 pint_intr_callback 中断回调函数并使能引脚中断 0 和引脚中断 1 为上升沿触发中断。在 FREERTOS 实时操作系统使用硬件中断要特别注意硬件中断的优先级设置，使能的硬件中断都推荐使用 NVIC_SetPriority

CMSIS 函数手动设置优先级。中断在 ARM Cortex-M 系列的默认优先级是 0，这个优先级很高（硬件优先级值越低优先级越高），高于操作系统调用优先级 configLIBRARY_MAX_SYSCALL_INTERRUPT_PRIORITY（FreeRTOSConfig.h）。FreeRTOS 系统只允许低于操作系统调用优先级的中断服务程序使用操作系统方法，在本例中，引脚中断服务程序使用了操作系统信号量方法“xSemaphoreGiveFromISR”，所以必须设置引脚中断的优先级低于系统调用优先级。其代码如代码清单 16-4 所示。

代码清单 16-4

```
#define configLIBRARY_MAX_SYSCALL_INTERRUPT_PRIORITY 2
NVIC_SetPriority(PIN_INT0_IRQn, 5);
NVIC_SetPriority(PIN_INT1_IRQn, 5);
```

程序使用 P0_24 及 P0_31 的引脚做 GPIO 使用需使能 GPIO0 时钟，由于 GPIO 的默认配置是输入上拉，所以程序没有显式使用 GPIO 初始化函数。

init_leds 函数初始化 LED，P1_9 与 P1_10 分别连接蓝色 LED 和绿色 LED。当需要使用 GPIO 输出控制 LED 时，需要调用 GPIO 初始化函数，其代码如代码清单 16-5 所示。

代码清单 16-5

```
gpio_pin_config_t config;
    CLOCK_EnableClock(kCLOCK_Gpio1);
    config.outputLogic = 1;
    config.pinDirection = kGPIO_DigitalOutput;
    GPIO_PinInit(GPIO, 1, 9, &config);
    GPIO_PinInit(GPIO, 1, 10, &config);
```

在初始化按键和 LED 后，程序进入 while 循环等待 button_sem 信号量，由于 button_sem 信号量值为 0，s 任务会挂起。每当有按键（SW1，SW2）按下时，引脚中断服务程序 PIN_INT0_IRQHandler 和 PIN_INT1_IRQHandler（这两个函数定义实现在 startup_LPC54114_cm4.s 中）通过在 SDK 中的 PIN_INT0_DriverIRQHandler 及 PIN_INT1_DriverIRQHandler（这两个函数实现在 FSL_Pint.c 中）调用中断回调函数 pint_intr_callback。pint_intr_callback 释放 button_sem 信号量并触发任务切换，用户任务从挂起状态到运行状态，记录按键请求并根据请求开关 LED。

16.3 功能演示

1. 环境准备

在演示功能前，首先要搭建好以下运行软/硬件环境。

1）硬件环境

- LPCXpresso54114 开发评估板（基板）；
- NXP Sensor 盖板；
- NXP Mic/Audio/Oled (MAO) 盖板；
- Micro USB 线；
- PC。

2）软件环境

- MCUXpresso IDE

3）软件包

- LPC54114_Sensor_led_combo.zip

下载地址：https：//community.nxp.com/docs/DOC-340075。

4）搭建运行环境

- 如前文硬件介绍所述，3 块板子是通过标准的 Arduino 接口相连接的。先将 Sensor 盖板插在 LPCXpresso54114 基板上，再将 MAO 盖板插在 Sensor 盖板上。

注意：MAO 盖板上的 JP3 跳线都得断开，不要短接任何两个 pin 脚。

- 将 Micro USB 线连接 PC 和 LPCXpresso54114 开发评估板的 J7 USB 端口以供电。

2. 现象描述

准备好运行环境后，打开\boards\lpcxpresso54114\wearable\mdk 下的“wearable.uvmpw”工程文件，编译链接下载，按下 LPCXpresso54114 基板“Reset”键（SW4），显示屏上将在第一行显示所用的 GUI 为“SWIM”，后面三行依次显示从 3 轴加速度传感器获取的 3 个方向的值，从 3 轴地磁传感器获取的 3 个方向的值和气压传感器获取值，初始显示界面如图 16-10 所示。

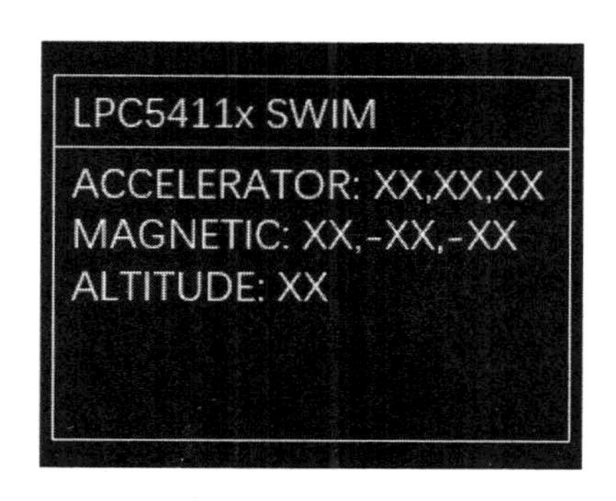

图 16-10　初始显示界面

这里“XX”表示从相应传感器采集到的数据。

这时，LPCXpresso54114 基板上的 D2 亮红灯。不同快慢地晃动整套板子，可以看到加速度和地磁数据会有相应明显变化（气压数据没什么变化）。按下基板上的“SW1”开关，D2 指示为蓝色灯，加速度传感器关闭，显示获取值清 0，即此时不会再实时获取 3 轴加速度的数据了。关闭加速度传感器显示界面如图 16-11 所示。若再次按下“SW1”开关，则重新打开加速度传感器。即“SW1”为加速度传感器功能开关。

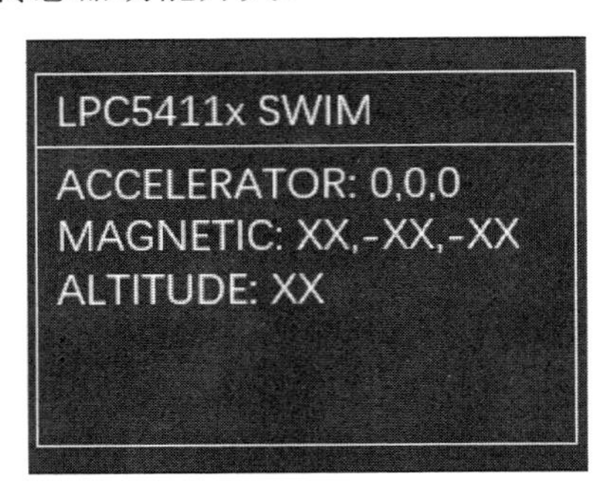

图 16-11　关闭加速度传感器显示界面

基板上的“SW2”则为地磁传感器功能开关。与“SW1”开关是独立的。当按下“SW2”，D2 会指示不同颜色，比如，当仅关闭地磁传感器功能时，亮绿色。

16.4　小结

本章通过一个简单应用实例——可穿戴设备来介绍如何综合使用 LPC5411x SDK 并进行实际产品开发。本章首先介绍了此可穿戴设备的功能和硬件框架和所使用的重要元器件，然后重点详细说明了软件的设计开发，包括软件架构、实时操作系统 FreeRTOS 的任务分配、主流程以及基于任务分配的传感器控制/采集模块实现、显示模块实现和用户输入模块实现。最后，介绍了如何进行此应用实例的功能演示。

参 考 文 献

［1］王宜怀，朱仕浪，郭芸．嵌入式技术基础与实践：ARM Cortex-M0+ Kinetis L 系列微控器［M］．3 版．北京：清华大学出版社，2013．

［2］王宜怀．嵌入式实时操作系统 MQX 应用开发技术［M］．北京：电子工业出版社，2014．

［3］王宜怀．嵌入式系统原理与实践：ARM Cortex-M4 Kinetis 微控制器［M］．北京：电子工业出版社，2012．

［4］刘恩科，朱秉升，罗晋升．半导体物理学［M］．7 版．北京：电子工业出版社，2017．

［5］王宜怀，朱仕浪，郭芸．嵌入式技术基础与实践［M］．3 版．北京：北京大学出版社，2013．

［6］谌利，张瑞，汪浩，李侃．深入浅出 ColdFire 系列 32 位嵌入式微处理器［M］．北京：北京航空航天大学出版社，2009．

［7］周立功．深入浅出 ARM7：LPC213x/214x［M］．北京：北京航空航天大学出版社，2005．

［8］Joseph Yiu．ARM Cortex-M3 与 Cortex-M4 权威指南［M］．3 版．吴常玉，曹孟娟，王丽红，译．北京：清华大学出版社，2015．

［9］Joseph Yiu．ARM Cortex-M0 与 Cortex-M0+权威指南［M］．2 版．吴常玉，张淑，吴卫东，译．北京：清华大学出版社，2018．

［10］RFC8017 PKCS #1: RSA Cryptography Specifications．

［11］Texas Instruments. Benchmarking MCU power consumption for ultra-low-power applications.

[12] Nucleus. Implementing Power Management Features on the Nucleus.

[13] NXP Semiconductors. LPC5411x Product Data Sheet, Rev. 1.2.

[14] NXP Semiconductors. LPC5411x User Manual, Rev. 1.2.

[15] NXP Semiconductors. MCUXpresso IDE User Guide, Rev. 10.1.0.

[16] https: //en. Wikipedia. org/wiki/Multiprocessing.

[17] https: //github. com/EmbeddedRPC/erpc/wiki.

[18] https: //github. com/OpenAMP/open-amp/wiki/RPMsg-Messaging-Protocol.

[19] https: //www. eembc. org/coremark.

反侵权盗版声明